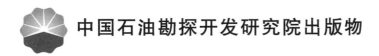
中国石油勘探开发研究院出版物

可再生能源制氢

〔加〕Ibrahim Dincer　Haris Ishaq　著

郑德温　熊　波　夏永江　译

北　京

冶　金　工　业　出　版　社

2023

北京市版权局著作权合同登记号 图字：01-2023-0847

内 容 提 要

　　本书介绍了太阳能、风能、水力能、海洋热能转换、潮汐能、地热能和生物质能等多种可再生能源制氢方法。在介绍了全球能源需求和供应、碳排放情况，以及氢能的历史背景和优缺点之后，详细讨论了基于可再生能源的可持续制氢和储氢方法。此外，书中通过相关的案例设计和研究，对涉及的各项技术及具体应用进行了说明和探讨。最后总结了可再生能源制氢技术发展与部署情况及未来方向，重点介绍了全球能源转型期氢能技术的进展。

　　本书适合氢能科学和可再生能源行业的科研人员及大专院校师生阅读。

图书在版编目（CIP）数据

　　可再生能源制氢／（加）伊布拉希·丁瑟（Ibrahim Dincer），（加）哈里斯·伊沙克（Haris Ishaq）著；郑德温，熊波，夏永江译．—北京：冶金工业出版社，2023.4

　　书名原文：Renewable Hydrogen Production

　　ISBN 978-7-5024-9328-8

　　Ⅰ.①可… Ⅱ.①伊… ②哈… ③郑… ④熊… ⑤夏… Ⅲ.①再生能源—制氢 Ⅳ.①TE624.4

　　中国版本图书馆 CIP 数据核字（2022）第 202961 号

可再生能源制氢

出版发行	冶金工业出版社		电　　话	(010)64027926
地　　址	北京市东城区嵩祝院北巷 39 号		邮　　编	100009
网　　址	www.mip1953.com		电子信箱	service@mip1953.com

责任编辑　武灵瑶　张熙莹　美术编辑　彭子赫　版式设计　孙跃红
责任校对　郑　娟　责任印制　禹　蕊
北京捷迅佳彩印刷有限公司印刷
2023 年 4 月第 1 版，2023 年 4 月第 1 次印刷
710mm×1000mm　1/16；19.25 印张；375 千字；294 页
定价 149.00 元

投稿电话　(010)64027932　投稿信箱　tougao@cnmip.com.cn
营销中心电话　(010)64044283
冶金工业出版社天猫旗舰店　yjgycbs.tmall.com
（本书如有印装质量问题，本社营销中心负责退换）

本书译者名单

郑德温　熊　波　夏永江　王善宇　张　琳

张　茜　刘晓丹　宋佳妮　苗　盛

前　　言

当前，整个社会正面临着能源供应持续性不足的问题，如对化石燃料的依赖导致全球能源需求显著上升，以及平流层臭氧消耗、酸雨和全球变暖导致的区域和全球环境挑战。为了满足能源需求，同时保护环境，研究人员一直致力于合作寻求化石燃料以外的解决方案。在这方面，无碳燃料能源解决方案和以氢能为主的能源方案已经有了一定的研究进展。通过使用氢，有望彻底解决与能源和环境相关的上述问题。氢的使用将极大地减少环境污染，同时还能减少人们对化石燃料的依赖。氢和氧可用于燃料电池发电，其副产品仅为热能和水，可实现净零温室气体排放。同时可利用多种可再生能源生成氢气，既可以集中生产或事先分配，也可以在需要的地区就地生产。当氢气与氧气一起燃烧时，是零排放燃料。氢可用于多种用途，如炼油厂、合成氨和合成燃料，也可用作能量载体、燃料和储能介质，还可用于燃料电池发电。本书提出了清洁、可持续、对环境友好，且由可再生能源驱动的制氢系统路线，将助力于全球经济向氢能经济转型。

第 1 章详细介绍了全球能源需求和供应、碳排放、各行业部门能源利用及应用结果。在介绍了氢能的历史背景及其优缺点之后，本章对氢和其他燃料进行了对比评估，同时还讨论了基于可再生能源的可持续制氢和储氢方法，以及氢基础设施及其运输、分配和利用等方面的情况。此外，本章还涉及氢燃料电池的应用，并对不同类型的燃料电池（质子交换膜燃料电池、磷酸燃料电池、氨燃料电池、固体氧化物燃料电池和碱性燃料电池）进行了详细的分析和建模。

第 2 章介绍了多种制氢方法，包括常规工艺（尤其是天然气重整工艺和煤气化）和基于太阳能、风能、水能、海洋热能转换、潮汐能、地热能和生物质能等可再生能源的清洁方法。本章还介绍了热化学循环、氯碱电化学过程和水电解过程，其中包括质子交换膜电解槽、固体氧化物电解槽和碱性电解槽。

第 3 章介绍了太阳能制氢方法，包括热化学、光化学、光电化学和电解工艺。本章介绍了两个利用太阳能光伏板、太阳能定日镜场和太阳能集热器进行清洁制氢的案例研究，并对相关的理论和实验结果进行了介绍和讨论。在设计的案例研究中，还分析了稳态和动态（时间相关）案例，以探索太阳能的间歇性。

第 4 章介绍了风能制氢方法，其中全面介绍了陆上和海上风力涡轮机，包括水平轴和垂直轴风力涡轮机。本章在描述风力涡轮机的配置时，对该系统的各个部分都进行了说明，并设计了一个案例研究，以分析风能制氢系统的稳态和动态情况。

第 5 章详细介绍了由地热能驱动的制氢、地热容量、地热能利用及地热能的优缺点。本章介绍了地热电站的发电方法，包括有/无回注技术和地热热泵，同时还详细介绍和讨论了干蒸汽、闪蒸汽和双循环地热电站及地热热泵，其中包括闭环（垂直、水平、湖泊或池塘）、开环和混合系统。此外还介绍了多种单级、两级和三级地热辅助制氢装置，并借用案例研究来说明如何运行地热制氢系统。

第 6 章全面讨论了基于水能的制氢系统及水能的优缺点。本章对水电站、水轮机和发电机、水电站和抽水蓄能电站的分类等重要问题进行了详细讨论，同时还介绍了水轮机的类型，并对单个压力管道、调压井和波传播时间进行了建模。

第 7 章旨在介绍一些适用于海洋热能转换（OTEC）辅助制氢系统的方法，并讨论不同类型的 OTEC 系统，如闭式循环、开式循环和混合循环。本章还介绍了海洋能源设备和设计，并介绍了不同类型海洋能源的优劣，如海洋热能、渗透能、潮汐和洋流。本章借用一个案例研究来探索基于 OTEC 的制氢应用。

第 8 章介绍了基于生物质的制氢方法，并讨论了生物质作为可再生能源的优缺点，同时还介绍了不同类型的生物学方法，包括暗发酵、光发酵、微生物电解池、直接/间接生物光解，以及热化学方法，包括气化、高压水溶液和热解。本章还详细讨论了多种热解反应和气化炉类型，包括上吸式、下吸式、流化床、交叉吸附式和气流床气化炉。本章以生物质气化制氢为例进行了实例分析。

第 9 章介绍了用于建筑物的综合制氢系统，阐述了集热电联产和制氢于一体的综合能源系统的重要性。本章还涵盖了可持续能源供应的多个方面，包括电制气、电制热和电池储能。本章通过三个案例研究，描述了太阳能光伏、太阳能定日镜场、太阳能集热器、风力、水力、地热、OTEC 和生物质能的不同集成配置，以实现清洁和可持续的制氢工艺。

第 10 章对可再生制氢技术的发展与部署做了关键性总结，阐述了其未来方向，同时重点介绍了全球转型期氢能技术的进展。

Ibrahim Dincer

Haris Ishaq

目　　录

1 绪 论

全球经济发展和人口不断增长是能源需求增加的关键因素。众所周知，电力在所有国家的工业革命中都起着至关重要的作用。发电方式通常以传统能源（主要为化石燃料）发电为主，但可再生能源发电量所占比例目前正在大幅增长。全球能源生产行业可分为原油、液化天然气（NGLs）和原料行业，煤炭行业，天然气行业，生物燃料和废弃物行业，核能行业，水电行业，太阳能/风能/其他行业，地热行业和其他行业。图 1.1 展示了目前全球范围内不同能源生产行业的产能。图中显示，原油行业、NGLs 和原料行业的能源产量占全球能源行业的 32%；其次是煤炭行业，占 28%；天然气行业排在第三位，占 21.6%，第四位是生物燃料和废弃物行业，占 9.6%。可再生能源产量占全球能源产量的 3.8%，其中 2.4%来自水电行业，0.9%来自太阳能/风能/其他行业，0.5%来自地热行业[1]。

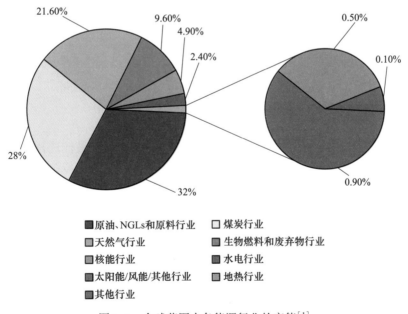

图 1.1 全球范围内各能源行业的产能[1]

对于不断增长的能源需求，化石燃料能够满足其中很大一部分，但随着传统能源迅速消耗，人们将面临严峻挑战。传统能源带来的主要负面影响是二氧化碳的排放和全球变暖的加剧[2]。全球范围内的二氧化碳排放源自多个主要行业，例如电力热力行业、其他能源行业、工业领域、交通运输行业、建筑业、商业和公共服务行业、农业和渔业。图 1.2 展示了 1990—2015 年不同行业的二氧化碳排放量分布情况。从 1990 年到 2015 年，电力热力行业的二氧化碳排放量从 7625Mt 增加至 13405Mt，其他能源行业的二氧化碳排放量从 977Mt 增加至 1613Mt，工业领域的二氧化碳排放量从 3959Mt 增加至 6158Mt，交通运输行业的二氧化碳排放量从 4595Mt 增加至 8258Mt，建筑业的二氧化碳排放量从 1832Mt 增加至 2033Mt，商业和公共服务行业的二氧化碳排放量从 774Mt 增加至 850Mt，农业的二氧化碳排放量从 398Mt 增加至 428Mt[3]。

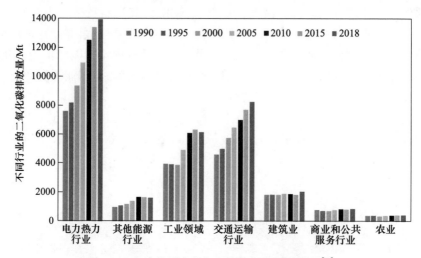

图 1.2　全球范围内各行业的二氧化碳排放量[3]

随着环境问题的加剧，可再生能源成为取代传统能源的最佳选择。温室气体排放量的增加、环境问题的加剧和碳排放税的增长均证明了从传统能源向可再生能源过渡的必要性。诸如太阳能、风能、水能、地热能、海洋热能转换（OTEC）和生物质能等可再生能源似乎是取代传统能源的最佳选择。部分可再生能源具有间歇性，因此可将氢气源和氢能作为可再生能源的储存介质，加以充分利用。氢气作为燃料，其应用前景非常广阔，同时也是一种独特的能源解决方案。因此，氢能在全球范围内日益受到认可，因为在使用及提供无碳解决方案等方面，它都极具优势。近期的一项研究[4]对多种可再生能源驱动制氢方法进行了比较评估。此外，用于其他化学燃料的现有燃料储存和运输基础设施同样也可用于氢气的储存和运输。附录的附表 1 展示了全球人均二氧化碳排放量的分布情况。

近期，研究人员对一个由太阳能和天然气驱动的制氢系统展开了研究[5]，该系统旨在最大限度减少碳燃料税。其中一个研究重点是太阳能与天然气（蒸汽甲烷）重整制氢。研究人员提出了一个用于改进蒸汽甲烷重整（SMR）系统的新概念，在 SMR 进料过程中整合蒸汽和一氧化碳，用以改进蒸汽甲烷重整系统的吸热能力。在该系统内部可生成多种能源，并产生内部循环，从而形成一个基于 SMR 的制氢系统——以甲烷为原料、由太阳能和沼气能源供应驱动的制氢系统。研究人员还审查了环境碳税立法工作，评估了它可能对 SMR 造成的影响，并对改进后的 SMR 的经济可行性进行了量化。

图 1.3 展示了 1975—2018 年的全球氢能需求情况。在全球范围内，将主要的氢能需求划分为三个类型：炼油、合成氨及其他应用。全球能源应用领域正在从商业能源向可再生能源转变，因此，全球范围内氢燃料电池汽车的氢能使用量正在逐渐增加。在炼油行业，从 1975 年到 2018 年，纯氢的需求从 6.2Mt 增加至 38.24Mt；其次，合成氨行业的全球氢气需求量从 10.88Mt 增加至 31.46Mt；其他行业的氢气需求量从 1.08Mt 增加至 4.19Mt。

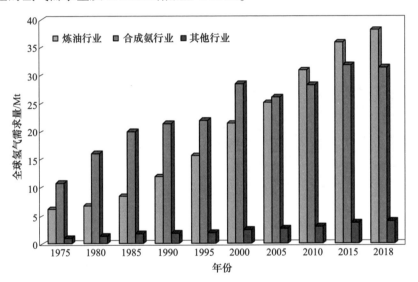

图 1.3　1975—2018 年全球氢能的需求情况[6]

研究人员发表了一篇综述论文[7]，评价了基于蒸汽重整工艺的制氢技术，并分析了其经济效益。其旨在通过蒸汽重整技术，对采用不同原材料（如生物质、乙醇、沼气和天然气）制备氢气的经济性和环境影响进行全面研究。通过文献调研可知，与其他制氢方法相比，天然气蒸汽重整工艺所需的建设投资成本较低，而在其他制氢方法，即生物沼气-蒸汽重整工艺中，生成的气体存在大量未转化的碳氢化合物（又称焦油）。有关近期研究的一篇评论文章[8]对通过太阳能-甲烷热重整反应生产合成气和氢气的技术工艺进行了评述。研究认为，太阳能驱动的蒸汽甲烷重整反应是一种具有可行性的过渡技术，采用这一方法，能够逐渐向太阳能-氢经济和化石燃料脱碳技术过渡。商业上公认的传统天然气重整概念是一个高度吸热过程，使用太阳能驱动系统可以降低吸热程度，同时引入基于可再生能源的制氢技术，可降低其成本。这两种技术也存在同样的技术问题，即如何通过热力学和热化学之间的联系，有效地利用太阳能。在该论文中，研究人员对太阳能驱动重整系统的进展和现状进行了全面论述，着重描述了反应器技术和目前采用的 SMR 需热量原则与聚光太阳能热发电整合技术。文中进行了详细总结，其中涉及了各种规模的太阳能反应器，同时还提出了未来的工作方向。图1.4 显示了 2018 年可再生能源在总能源消耗中所占的比例。

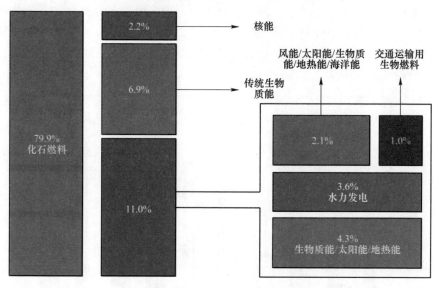

图 1.4 2018 年可再生能源在总能源消耗中所占比例[9]

制取氨气所需的氢气可以通过氨的裂解再次还原为氢，因为制取氨气的过程是可逆的，氨可以裂解成氢和氮。与其他燃料不同，氢气的热值较高，这也是氢燃料的一大优势，同时氢能还十分环保，因为的氢气的燃烧过程不会释放有害气体。图 1.5 显示了不同燃料的低热值（LHV）。氢气以 119.9MJ/kg 的低热值居于榜首，其次是丙烷（低热值为 45.6MJ/kg），而甲醇的低热值最低，仅为18MJ/kg。

在未来几十年里，氢能将是完成碳减排工作的最佳解决方案之一。到目前为止，全球的产氢量中有 1/3（1.2 亿吨）为混合物，2/3 为纯氢。水是最主要的制氢来源，通过电解作用，可将水转化为氢气和氧气。现阶段，商业天然气重整法仍然是最主要的制氢方法，与此同时，也可通过可再生能源生产一部分氢。然而，研究人员预计这一趋势将很快发生改变，由于环境问题加剧，温室气体（GHG）排放增加，碳排放税逐渐提升，制氢原料正在从传统能源向 100% 可再

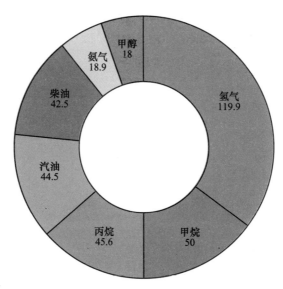

图 1.5 不同燃料的低热值（LHV）比较（单位：MJ/kg）

生能源过渡。很大一部分氢气被用于工业生产，炼油行业和合成氨行业的产氢量接近全行业的 2/3。氨可用于多种化学品的制作过程，如硝酸、尿素等，也可用作氮肥。在重油中添加氢，可以方便炼油厂运输燃料。能源发展过程与氢的使用密切相关，因此在氢的处理方面，人们已经积累了丰富的经验。在许多国家和地区，氢气的输送管道系统长达数百千米，并且运行无故障。通过管道运输至相关地点后，再使用专用卡车运输氢气。全球范围内，氢燃料电池汽车有望在氢能利用领域发挥巨大作用，因为它提供了一个消除燃烧的清洁能源解决方案。以氢为燃料的航空业、重型车辆、无人机、船只和可持续发展社区同样正在受到关注，为清洁能源解决方案提供新的思路。为实现能源转型，必须利用可再生能源，并通过环境友好型系统制氢，同时，氢气的供应和运输过程必须进行脱碳处理。

除了作为燃料和能源载体之外，氢气还可作为原料用于多种用途。许多产业都会用到氢。例如，氢气可参与多种化学过程，如加氢裂化、加氢脱硫、加氢脱烷基、油脂脱氢、焊接和金属矿产还原，同时还可将氢气添加到重油中以方便燃料运输。氢气主要用于炼油厂、合成燃料的合成、盐酸和氨的合成。炼油厂和氨合成行业是氢气需求量较大的两个行业。在氨合成过程中，主要采用传统的天然气重整工艺制氢，之后采用哈伯法进行氨合成。表 1.1 对氢气与其他常规燃料（如丙烷、甲烷、汽油、柴油和甲醇）的性能进行了比较。为了进行比较，本书采用了低热值（MJ/kg）、氢气热值（MJ/kg）、化学计量空燃比、可燃性范围、火焰温度、最小点火能量和自燃温度等重要参数。

表 1.1 氢气与其他常规燃料的性能比较

燃料	氢气	丙烷	甲烷	汽油	柴油	甲醇
低热值（LHV）/MJ·kg^{-1}	119.9	45.6	50	44.5	42.5	18
氢气热值（HHV）/MJ·kg^{-1}	141.6	50.3	55.5	47.3	44.8	22.7
化学计量空燃比/kg	34.3	15.6	17.2	14.6	14.5	6.5
可燃性范围/%	4~75	2.1~9.5	0.5~15	1.3~7.1	0.6~5.5	6.7~36
火焰温度/℃	2207	1925	1914	2307	2327	1870
最小点火能量/MJ	0.017	0.3	0.3	0.29	—	0.14
自燃温度/℃	585	450	540~630	260~460	180~320	460

目前全球每年的能源消耗量约为 $445×10^{18}$ J，这一数字随着人口和生活水平的增长持续增加。相关研究对最重要的经济区域的人均住宅能源消耗进行了预测，其中包括经济合作与发展组织（OECD）地区（亚洲地区、美洲地区和欧洲地区）和非经合组织地区（亚洲地区、非洲地区、中东地区、中美洲地区和南美洲地区）。结果显示，北美地区和欧洲地区各国的人均住宅能源消耗量最高。

与其他液体或气体燃料相比，氢气的燃烧速度最快。氢燃料电池的效率很高，因为其效率不受卡诺循环的限制。预计世界范围内将有大量加氢站建立，以服务氢燃料电池汽车和燃料电池混合动力汽车。氢气有许多优点，例如：能够通过水分解进行高效的能源转换生产，实现净零碳排放；能够通过不同的化学反应合成多种燃料，如合成燃料和氨；资源丰富且易于存储；可利用现有基础设施对其进行长途输送；与传统的化石燃料相比，低热值（LHV）高；作为可再生能源，能够为能源产业提供清洁能源解决方案，以消除环境影响。

1.1 燃 料 利 用

氢是自然界中最丰富、最常见和最简单的化学元素，也是物质的重要构成元素。与其他包含多个电子、中子和质子的原子相比，氢仅由一个质子和一个电子组成。氢是宇宙中含量最高的元素，几乎构成了全部宇宙物质的 3/4。氢是一种无色无味的非金属，在普通形态下极易燃烧，并且容易发生爆燃，因此它是具有危险性的宝贵资源。英国科学家 Robert Boyle[10] 于 1671 年首次发现了氢气。在将不同金属浸入酸中进行实验研究时，他发现，将纯金属浸入酸中，会发生置换反应。例如，在盐酸溶液中加入钾会引起置换反应，其中盐酸与金属钾反应，生成氯化钾盐，氢原子则通过以下反应生成氢气。

$$2K + 2HCl \longrightarrow 2KCl + H_2 \tag{1.1}$$

1766 年，英国科学家 Henry Cavendish[11] 确认氢是一种独特的元素。Cavendish 和 Boyle 均观察到氢气是一种可燃气体。准确地说，在含氧条件下，氢气会快速燃烧。

$$2H_2 + O_2 \longrightarrow 2H_2O + Q \tag{1.2}$$

1789 年，Van Troostwijk 和 Deiman[12] 发明了水电解制氢法。1898 年，James Dewar[13] 首次制备出了液态氢。根据化学计量放热反应，氧气和氢气分子结合形成水并释放热量。Cavendish 和 Boyle 发现，氢气比空气轻，且具有易燃性。氢气与氦气相似，可用于填充气球，与氦气相比，氢气的托举性甚至更好。因此，在 20 世纪初，大型飞艇通常采用氢气作为上升气体。然而，这一做法并未持续太久。1937 年发生了一场悲剧，一艘德国飞艇（兴登堡号）在莱克赫斯特起火爆炸，造成 36 人死亡。飞艇的设计者意识到了氢气的可燃性，同时认为氦气是一个更好的选择，但氦气非常昂贵且稀有。在这次兴登堡灾难之后，人们放弃了采用氢气作为大型飞艇的上升气体。

1909 年，P. L. Sorensen[14] 发明了 pH 标度。1923 年，J. N. Bronsted[15] 将酸定义为质子供体。1931 年，Harold Urey[16] 发现了氘。1947 年，芝加哥大学的 H. I. Schlesinger[17] 制备了化学品 $LiAlH_4$。在接下来的几年内，科学家们取得的成就依次为：1954 年引爆氢弹[18]；1960 年 G. A. Olah 教授[19] 发现了超酸（BF_3-HF），以此获得 1994 年诺贝尔奖；1978 年，普渡大学的 H. C. Brown 教授获得诺贝尔奖[17]；1984 年，G. Kubas[20] 发现第一个稳定的 T. M. 二氢化合物；1996 年，制备金属氢[21]。

2011 年，美国国家航空航天局（NASA）取消了航天飞机的发射，因为这架航天飞机以氢气为燃料，通过燃烧液氧和氢气为发动机提供动力。美国宇航局的工程师们认识到将氢作为燃料的危险性，因此决定重新考虑原方案的可行性。

近年来，环境问题日益严重，因此政府和民众逐渐开始关注温室气体的减排。氢燃料电池动力汽车的概念被引入交通运输业，并获得了高度的关注。与其他燃料不同，氢气的使用过程不会产生任何温室气体，仅生成水。然而，当把氢气作为汽车燃料来源时，其储存就成了人们面临的主要问题之一。与汽油相比，尽管在相同重量下，氢气能够提供更多的能量，但在同样体积下，氢气所提供的能量较少。这表明，为了保证汽车行驶里程，需要设计体积更大的氢气罐，而现有的气罐体积无法满足这一要求。氢气的能量密度较低，因此科学家和研究人员正试图将氢气转化为固态。自 1671 年首次发现氢气以来，人类已经在漫长的探索中逐渐加深了对氢气的了解。现在，氢气已用于飞艇飞行及驱动载人飞行器进入太空。同时，氢气将有望成为交通领域的动力源，为未来的汽车提供燃料。

与其他液体或气体燃料相比，氢气的燃烧速度更快。氢气能够大量减少温室气体及其他有害物质的排放，图 1.6 展示了自 1671 年以来氢气的详细历史背景，包括氢气的发现、确定氢气为可燃气体、水电解法的发明、液态氢的发现、明确氢气比空气轻、将氢气用作大型飞艇的上升气体、建立 pH 标度、氘的发现、制备 LiAlH₄、引爆氢弹、制备超酸（BF₃-HF）、发现二氢化合物、发现金属氢等重要里程碑事件。图 1.7 显示了将氢气作为燃料、原料和能源载体的利用情况。氢气作为燃料可用于多种用途，如燃料电池、燃烧、发电、加热和冷却、氨合成及合成燃料。图 1.8 展示了多种交通运输燃料的碳氢比，表明了燃料的历史使用情况。图 1.8 中展示的燃料包括煤炭、柴油、汽油、液化石油气、乙醇、天然气、氨气和氢气。与其他用于燃烧的燃料相比，氨气的能量密度最高，碳排放量为零，能够为扭转全球变暖趋势作出贡献，燃烧过程中仅生成水和氮气。

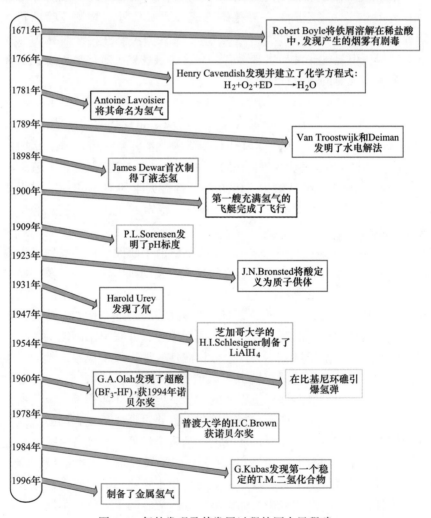

图 1.6　氢的发现及其发展过程的历史里程碑

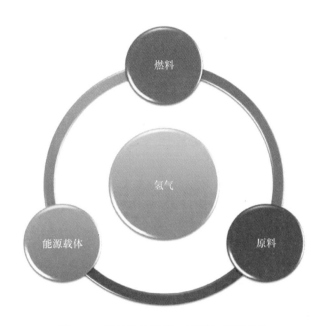

图 1.7 氢气作为燃料、原料和能源载体

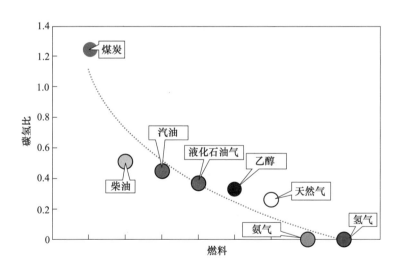

图 1.8 常见交通运输燃料的碳氢比[22]

为实现先进的氢能部署和终端应用,需建立一条加强型氢供应链,并可辅助提纯、生产和加压,以便进行运输和分配。图 1.9 展示了全球范围内的氢能产业能源转型。根据理论观点,通过现场制氢、集中制氢,以及"专用氢气管道长距离输送+罐车输送"模式,可在全世界范围内广泛应用氢能。

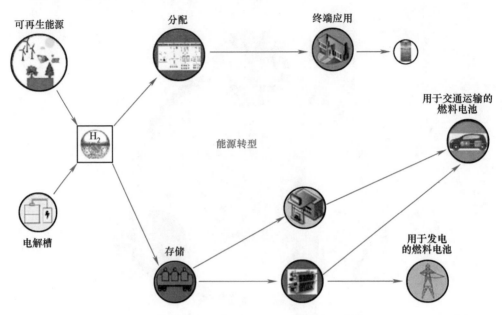

图 1.9　全球范围内的氢能产业能源转型[23]

1.2　氢的特性与可持续发展

20 世纪 70 年代以来，全球能源危机频发，因此人们开始思考利用氢经济解决环境问题的可行性。目前可通过传统的天然气重整装置大量制氢。环境问题的加剧、温室气体的排放和碳排放税的增加使得全球范围内的能源利用趋势向 100% 可再生能源过渡。人们认为氢气为解决环境问题提供了诸多选项，可应用于多个产业。目前多种燃料、化学品及能源载体均使用氢气，如氨的合成、合成燃料、充气气球、含氢化学品、储能介质、油脂氢化、火箭燃料、焊接、加氢脱烷基和加氢裂化、盐酸、金属矿石的还原、低温环境、热电联产、氢燃料电池车辆的燃料。

表 1.2 展示了氢的重要性质。

表 1.2　氢的性质

属性	数值	属性	数值
符号	H	气味	无味
相对原子质量	1.008	相态	气相
相对分子质量	2.016	高热值/MJ·kg^{-1}	141.9
电子构型	$1s^1$	密度/kg·m^{-3}	0.083
类别	非金属	低热值/MJ·kg^{-1}	119.9
颜色	无色	液体密度/kg·m^{-3}	70.8

续表 1.2

属性		数值	属性	数值
沸点/℃		−252.87	自燃温度/℃	585
熔点/℃		−259.14	层流火焰速度/cm·s⁻¹	230
火焰温度/℃		585	最小火花点火能量/mJ	0.02
关键要素	温度/℃	306	空气中的可燃极限/%	4~75
	压强/Pa	1.284×10⁶	电离能/eV	13.5989
	密度/kg·m⁻³	31.40	绝热火焰温度/℃	2107
扩散系数/cm²·s⁻¹		0.61	火焰速度/m·s⁻¹	2.65~3.25
空气点火极限/%		2045	化学计量燃料/空气质量比	0.029
比热容/kJ·(kg·K)⁻¹		14.89	辛烷值	130
标准化学㶲/kJ·mol⁻¹		236.09	可燃极限（当量比）	0.1~7.1
能量密度/MJ·dm⁻³		3	空气中的扩散速度/m·s⁻¹	2

　　实现从常规制氢方法向可再生能源制氢方法的转变，是实现可持续能源系统、可持续发电、可持续热电联产、可持续经济和可持续交通运输的关键。为了提高能源安全性和可持续性，并保持经济增长，必须提升氢与可再生能源的兼容性。可持续性的定义是避免自然资源枯竭，并维持生态平衡，其三大支柱分别是环境、社会和经济。目前，越来越多的公司正致力于减少碳足迹和废弃包装物，并降低其对环境的影响，因此各项环保措施受到了大量关注。社会支持引出了社会许可这一概念，利益相关方、员工和社区的批准和支持是发展可持续商业项目的必要条件。一项可持续性商业项目必须能够盈利，但其经济意义不能超越其他两大支柱的影响。事实上，不惜任何代价实现盈利也根本不是经济支柱的意义所在。经济支柱的内涵应当包含适当的治理、合规和风险管理。图 1.10 展示了可持续性的重要支柱，5E 原则涵盖了能源、环境、经济、教育和道德伦理。

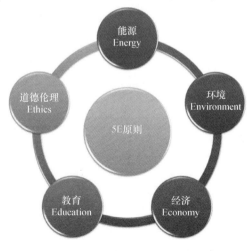

图 1.10　可持续性的重要支柱

多种多样的制氢方法和燃料电池技术为各种应用提供了灵活的选择方案，提高了效率，同时还减轻了对环境的影响。燃料电池能够利用氢气进行分散式发电，同时保障能源安全。与传统的能源系统相比，氢能和燃料电池技术能够提升可持续发电的效率，并在全球范围内减少能源消耗。储氢技术是一个具有挑战性的难题，因为氢气的密度极低，仅为 $40.8g/m^3$。不同的产业可综合利用多种可再生能源和氢能技术进行可再生制氢，对于建立可持续性和环境友好型能源解决方案具有重要意义。图 1.11 展示了基于可再生能源的可持续制氢方法。用于制氢的可再生能源包括太阳能、风能、地热、水能、海洋能和气化生物质能。可将上述再生能源产生的电力输送至电解槽用于制氢，生成的氢气可用于氢燃料电池电动汽车、航空、机动车、金属精炼及合成燃料和合成氨。同时，生成的氢气也可以用作燃烧燃料（碳排放量为零），也可用于供暖和发电。用于制氢的可再生能源如下所示：太阳能、风能、地热能、生物质能、海洋能、水能。

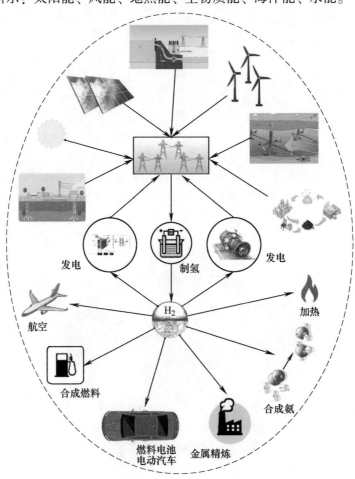

图 1.11 基于可再生能源的可持续制氢方法示意图

在图 1.12 中，对传统燃料和替代燃料的密度、体积能量密度和质量能量密度进行了比较。图中展示了两种储氢方法：低温液体储氢法和压缩氢法。与其他传统燃料和替代燃料不同，氢的质量能量密度最大。

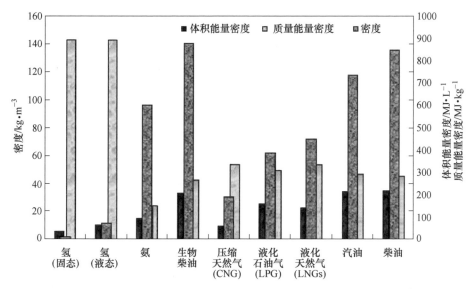

图 1.12　传统燃料和替代燃料的密度、体积能量密度、质量能量密度[22]

1.3　氢　存　储

氢和燃料电池系统也可用于住宅。在住宅应用中，可利用氢燃料电池为当地的居民供电。此外，可以在住宅中直接燃烧氢气，以产生热量（热能），用于空间供暖和按需供应热水。该系统最突出的优点之一是能够减少温室气体的排放。另外一个优点是利用燃料电池提升局部供电能力，降低电网的峰值负荷，实现不受地点限制的可再生能源发电。在住宅中利用氢能和氢基燃料电池系统能够解决诸多环境问题。同时，交通运输行业正在从传统的燃料燃烧驱动方式向氢燃料电池电动汽车转变，而在航空、船舶、机动车和无人机领域，这一转变也在悄然发生。在燃料电池电动汽车中，氢燃料箱取代了传统的燃料箱，其中存储的氢能可供氢燃料电池进行发电。在氢燃料电池混合动力电动汽车中，蓄电池存储系统也可存储额外的电力，在需要时驱动车辆。氢燃料电池可利用氢能进行发电，是一种成熟高效的发电技术。氢燃料电池的效率非常高，由于无需遵循卡诺循环带来的效率限制，其效率很高。预计今年世界范围内将有大量加氢站建立，以服务氢燃料电池汽车和燃料电池混合动力汽车。不同的产业以不同的方式存储氢气。以下是三种不同的储氢方法：

（1）以燃料电池的形式存储可再生氢能，可将其应用于氢燃料电池电动汽车和发电。

（2）以氨的形式储存可再生氢能。与氢能相比，氨的能量密度更高，因此可利用氢气合成氨（化学反应方程式见下），之后利用转化炉，将氨裂解为氢气：

$$N_2 + 3H_2 \longrightarrow 2NH_3 \tag{1.3}$$

（3）可根据不同用途对可再生氢能进行储存，例如燃烧、氢燃料电池车辆的燃料、炼油、合成燃料和氨合成，以及加热和发电。

通过燃料电池存储的可再生氢能可用于驱动氢燃料电池电动汽车和发电。如图1.13所示，将可再生能源转化为氢能，并将其存储起来，然后再用于多种用途，如燃料电池，氨，加热、冷却和发电。可用于清洁制氢的多种可再生能源包括太阳能、风能、生物质能、地热能、水能和海洋能。将上述可再生能源产生的电力提供给电解槽，用水制氢。制取的氢气被储存在储氢罐中，供燃料电池使用，为不同的应用提供电力。

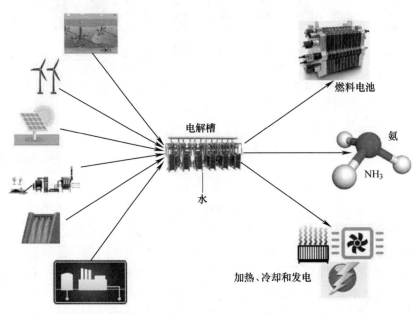

图 1.13　可再生氢的多种应用

可再生氢能也能以氨的形式进行储存，因为与氢相比，氨的能量密度更高。用于清洁制氢的可再生能源包括太阳能、风能、生物质能、地热能、水能和海洋热能转换系统（OTEC）循环。生成的氢气可用于合成氨，合成的氨又可以根据需要裂解成氢气。图1.13也显示了可再生氢合成氨的过程。氨重整工艺是一种成熟的哈伯-博施（Haber-Bosch）可逆工艺，用于氨合成，也可采用这一工艺将氨裂解为氮气和氢气。在氨合成过程中，可采用空气分离装置（如低温空气分离装置、变压吸附或膜分离装置）从空气中分离氮气。之后将未参与反应的气体回收至反应器中，并将生成的氨存储起来，以满足后续的制氢需求。

通过对氢能进行储存和利用，可用于满足高峰期的能源需求其他用途，如燃料、能源载体和不同化学品的合成。图 1.13 中还显示了氢气在加热、冷却和发电方面的应用。储存的氢气可用于多种用途，例如航空燃料、氨和甲醇合成、精炼、氢燃料电池电动汽车及可持续能源系统。

在近期发表的一篇文章[24]中，对不同储氢系统及其使用固态材料储氢的效率进行了比较研究。为了评估不同储氢系统的性能，对固态材料的研究需涵盖工作温度和压力、氢释放和吸收的热效应、存储密度和可逆储氢容量等特性。在装有固体储氢材料（如氢化物 MgH_2 和反应性氢化物 AlH_3）的圆柱形密封装置中收集了 5kg 氢气，之后对该系统进行性能评估。通过性能评估，可计算出体积和重量储氢能力及储氢效率。研究人员发现，用于评估密封装置尺寸和类型的温度-压力条件和封装密度对氢气的重量效率有着明显影响。他们建议，必须针对低热效应和近似参考环境下的运行采用相应的材料，以开发运行效率最高的新型储氢技术。图 1.14 展示了储氢技术（HST）的多种分类，其中包括物理和化学储氢方法。在近期开展的一项研究中，介绍了一种通过液相铜（Ⅱ）-氨络合氧化物

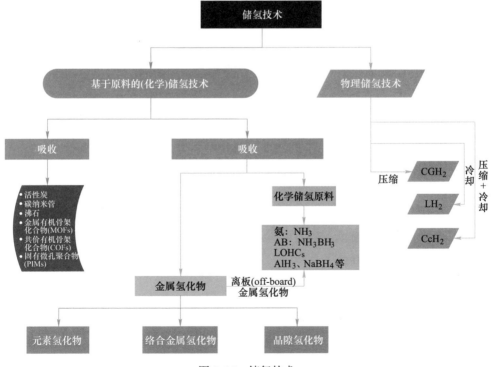

图 1.14　储氢技术

合成硼烷氨（储氢材料）的创新方法[25]。硼烷氨具有明显优势，其氢含量为19.6%（质量分数），可控制脱氢，因此是储氢技术的可选材料。文中还介绍了一种独特的合成工艺，利用铜（Ⅱ）-氨络合物作为氮源和氧化剂源，生成硼烷氨晶体。在近期的另一项研究中[26]，基于能量法和㶲法，对气态储氢罐的高压压缩充气过程进行了热力学分析，之后进行了一些敏感性分析，以探讨初始条件对充气过程中㶲损率和㶲效率的影响，同时还进行了瞬态分析，以研究充气过程，确定充气期间储氢罐内的压力和温度-压力变化。

1.4 氢基础设施、运输和配送

氢能和燃料电池系统也可用于居民住宅。在住宅行业，可利用氢燃料电池为当地居民供电。此外，可以在住宅取暖炉中直接燃烧氢气，以产生热量（热能），用于室内供暖和按需供应热水。氢气配送可使用现有的天然气配气管网，或将氢气输送至贮氢器，装载到增压罐中，最后运送至住宅。图 1.15 展示了氢气运输供应链，未来这些供应链的供氢量可能会增加。这些氢气运输供应链可分为四种不同的氢气输送模式，分别是现场式、半集中式、集中式和洲际式。在现场供应链中，可将氢气直接输送至加氢站；在半集中式供应链中，需通过槽罐车将氢气运输数十千米，间接输送至加氢站；在集中式供应链中，需通过槽罐车将氢

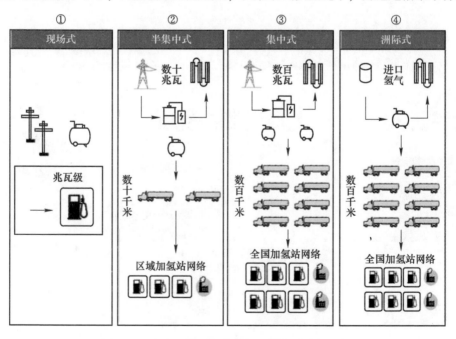

图 1.15　未来可能增加供氢量的氢气运输供应链

气运输数百千米，间接输送至加氢站；在洲际供应链中，同样也需要通过槽罐车将氢气运输数百千米，将进口的氢气输送至加氢站。

除了氢气的需求量和地域分布情况，以下因素也影响了供应链的结构：

（1）区域内现有的氢源可及性或制氢原料情况。由于制氢环节是整个资本密集型供应链中最重要的一环，因此上述因素与现场生产成本密切相关。

（2）在耗氢量超过一定程度的情况下，采用现场制氢和专用氢气管道输送的方式，这是目前切实可行的主流供氢模式。

（3）从风险管理的角度来看，通常当大部分产量出售给单一客户时，往往会进行大规模产能投资。

在后两种因素的影响下，新投产的供应链设施多为集中或半集中式供应链。图 1.16 展示了氢气在交通运输业的应用，氢气也可用作航空燃料。

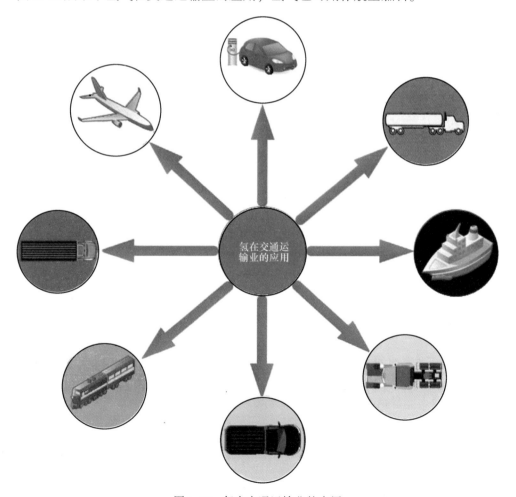

图 1.16　氢在交通运输业的应用

上一节对储氢方法进行了介绍。氢气可用于多种用途，例如能源载体、燃料、化学工业、炼油、燃料电池和储能介质。新的制氢项目产能主要分布在工业原料、车辆、供气网输气、电力存储和热能等多个重要产业。从 2000 年到 2018 年，这些相关产业制氢项目的产能如图 1.17 所示。随着大多数发达国家的能源结构逐步从传统能源向可再生能源转变，全球的制氢量及氢气需求显著增加。作为一种环境友好型能源，氢气以其独特的特性（如上文所述）带来了最佳的环境问题解决方案。新的制氢项目产能的持续增长如图 1.17 所示，预计未来还会进一步增长。

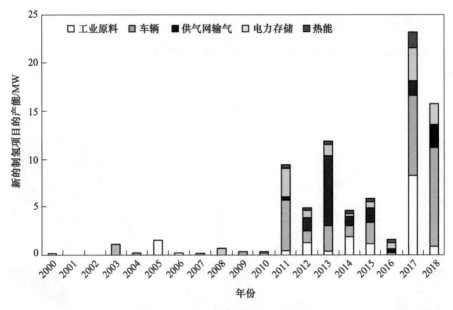

图 1.17 新的制氢项目的产能[27]

1.5 氢燃料电池的应用

储氢是一项极具挑战性的工作，因为氢气密度极低，体积储氢密度仅为 $40.8 g/m^3$。氢是一种二次（存储）能源，需要利用一次能源进行生产，在转化过程中会发生能量损失。因此，制氢成本要高于用于制氢的能源成本。天然气重整技术是全球范围内最重要的制氢技术。为了克服碳足迹、环境问题、温室气体排放和碳排放税等各种不利因素，完成全球范围内从传统能源向可再生能源的转变，应采用环境友好型能源解决方案。传统能源制氢过程中面临的一些涉及技术和科学因素的氢经济挑战如下：（1）如何降低制氢成本；（2）如何开发环境友好且碳排放量为零的大规模清洁制氢系统；（3）如何开发运输和配送氢气的基础设施；（4）如何开发固定式和车载式储氢系统；（5）如何大幅降低成本，同时大幅提高燃料电池的耐久性。基于可再生能源的制氢方法能够解决目前所面临的大部分氢经济方面的问题。与化石燃料相比，氢有许多优势，例如：（1）与其他液体燃料（如汽油、乙醇和航空燃料）相比，液氢作为交通运输工具的燃料，其性能较高；（2）可采用5种方式将氢能转化为机械能、热能和电能等常用的能量形式，而化石燃料仅能通过燃烧方式转化为常用的能量形式；（3）在转化为适当的能量形式后，氢能的利用效率较高，与化石燃料相比，氢的利用效率高出39%；（4）就毒性和火灾危险性而言，氢气是最安全的燃料。

　　燃料电池系统主要用于发电和交通运输车辆动力系统。总体而言，燃料电池的应用可分为发电、运输动力、多联产和特殊应用等四个方面。其中发电可进一步细分为多个子领域，如汽车电源、便携式电源、配电、固定电源、辅助电源、移动电源和备用电源；运输动力可进一步细分为汽车、公共汽车、火车、船舶和航空；多联产可进一步细分为区域供电、区域供暖、远程供电、远程供暖和供水、工业电力、工业供暖和制氧；特殊应用产业可进一步分为医疗、军事和航空航天产业，这是最常见的制氢和制氧应用领域。图1.18展示了燃料电池应用的

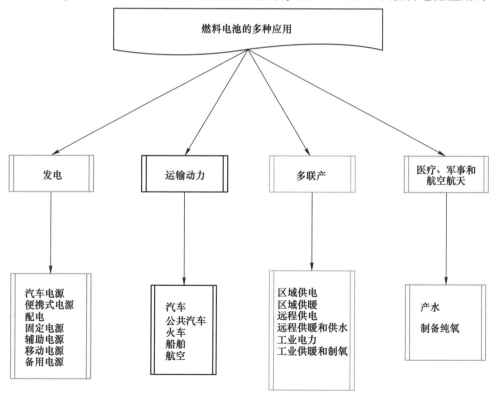

图 1.18　燃料电池的多种应用

分类。在使用燃料电池制备纯氧的过程中，将容量较小的电解槽与容量较大的燃料电池连接，之后电解槽可使用燃料电池中的纯水制备氢气和氧气。

近期，阿贡国家实验室与波多黎各大学合作，在一项研究中采用多种烃类和生物柴油进行自热重整燃料电池[28]。这两家机构都在致力于改进催化剂。该研究的重点是调研新型催化剂及将甘油、生物柴油和甲醇转化为氢气的可行性，并根据生产潜力进行对比研究，确定积碳条件、反应器温度效应及 S/C 比和 O/C 比。在最初的自热重整实验中，甘油、甲醇和生物柴油的产氢量随着反应器温度的升高和 O_2/C 比的降低而增加。在所有的甘油和生物柴油实验中，都形成了积碳。在近期的一项研究[29]中，对固定的太阳能-氢能混合燃料电池系统进行了综述研究。其中应用范围最广的太阳能制氢技术是利用太阳能进行水电解。该研究评估了基于太阳能的制氢技术以及太阳能-氢能混合燃料电池系统，并对其进行了初步分析，以评估其能效和㶲效率。

氢燃料电池系统在用于居民住宅方面颇具优势，为当地的居民供电。居民可以使用氢燃料电池方便地为住宅自行供电。此外，还可以在住宅取暖炉中直接燃烧氢气，通过产生热量（热能）进行室内供暖和按需供应热水。在交通和住宅领域，耗氢型便携式设备是动力系统的最佳选择，如质子交换膜（PEM）燃料电池、固体氧化物（SO）燃料电池、磷酸（PA）燃料电池和碱性（ALK）燃料电池。这些便携式燃料电池的启动时间很短，使用十分便捷。表 1.3 对不同类型的燃料电池的特征进行了描述。

表 1.3 不同类型燃料电池的特征[30]

燃料电池类型	电解质材料	优点	缺点	应用	反应（A：阳极；C：阴极）
PEMFC（质子交换膜燃料电池）	质子导电聚合物	结构坚固，工作温度低（约93℃）	对杂质敏感，需要贵金属催化剂，需要氢燃料	便携式电源，交通运输，固定电源	A：$H_2 \rightarrow 2H^+ + 2e$ C：$\frac{1}{2}O_2 + 2H^+ + 2e \rightarrow H_2O$
MCFC（熔融碳酸盐燃料电池）	陶瓷熔融碳酸盐	可与多种燃料一同使用，效率较高	电解质腐蚀性极强，工作温度较高（约649℃），需要贵金属催化剂	发电站	A：$H_2 + CO_3^{2-} \rightarrow H_2O + CO_2 + 2e$ $CO + CO_3^{2-} \rightarrow 2CO_2 + 2e$ C：$\frac{1}{2}O_2 + CO_2 + 2e^- \rightarrow CO_3^{2-}$
SOFC（固体燃料电池）	氧化物离子导电陶瓷膜	可与多种燃料一同使用，坚固耐用	工作温度非常高（982℃），材料成本极高	固定电源，半挂卡车	A：$H_2 + O^{2-} \rightarrow H_2O + 2e$ $CO + O^{2-} \rightarrow CO_2 + 2e$ $CH_4 + 4O^{2-} \rightarrow 2H_2O + CO_2 + 8e$ C：$\frac{1}{2}O_2 + 2e \rightarrow O^{2-}$

燃料电池类型	电解质材料	优点	缺点	应用	反应（A：阳极；C：阴极）
AFC（碱性燃料电池）	氢氧化钾水溶液	效率高达 70%	对二氧化碳敏感，介质的腐蚀性极强，需要氢燃料	发电和产水，航天工具	A：$H_2 + 2OH^- \rightarrow 2H_2O + 2e$ C：$\frac{1}{2}O_2 + H_2O + 2e \rightarrow 2OH^-$
PAFC（磷酸燃料电池）	基质中的磷酸	商业化开发程度最高，工作温度范围为 204℃	电解质腐蚀性极强，温度较高时不稳定，需要氢燃料	固定发电，发电站	A：$H_2 \rightarrow 2H^+ + 2e$ C：$\frac{1}{2}O_2 + 2H^+ + 2e \rightarrow H_2O$

1.5.1 质子交换膜燃料电池

质子交换膜（PEM）燃料电池所需的工作温度较低，从而在交通运输和住宅业的发电过程中发挥着重要作用。图 1.19 展示了 PEM 燃料电池的基本结构。质子传导膜（固体聚合物电解质）是这类燃料电池的特有组件。在薄层液膜的作用下，由湿膜支撑的离子能够进行质子传导反应。阳极和阴极反应可表示如下：

阳极反应：

$$H_2(g) \longrightarrow 2H^+(aq) + 2e \tag{1.4}$$

阴极反应：

$$\frac{1}{2}O_2(g) + 2H^+ + 2e \longrightarrow H_2O(aq) \tag{1.5}$$

与聚苯乙烯磺酸相比，聚四氟乙烯更适用于电解质，因为它的导电性更好。质子交换膜燃料电池中的水流管理非常重要，因为质子会形成水合氢离子，因此必须使用水化膜。为了减少欧姆损耗，同时提高性能，在 PEM 燃料电池的设计中膜电极组件至关重要。可以将铂催化剂等贵金属涂覆在电极上，以补偿三相边界的缓慢动力学性质。此外，当采用铂催化剂时，在阳极参与反应的氢气必须是纯氢，因为铂催化剂可能因氢气中存在的 CO 杂质而中毒。

1.5.2 磷酸燃料电池

磷酸（PA）燃料电池的工作原理与 PEM 燃料电池中的电极半反应类似。在酸性电解质中，均由质子充当电荷载体，且均在阴极形成水。PA 燃料电池和 PEM 燃料电池之间的差异在于电解质，在 PEM 燃料电池中使用固体聚合物电解质，而磷酸燃料电池则使用液态酸性电解质。磷酸燃料电池使用了纯度约 100%

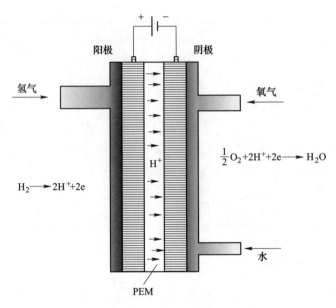

图 1.19 PEM 燃料电池的基本结构

的加压磷酸电解质,当工作温度为 175℃时挥发性较低。PA 燃料电池能够耐受气流中的二氧化碳。在商用领域,PA 燃料电池被广泛应用,可实现 25MW 级别的发电量。

碳化硅能够稳定固体基质中的液体电解质,其安装装置与图 1.20 所示的 PA 燃料电池相同。碳化硅的稳定性能够最大限度地减少蒸发造成的电解质丢失。碳化硅基质由微米级颗粒组成,能够减少欧姆损耗。

1.5.3 固体氧化物燃料电池

固体氧化物(SO)燃料电池是一种新兴的质子传导技术。SO 燃料电池是一种酸性电解质,式(1.4)和式(1.5)表示其半反应过程,但 SO 燃料电池电解质通常位于两个平面多孔电极之间,且由质子传导金属氧化层形成。图 1.21 展示了质子传导 SO 燃料电池的基本示意图。SO 燃料电池包含质子传导电解质,通常使用氧化钡。固体氧化膜中存在质子传导现象,因此质子能够从阳极(+)移动至阴极(-),从而在阴极形成水。因此,在 SO 燃料电池中可完全利用氢气,消除加力燃烧室带来的影响,从而提高系统的结构紧凑性,降低系统复杂度。此外,当氢在燃料电池阴极完全发生电化学反应时,氮氧化物的生成量为零,因此燃料电池排放的废气仅为氮气和水蒸气,这意味着燃料电池是清洁能源。在全球范围内,许多研究机构都在致力于研发质子传导膜。SO 燃料电池中不包含液相,因此可使用质子传导膜。在这方面,通常认为铈酸钡($BaCeO_3$)材料是较好的

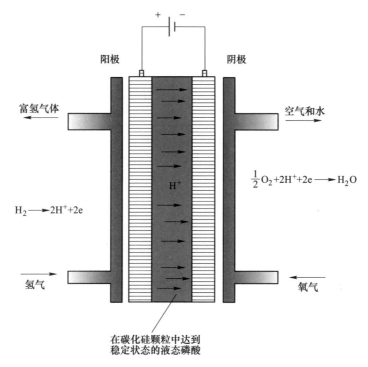

图 1.20　磷酸（PA）燃料电池的基本示意图

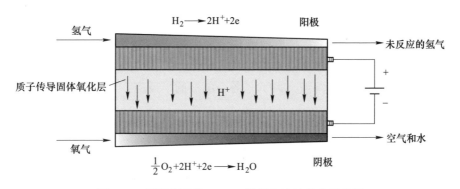

图 1.21　固体氧化物（SO）燃料电池的基本示意图

固体氧化物电解质，因为这一材料能够在较大温度范围内（300~1000℃）提供高效的质子传导。然而，铈酸钡会形成固体膜。为解决该问题，可以把钐（Sm）掺入铈酸钡中，从而烧结厚度较小且功率密度较高的膜。SO 燃料电池具有钇稳定氧化锆电解质固体层，它可以在1000℃的高温下工作，其优点如下：

（1）该反应无需贵金属催化剂，因此成本低廉，且使用寿命相对较长。

（2）反应过程中将内部重整燃料（如甲烷、氨）转化为氢气，因此可以采用体积较小的燃料箱。

（3）在反应过程中，废气所含的高烟可用于低温加热和补充供电。

SO 燃料电池中不存在液相，因此可设计包含两相（固相和气相）的固-气作用过程。在整个过程中，阳极消耗氢气，产生水蒸气，因此氢分压降低。由于氢分压降低，发生降解动力学反应，而富氢气体是解决这一问题的唯一方法，同时还能够产生补偿效应。在这一过程中，富氢气体被消耗，这一反应可以通过多种方式完成。例如，使用加力燃烧室燃烧多余的氢气进而通过燃气轮机产生功或释放回收的热量。因此，在氢气燃烧过程中会产生一定量的氮氧化物。

1.5.4　碱性燃料电池

尽管在碱性（ALK）燃料电池技术中，需要一个复杂的电解质再循环系统，但在空间应用领域该技术仍然广受欢迎，此外在道路车辆应用中也受到关注。不过，在交通工具应用领域，PEM 燃料电池技术仍然是最先进的技术，尽管在使用氢燃料技术的情况下它的行驶里程依然有所不足。不同的是，高温燃料电池，即 SO 燃料电池更适合大功率应用场景。SO 燃料电池也可以作为车辆的辅助动力装置，保证车辆在平稳状态下运行。在这一点上，PEM 燃料电池和 ALK 燃料电池也发挥了重要作用，因为它们能够降低运行温度。

ALK 燃料电池的效率要高于 PEM 燃料电池，达到了 60% 以上，甚至可以达到 70%。同时 ALK 燃料电池能够利用羟基优势，将其作为一种高效的电荷载体，加快氧还原动力学过程。ALK 燃料电池被应用于美国宇航局的太空计划，表现出了极高的稳定性。与 PEM 燃料电池相比，ALK 燃料电池对催化剂的要求较为宽松，因为 ALK 燃料电池使用廉价的镍基催化剂。其中电解质采用了 30% ~ 40%（质量分数）的氢氧化钾溶液。以下是各个电极的半反应：

阳极反应：

$$H_2(g) + 2OH^-(aq) \longrightarrow 2H_2O(l) + 2e \qquad (1.6)$$

阴极反应：

$$\frac{1}{2}O_2(g) + 2H_2O + 2e \longrightarrow 2OH^-(aq) \qquad (1.7)$$

电解质中存在一个重要问题，即氢氧化钾与空气中二氧化碳的自发反应。如果氢氧化钾电解质中存在二氧化碳，则 CO_3^{2-} 水溶液中会形成碳酸盐，因此电解质会发生降解。图 1.22 展示了 ALK 燃料电池系统的基本配置。其中氢通过多孔阳极进入系统并生成电解质-电极界面。电解质的再调节在外部进行，以消除系统中生成的水，如有需要，可再次添加新的电解质。随后，将电解质输送回电池系统。

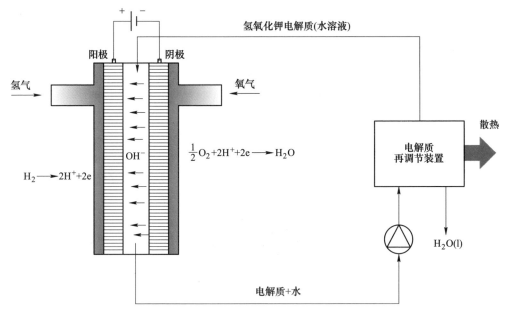

图 1.22　碱性（ALK）燃料电池系统的基本配置

1.5.5　氨燃料电池

氨燃料电池的工作原理与氢燃料电池类似，除了膜电解质外，还涉及电极反应。此外，可以将氢与氨混合输送至燃料电池，从而提高氨燃料电池的实验性能和效率。然而，与基于氢燃料的 PEM 燃料电池相比，基于碱性电解质的氨燃料电池仍有所不同。图 1.23 展示了基于碱性电解质的直接氨燃料电池（DAFC）的基本示意图，其中包含阳极和阴极反应物和产物。

燃料被输入供给 DAFC，后者包含直接供氨（NH_3）进口。在碱性 DAFC 中，在催化剂的作用下，氨与带负电的羟基离子在阳极发生电化学反应。其阳极反应可以表示为：

$$NH_3 + 3OH^- \longrightarrow \frac{1}{2}N_2 + 3H_2O + 3e \qquad (1.8)$$

阳极电化学反应将释放电子，并在所有外部负荷中产生电子流。阴极将接收电子并完成整体化学反应，该反应可表示为：

$$\frac{3}{4}O_2 + \frac{3}{2}H_2O + 3e \longrightarrow 3OH^- \qquad (1.9)$$

其中水分子（H_2O）和氧分子（O_2）在阴极发生强制性反应，在电化学催化剂的作用下，二者也会发生反应，形成羟基离子（OH^-）。阴极形成的离子通过碱性电解质移动至燃料电池的阳极一侧，因为只有带负电荷的离子才能通过碱

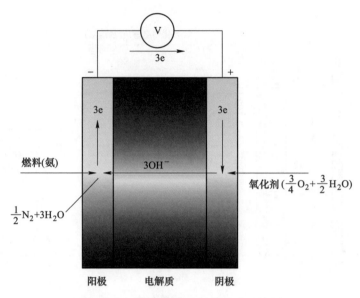

图 1.23 直接氨燃料电池的基本示意图

性电解质。因此，在提供氧化剂和燃料的条件下，阴极和阳极持续发生电化学反应，所以电池将持续提供能源。基于碱性电解质的 DAFC 的整体反应可表示为：

$$NH_3 + \frac{3}{4}O_2 \longrightarrow \frac{1}{2}N_2 + \frac{3}{2}H_2O \qquad (1.10)$$

尽管 DAFC 的工作原理已经相当成熟，但其性能仍低于氢燃料电池，这主要归因于氨分子的电氧化作用无法令人满意。在氢氧化条件下，燃料电池具有实际催化活性，而在氨氧化条件下，燃料电池的催化剂活性尚不确定。这仍然是阻碍高性能 DAFC 开发的关键因素。

1.6 结 论

全球经济的迅猛发展和人口的大幅增长是能源需求增加的主要原因。电力在所有国家的工业革命中都扮演着至关重要的角色。通常情况下，电力需求主要通过传统能源生产方式进行满足，其发电过程中多采用化石燃料。目前一部分全球能源需求正在通过可再生能源满足，而且可再生能源所占比重正在逐渐增长。在使用传统化石燃料发电的过程中，出现了许多环境问题，同时还导致了温室气体的排放。因此，全球发电方式正在从传统能源向 100% 可再生能源转型，以解决全球气候变暖、臭氧层消耗、碳排放税增加和化石燃料消耗等问题。一些可再生能源（如太阳能和风能）具有间歇性特点，因此增加了对储能介质的要求，而氢能作为一种可再生能源，可用于多种用途，如燃料、储能介质、甲醇和氨的合成及能源载体。随着汽车的驱动方式从燃料燃烧向着氢燃料电池和混合氢燃料电池转变，交通运输产业正在发生一场全球性革命。氢燃料电池可通过氢气实现清洁能源供应，同时碳排放为零，其应用不仅包含汽车、卡车、油罐车和轨道车，还包括火车、船舶和航空交通工具。在氢燃料电池混合动力电动汽车中，蓄电池存储系统能够存储额外的电力，并在需要时驱动车辆。氢燃料电池利用氢气发电，是一种成熟高效的技术，其无需遵循卡诺循环带来的效率限制。氢气可用于多种用途，包括航空燃料、氨和甲醇合成、炼油、氢燃料电池电动汽车及可持续能源系统。

2 制 氢 方 法

虽然氢被认为是地球上最广泛存在的元素,几乎可以在所有物质中发现它的踪迹,但它并不是独立存在的。因此,以环境友好的方式把纯氢从各种含氢源中分离并提取出来非常重要,并且该提取过程需要用到能量。然而,由于氢是一种能量载体而并非能量来源,因此可以使用任何一种一次能源来提取氢。也就是说,可以使用天然气和煤炭等化石燃料,以及核能、太阳能、生物质能、风能、水能或地热能、海洋热能转换(OTEC)等可再生能源中的任何一种能源来制氢。潜在替代能源的多样性和广泛性也使得氢成为一种应用前景广泛的能量载体。

蒸汽甲烷重整是一种二氧化碳密集型工艺。虽然目前全球大部分制氢系统都在使用这一工艺,但是也可以使用可再生电力来制取零二氧化碳排放的绿氢。电解是另外一种传统技术,该技术利用电流把水分解为氧和氢,而其中所用到的电力可以从可再生能源中获取以制取绿氢。

制氢成本是一个重要问题。蒸汽重整法制氢的单位能量成本大约是天然气法制氢成本的3倍。同样地,使用电解法制氢(电价5美分/kW·h)的成本是天然气法制氢成本的不到4倍。根据可再生世界能源[31]新近发布的报告,美国将以2.5美分/kW·h的价格出售风电(这是有记载以来的最低价格),届时电解制氢成本将是天然气法制氢成本的不到2倍。

氢燃料正在全球范围内引发关注,导致这种现象的原因是多种多样的,下面列出了一些主要原因:

(1)可以使用多种能源来制氢。

(2)氢可以满足所有能量需求:它既可应用于氢燃料电池汽车、住宅,也可用作能量载体,以及联合供热和发电系统的燃料。

(3)氢产生的污染最小:氢在燃料电池中的使用及其燃烧过程的产物都是水。

(4)氢是完美的太阳能载体,也可以用作储能介质。

表2.1列出了几种制氢工艺的成本对比和性能评价。表中列出了若干主要制氢工艺,包括蒸汽甲烷重整、H_2S甲烷重整、甲烷/天然气热解、填埋气干式重整、石脑油重整、重油和煤的部分氧化、煤气化、废油的蒸汽重整、蒸汽铁工艺、水的栅极电解、氯碱电解、高温水电解、太阳能和光伏(PV)水电解、生物质气化、热化学分解水、水的光解、光生物、光催化分解水和光电化学分解

水，同时还给出了理想能量需求和实际能量需求、效率和成本对比。

表 2.1 制氢工艺的成本和性能特征对比[32]

工艺	能量需求/kW·h·N⁻¹·m⁻³		技术状态	效率/%	与 SMR 对比的成本
	理想	实际			
蒸汽甲烷重整（SMR）	0.78	2~2.5	成熟	70~80	1
H₂S 甲烷重整	1.5	—	研发	50	<1
甲烷/天然气热解			研发至成熟	72~54	0.9
填埋气干式重整			研发	47~58	约 1
石脑油重整			成熟		
重油的部分氧化	0.94	4.9	成熟	70	1.8
煤气化（德士古公司）	1.01	8.6	成熟	60	1.4~2.6
废油的蒸汽重整			研发	75	<1
蒸汽铁工艺			研发	46	1.9
煤的部分氧化			成熟	55	
水的栅极电解	3.54	4.9	研发	27	3.1
氯碱电解			成熟		副产品
高温水电解			研发	48	2.2
太阳能和光伏（PV）水电解			研发至成熟	10	>3
生物质气化			研发	45~50	2.0~2.4
热化学分解水			早期研发	35~45	6
水的光解			早期研发	<10	
光生物			早期研发	<1	
光催化分解水			早期研发		
光电化学分解水			早期研发		

最近发表的一篇综述文章基于不可再生能源和可再生能源路线对制氢方法进行了比较研究和环境影响评估[33]。研究人员旨在研究、对比不同制氢方法的性能并评估其社会、经济和环境影响。研究考虑了煤气化、天然气重整、太阳能和风能水电解、生物质气化、高温电解、S-I 循环和热化学 Cu-Cl 循环等多种制氢方法，并从全球变暖潜能值（GWP）、酸化潜力和 GWP、能量效率和㶲效率及生产成本等方面确定、对比了上述方法对环境的影响。此外，研究人员还考虑了制氢的资本成本与装置产能之间的关系。研究和评估结果表明，与其他传统方法相比，S-I 循环和热化学 Cu-Cl 循环是环境友好型方法。研究还发现，从环保角度来看，太阳能、风能和高温电解是有吸引力的方法，而从生产成本的对比结果来

看，电解法是最没有吸引力的。因此，研究人员认为提高风能和太阳能制氢方法的效率，并降低其成本是潜在的可行方案。能量效率和㶲效率的对比结果表明，生物质气化制氢要优于其他制氢方法。根据综合排序结果，研究人员认为 S-I 循环和热化学 Cu-Cl 循环是性价比高、环境友好的备选制氢方法。

最近开展的一项研究对多种制氢路线进行了生命周期评估[34]。研究人员的研究涵盖了 5 种不同的制氢方法，即天然气重整、太阳能和风能水电解、煤气化和热化学 Cu-Cl 循环。研究人员对其中每一种方法的评估和对比都考虑了能量当量和二氧化碳当量排放量。此外，他们还基于加拿大多伦多的地理位置，开展了加氢站案例研究。研究结果表明，在考虑了与太阳能和风能电解相关的二氧化碳当量排放量后，热化学 Cu-Cl 循环方法的优势更加明显。研究还发现，考虑了制氢能力后，天然气重整、热化学 Cu-Cl 循环和煤气化方法比可再生能源方法更具优势。

在最近出版的 *Accelerating the Transition to a 100% Renewable Energy Era*[35] 一书中，有一章专门介绍了未来氢在全球向 100% 可再生能源过渡过程中的作用。该章涵盖了所有可替代天然气重整和煤气化等传统制氢方法的可再生能源。风能、太阳能、水力、地热、海洋热能转换和生物质气化等每一种可再生能源方法都可用于制氢。作者提出，向可再生能源方法进行过渡，取代传统能源方法势在必行，以实现清洁、可持续和环境友好地制氢。最近开展的另外一项研究根据绿色化学原则对制氢方法进行了调研[36]，旨在根据绿色化学原则探索制氢路线。为了确定出需求的标准，研究人员使用 12 条绿色化学原则对每一种方法都进行了分析和评估。该研究探索的制氢方法按四种不同的能源类别进行了划分，即电能、混合能、热能和生物能。调研结果表明，在电法、混合法、热法和生物制氢法中，水电解法、光电化学法、生物质气化法和生物光解法可分别用于制取绿氢。

图 2.1（a）为发电和供热、交通、工业、建筑和其他行业领域的全球二氧化碳排放量分布。发电和供热、交通领域的二氧化碳排放总量几乎占总排放量的 2/3，这些领域是导致 2010 年以来全球二氧化碳排放量增长的主要原因，另外 1/3 的二氧化碳排放量主要来自建筑领域和工业领域。图 2.1（b）为交通、工业、建筑和其他领域的热量再分配。图中显示了发电产生的二氧化碳排放量在全球的重新分配情况。工业领域的二氧化碳排放量约占总排放量的一半，而交通领域和建筑领域的二氧化碳排放量则各占总排放量的 1/4。建筑领域消耗了全球电力的一半，而工业领域则几乎消耗了全球电力的另一半。

Dincer 和 Acar[37] 首先引入了 3S 制氢系统方法，该方法最初由 Ibrahim Dincer 提出。图 2.2 为该方法中包括的能源、系统和服务步骤。在该方法中，首先是要与制氢系统结合到一起的一次能源；然后是满足供需要求的储存和配送系统，这

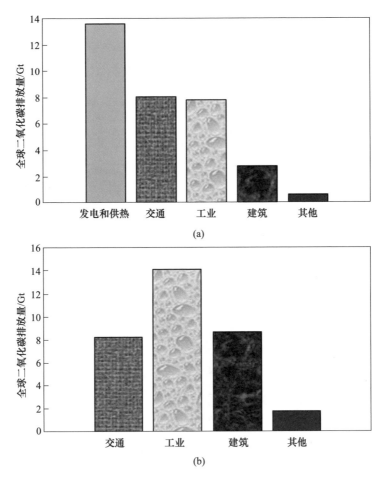

图 2.1 2017 年不同领域的全球二氧化碳排放量分布（a）和不同领域的热量再分配（b）

涉及采用现有基础设施的配送系统；最后是向终端用户的设施供氢。终端用户的设施包括用于发电和氢燃料电池车的燃料电池、内燃机、各种化学品（氨、甲醇、药品和盐酸）的制造设施，以及满足住宅的供暖、制冷、电力、淡水、热电联产、空间供暖和制冷的需求。这些都需要考虑以一种环境友好和可持续的方法来供氢，从而消除环境问题。为了找到生产可持续能源的解决方案，需要消除环境问题和温室气体（GHG）排放问题。

选择使用一种一次能源制氢是第一步。这种能源需要储量丰富、燃烧清洁、供给充足、性能可靠且价格合理。目前，主流的氢（近 95%）是使用化石燃料制取的，更具体地说，是使用天然气重整、甲烷部分氧化和煤气化工艺制取的。对于一些间歇性可再生能源，制氢系统需要与一个兼容、可靠、可信的主储存系统连接在一起。根据可再生世界能源新近发布的报告，美国将以 2.5 美分/kW·h

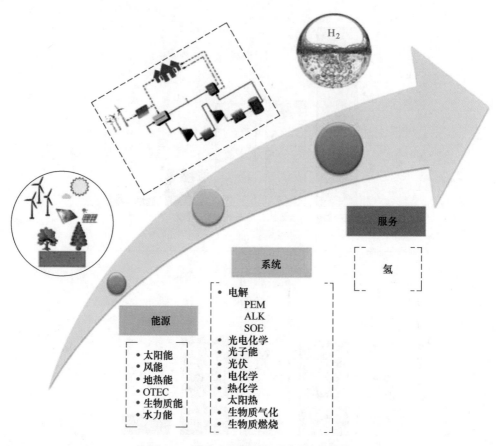

图 2.2 可再生能源制氢系统的 3S 路线

的价格出售风能（这是有记载以来的最低价格），因此电力成本将是天然气法制氢成本的不到 2 倍。为了达到最佳效果，选择一种合适的能源及一个合适的系统非常重要。使用该方法的效果是能制取环境友好、清洁且可持续的氢。此外，水电解和生物质气化也是重要的制氢方法。总体而言，制氢方法分为常规能源法和可再生能源法两类。采用不同能源的重要常规能源制氢方法有天然气重整和煤气化。

由于可再生能源制氢方法能够提供清洁、可持续、环境友好的能源和制氢解决方案，并克服温室气体排放、化石燃料枯竭和碳排放税的挑战，因此这种制氢方法日益受到关注。采用不同可再生能源的重要制氢方法有太阳能法（热化学、光化学、光电化学、电解）、风能法、水力能法、海洋热能转化法、潮汐能法、地热能法、生物质能法。

图 2.3 为常规能源制氢方法和可再生能源制氢方法的分类情况。本章正是按照制氢方法的分类（常规法和可再生能源法），对每种制氢方法都进行了简要说明。

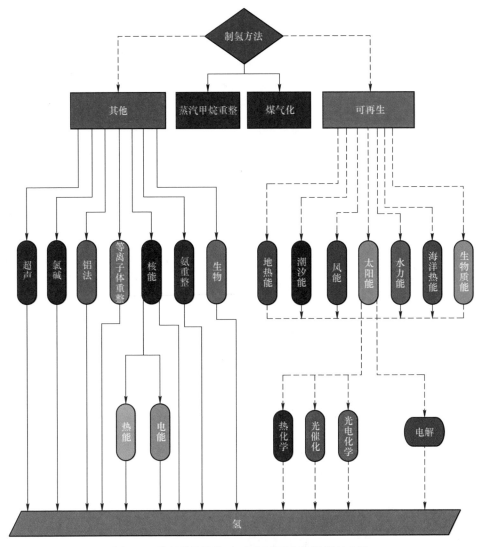

图 2.3 常规能源制氢方法和可再生能源制氢方法

2.1 常规能源制氢方法

本节介绍了几种不同的常规能源制氢方法。为了实现环境友好型制氢，需要从这些传统能源向可再生能源过渡。

2.1.1 天然气重整

很大一部分的传统氢是使用化石燃料制取的，具体而言是使用天然气重整和甲烷部分氧化工艺制取的。图 2.4 为天然气重整工艺制氢的步骤，图 2.5 为天然气重整系统的示意图。

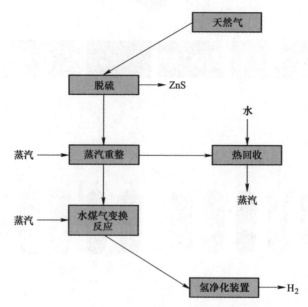

图 2.4 天然气重整工艺制氢的步骤

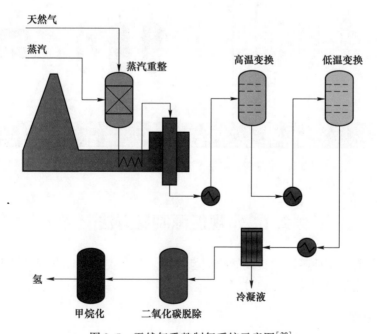

图 2.5 天然气重整制氢系统示意图[38]

在最近开展的一项研究[39]中，研究人员对天然气重整法制氢进行了技术经济分析和评估。氢具有在全球能源生产中发挥重要作用的潜力，该研究进行经济和技术分析的目的是解决汽车工业中最可能的制氢途径问题。研究人员对集中制氢和氨热裂解这两种重要方法进行了评估，结果发现天然气重整是技术上最可行的方案，然后他们使用综合经济分析法对上述工艺进行了进一步评估和估算。结果表明，天然气重整的投资回收期更短，投资回报率更高。此外，为了探索资本成本、原料价格和运营能力等影响因素对制氢成本的影响，还进行了大量的敏感性分析。这项研究表明，在转向可再生能源之前，天然气重整工艺所需的原材料是目前技术上和经济上最容易获得的。

在一项研究中，研究人员通过数值模型开发，建立了天然气重整与蒸汽重整工艺（SRP）炉的一体化一维数值模型[40]，该模型采用商业 Fluent 软件（基于 C 语言开发）。SRP 模型代表了在均匀条件下（不包括多孔区域内的温度）管道沿线的能量和质量平衡，还计算了管道沿线的温度曲线和气相组分浓度。研究人员还使用实验室原型管式反应器的实验结果对该系统进行了验证。模型从设计之初就与 Fluent 软件结合，因而可以模拟日处理能力为 5kg 的蒸汽重整炉的运行。在重整炉容器的中间安装了一台燃烧器，它被多个走向的管道所束缚。研究人员对于几种混合物都使用了该模型，以研究它们对重整炉性能的影响。

在最近开展的一项研究[41]中，研究人员在考虑了碳排放税的情况下，对一套用于制氢、发电及氨合成的多联产太阳能天然气蒸汽和自热重整系统进行了分析、优化和成本估算及节能分析和碳足迹分析。蒸汽甲烷重整系统排放的二氧化碳被送入自热重整系统中，该系统采用低温空气分离法向自热重整系统供氧，分离出的氮用于氨合成。采用氨法碳捕集系统来捕集自热重整系统排放的二氧化碳。系统产生的电力除了可满足系统自身需求以外，其余部分可以作为最终输出。这一系统设计提供了一种对现有天然气重整系统升级改造的方法，这样不仅可以消除二氧化碳排放，还可以避免产生碳排放税。该系统还具有较高的㶲效率和能效，分别为 45.0% 和 53.4%。

由于在作为原料气的天然气中发现了气态硫化氢（H_2S），因此处理的第一步就是采用天然气脱硫工艺把天然气中含有的硫分离出来。采用克劳斯法从气态 H_2S 中回收硫。在克劳斯装置中，气态硫化氢与氧气发生反应生成单质硫，该反应的化学方程式如下：

$$2H_2S + O_2 \longrightarrow 2S + 2H_2O \tag{2.1}$$

克劳斯法采用活性钛或氧化铝作为催化剂来提高硫的转化效率。通过燃烧生成的二氧化硫（SO_2）与气态硫化氢发生反应生成单质硫，从而把硫从气态硫化氢中分离出来。

$$2H_2S + SO_2 \longrightarrow 3S + 2H_2O \tag{2.2}$$

天然气脱硫后的步骤是蒸汽甲烷重整。在这一步骤中，蒸汽在高温下与天然气发生反应，生成一氧化碳和氢气。该反应的化学方程式如下：

$$CH_4 + H_2O \longrightarrow CO + 3H_2 \tag{2.3}$$

蒸汽法自热重整是另一种形式的蒸汽甲烷重整，接下来还会发生水煤气变换反应，用于把一氧化碳转化为二氧化碳。该反应的化学方程式如下：

$$2CH_4 + CO_2 + O_2 \longrightarrow 3H_2 + H_2O + 3CO \tag{2.4}$$

$$3CO + 3H_2O \longrightarrow 3H_2 + 3CO_2 \tag{2.5}$$

二氧化碳法自热重整是第二种形式的自热蒸汽甲烷重整，接下来还会发生水煤气变换反应，用于把一氧化碳转化为二氧化碳。该反应的化学方程式如下：

$$4CH_4 + 2H_2O + O_2 \longrightarrow 10H_2 + 4CO \tag{2.6}$$

$$4CO + 4H_2O \longrightarrow 4H_2 + 4CO_2 \tag{2.7}$$

蒸汽甲烷重整工艺之后是水煤气变换反应（WGSR）。该反应包括高温变换和低温变换两个步骤。水煤气变换反应器使用蒸汽把一氧化碳转化为二氧化碳并制取氢气。该反应的化学方程式如下：

$$CO + H_2O \longrightarrow CO_2 + H_2 \tag{2.8}$$

氨法碳捕集系统可用于捕集天然气重整过程中排放出的二氧化碳。氨水的作用是作为二氧化碳的吸收剂。氨水溶液中的水量有助于确定吸收剂的浓度和摩尔浓度。吸收剂降低了进气中的二氧化碳量，氨法二氧化碳捕集系统中所涉及反应的化学方程式如下：

$$NH_3 + H_2O \rightleftharpoons NH_4^+ + OH^- \tag{2.9}$$

$$NH_3 + CO_2 + H_2O \rightleftharpoons NH_2COO^- + H_3O^+ \tag{2.10}$$

$$2H_2O \rightleftharpoons H_3O^+ + OH^- \tag{2.11}$$

$$HCO_3^- \rightleftharpoons CO_2 + OH^- \tag{2.12}$$

$$CO_2 + 2NH_3 + H_2O \longrightarrow (NH_4)_2CO_3 \tag{2.13}$$

$$HCO_3^- + H_2O \rightleftharpoons CO_3^{2-} + H_3O^+ \tag{2.14}$$

$$(NH_4)_2CO_3(s) + H_2O \rightleftharpoons 2NH_4^+ + HCO_3^- + OH^- \tag{2.15}$$

$$CO_2 + OH \rightleftharpoons HCO_3^- \tag{2.16}$$

2.1.2 煤气化

煤气化是另外一种重要的制氢方法。图 2.6 为用于制氢的煤气化系统步骤。第一步是空气分离，把氧从空气中分离出来，并供应给气化炉。可以从膜分离、低温空气分离或变压吸附这三种公认的方法中选择一种用于空气分离。空气分离之后的步骤是煤的热解，该步骤需要两次随煤一起输入蒸汽与氧进行煤的气化。在该步骤中，煤被分解成挥发性气体和煤焦。

在最近开展的一项研究[42]中，研究人员建议开发并分析煤气化法制氢装置，

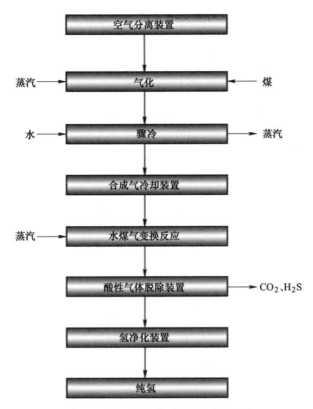

图 2.6 用于制氢的煤气化系统步骤

包括配有氢压缩系统的热化学 Cu-Cl 循环、气流床气化炉、低温空气分离系统、WGS 膜反应器和氢驱动联合动力循环。气化炉产生的合成气流经 WGS 膜反应器，该膜反应器还配有氢气提纯装置，增加变换反应的百分比，并捕集更多的氢。无法处理的合成气被送入布雷顿循环进行燃烧，利用燃气轮机发电。研究人员还从涡轮机的输出中回收热能，用于产生蒸汽，供给制氢的热化学 Cu-Cl 循环。生产的电力不仅可以满足系统的需求，还可以作为重要的输出对外供电。把制取的氢压缩到 70MPa（700bar）的压力进行储存。该制氢装置使用 Aspen Plus 软件包进行开发和建模。该系统还具有较高的烟效率和能量效率，这两种效率分别为 47.6% 和 51.3%。

最近开展的另一项研究[43]把供应链系统纳入了生物质法制氢和煤气化法制氢的技术经济分析。研究人员在考虑了整个供应链上的二氧化碳捕集后，从经济、技术和环境的角度评估了生物质共燃对气化法制氢的影响。为了研究使用煤与麦秸混合物或煤与锯末混合物的效果，研究人员研究了气化反应器使用不同原料的大量案例。从性能、合成气成分及二氧化碳排放量等角度对混合物的能量效率进行了测试。还对气化厂的总体运营成本和资本投资进行了评估，并根据 Aspen Plus 模拟的结果建立了离散模型。结果表明，原料中生物质含量的增加使麦秸和锯末的产氢量分别降低 7%~23% 和 28%。

挥发性物质中含有水分和焦油，用 C_6H_6 来代表。煤热解反应[42]的化学方程式如下：

$$煤 \longrightarrow 煤焦 + (C_6H_6 + H_2 + CO + H_2S + CO_2 + N_2 + CH_4 + H_2O) \quad (2.17)$$

在热解反应之后，挥发性物质的燃烧可以通过以下化学方程式来表示：

$$C_6H_6 + \frac{15}{2}O_2 \longrightarrow 3H_2O + 6CO_2 \quad (2.18)$$

$$CO + \frac{1}{2}O_2 \longrightarrow CO_2 \quad (2.19)$$

$$H_2 + \frac{1}{2}O_2 \longrightarrow H_2O \quad (2.20)$$

$$(2.21)$$

下面的化学方程式给出了煤焦的元素组分：

$$煤焦 \longrightarrow C + N_2 + O_2 + S + H_2 + 灰分 \quad (2.22)$$
$$C + 2H_2 \longrightarrow CH_4 \quad (2.23)$$
$$C + H_2O \longrightarrow CO + H_2 \quad (2.24)$$
$$C + CO_2 \longrightarrow 2CO \quad (2.25)$$
$$C + O_2 \longrightarrow CO_2 \quad (2.26)$$
$$CH_4 + 2H_2O \longrightarrow CO_2 + 4H_2 \quad (2.27)$$
$$CO + H_2O \longrightarrow CO_2 + H_2 \quad (2.28)$$
$$C + \frac{1}{2}O_2 \longrightarrow CO \quad (2.29)$$
$$S + H_2 \longrightarrow H_2S \quad (2.30)$$

气化步骤之后是骤冷工艺，通过该工艺实现快速冷却。接下来是合成气冷却步骤，冷却装置回收热量并把回收的热量用于合成气冷却。回收的热量还有许多其他用途，如发电、热水和空间加热。合成气冷却步骤之后是水煤气变换反应步骤，通过该步骤把一氧化碳转化为二氧化碳。水煤气变换反应步骤之后是酸性气体脱除步骤，脱除装置把硫化氢（H_2S）和二氧化碳（CO_2）分离出来。酸性气体脱除步骤之后是氢净化，氢净化装置通常使用变压吸附工艺把氢从其他气体中分离出来。在气化和水煤气变换反应过程中都需要输入蒸汽，可以使用合成气冷却装置回收的热量把水转化为所需温度下的蒸汽。

2.2 可再生能源制氢方法

本节介绍了几种不同的可再生能源制氢方法，可用于环境友好型制氢。图

2.7 为可再生能源制氢方法的分布情况。使用可再生能源可以获得电、热能和燃料三种不同的产品，它们都可用于制氢。电可以直接供给电解槽制氢，热能可以用于热化学循环制氢，燃料可以用于生物质气化法制氢。风能产生机械功，发电机把机械功转换为电输出，供给电解槽制氢。利用提取的高温地热能发电，供给电解槽制氢，地热热泵产生的热能可用于热化学循环制氢。水力能推动涡轮机转动，从而产生机械功，发电机把机械功转换为电输出，供给电解槽制氢。提取的太阳能以光能和光伏能的形式发电，用于电解制氢。

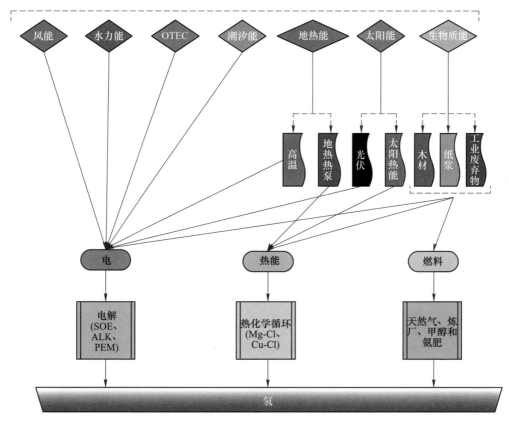

图 2.7　可再生能源制氢方法的分布情况[35]

　　太阳能法制氢是一项很有前途的技术，有望在促进可持续能源供应方面发挥重要作用。在最近的一项研究[44]中，研究人员对于利用太阳能–氢转化技术采用热化学法制氢、光电法制氢、电解法制氢和光化学法制氢的技术进行了对比研究。最近的一项研究[45]对整合了储氢系统的风能制氢系统进行了研究。他们模拟了一个小规模的风能制氢系统及与之相连的储氢系统，并根据一整年的实时数据（10min平均值）做出了系统设计。研究提出了利用风能电解制氢的两种不同方案，并将方案的效果应用于电解槽电力投资回收期的计算。该研究的结果强调了储氢技术及其对于揭示某些经济规律的意义。

最近发表的一篇综述性研究论文讨论了利用地热能制氢的问题[46]。制氢是实现可再生能源完全利用的出色选择。该论文首先总结了制氢技术的进展和现状，然后对利用地热能制氢的相关技术进行了全面介绍，之后对地热能辅助制氢系统及其工艺和经济、技术及环境特点进行了描述。最后，该文章从环境影响方面对不同能源制氢方法进行了对比分析，并确定了使用不同能源制氢的成本。这项研究表明，与太阳能和风能相比，利用地热能的制氢方法性价比最高。一项综述性研究对各种制氢工艺进行了全面综述[47]。该研究介绍了14种不同制氢方法的经济和技术特点，包括煤炭、天然气、核能、太阳能、生物质能和风能等传统能源和替代能源。研究人员对于所考虑的可再生能源制氢方法和常规能源制氢方法进行了详细的对比研究。他们认为热化学气化和热解是经济上可行的方法，在不久的将来它们极有可能在大规模制氢方面大放异彩。

热化学循环制氢使用的是利用太阳能集热器获取的太阳热能。海洋热能转换源产生机械功，然后通过发电机把机械功转换为电输出供给电解槽制氢。生物质能源种类繁多，通过热解和气化发电，发出的电力用于电解槽制氢。

近年来，可再生能源的消费在全球范围内显著增加。图2.8为世界不同地区可再生能源的消费量。从2008年到2018年，在北美洲、南美洲、中美洲、欧洲、英联邦国家、中东、非洲和亚太地区都可以看到可再生能源消费的持续显著增长。2008—2018年间，北美洲的可再生能源消费量从34.2Mt增加到118.8Mt，南美洲和中美洲的可再生能源消费量从7.8Mt增加到35.4Mt，欧洲的可再生能源

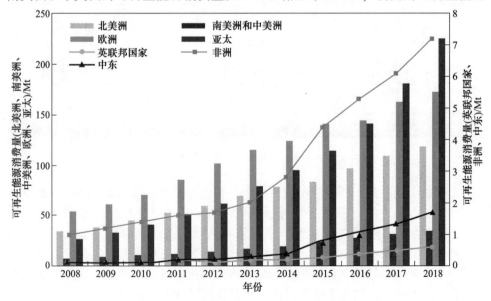

图2.8 世界不同地区的可再生能源消费情况[48]

消费量从 54.1Mt 增加到 172.2Mt，英联邦国家的可再生能源消费量从 0.1Mt 增加到 0.6Mt，中东的可再生能源消费量从 0.1Mt 增加到了 1.7Mt，非洲的可再生能源消费量从 1Mt 增加到 7.2Mt，亚太地区的可再生能源消费量从 26.6Mt 增加到 225.4Mt。

2.2.1　太阳能

太阳能是清洁制氢的主要能源之一（见图 2.9）。

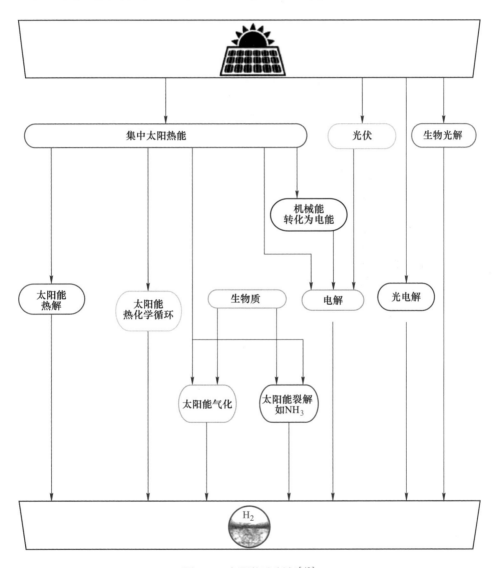

图 2.9　太阳能法制氢[49]

可用于制氢的太阳能资源分为以下四类：集中太阳热能、光伏、光电解、生物光解。

集中太阳热能可通过太阳能热解、太阳能热化学循环、机械能转化为电能、太阳能气化、太阳能裂解和电解等多种途径制氢。光电解和生物光解可直接制氢。光伏电源产生的电力用于电解制氢。从集中太阳热能中提取的热能也用于太阳能气化和太阳能氨重整制氢路线。

2.2.2　风能

风力发电是指利用风能发电的过程。风能通过风力涡轮机来提取，风力使涡轮机旋转，把动能转化为机械能，发电机把机械能转化为电能。由于从风能中转化得到的电能是交流电，因此还要采用 AC/DC 转换器把交流电转换为直流电，供给电解槽制氢。图 2.10 为风能法制氢系统。把从风能中提取的交流电转换为直流电后供给电解槽，电解槽把水分解为氧和氢。

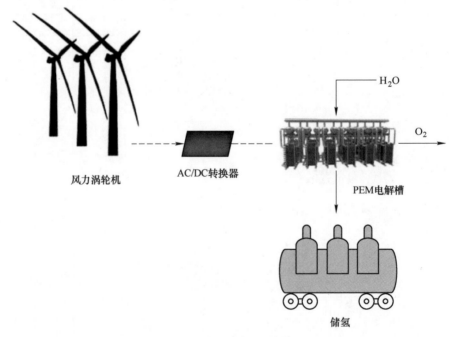

图 2.10　风能法制氢[49]

用于发电的风能具有以下诸多优点：

（1）风能是环境友好且清洁的能源，可提供零排放的能源解决方案。

（2）风能是一种可再生且可持续的能源，它是大气受太阳加热产生的，所以这种能源永远不会耗尽。

（3）风能是完全免费的，风电的性价比很高。

（4）现有风力发电站可安装家用设备和工业设备。风力涡轮机需占用一部分土地来发电，发出的电可用于电解槽制氢。

（5）为风力涡轮机的制造、安装和维护及风能咨询都创造了就业机会。

风电可用于电解槽制氢，制取的氢可用于燃料电池车辆驱动，也可以储存起来，满足低风速时段的用氢需求。风能法制氢技术是一种高效、清洁、可持续的能源生产模式。风力涡轮机的最大理论效率遵循贝茨极限，也就是说风力涡轮机的最大理论效率可达59.3%。大多数涡轮机会将通过转子区域的大约50%的风能转换为电能。风力涡轮机的容量因子等于平均输出功率除以最大功率容量。

2.2.3　地热能

地热能可以被定义为从地下提取的热量，地热能是以蒸汽或热水的形式输送到地表的。根据自然条件，地热能可以有制冷、加热或发电等多种用途。根据国际地热协会的报告，2010年24个国家的地热发电量为10715MW，比2005年增长了20%；而2015年的地热发电量为18500MW，比2010年增长了近60%。

地热发电站发出的全部或部分电力可用于供给电解槽制氢。为了降低制氢和液化过程的成本，需要高温地热源。地热发电站从地壳深处提取热量，产生蒸汽供涡轮机发电。地热热泵用于供应热水或者向地面上的建筑物供热。

图2.11（a）为有回注系统的地热能法制氢示意图，图2.11（b）为无回注系统的地热能法制氢示意图。地热发电站的类型有三种：闪蒸汽型、干蒸汽型和双工质循环型。干蒸汽型发电是最古老的地热发电技术，它把从地层中提取的蒸汽供给涡轮机。利用闪蒸装置把地层深处的高温高压水引入低温低压水中。地热能的三种重要用途包括直接用于住宅供暖系统（该系统采用热水池或温泉热水）、发电及地源冷却、制冷。

2.2.4　水力能

水力发电是指把水流能转化为电能。由于水是不断循环往复的，因此水电被看作是一种可再生能源。历史上，水力最先应用于机械研磨。水电利用的是水的势能，水电约占全球电力的17.5%。除了少数几个水力资源丰富的国家以外，水电在其他国家通常都被用作备用电力，由于便于启动和停止，因此它往往被用来满足高峰用电需求。

水力能是地球上最古老的能源之一，它利用水流驱动涡轮机或水轮来发电。古希腊的农民使用这种能源来完成谷物碾磨等机械工作。水能被认为是一种可再生能源，不会产生任何有毒的副产品。

水力能以多种形式存在，例如大坝水流的巨大落差产生的势能、河水和潮汐

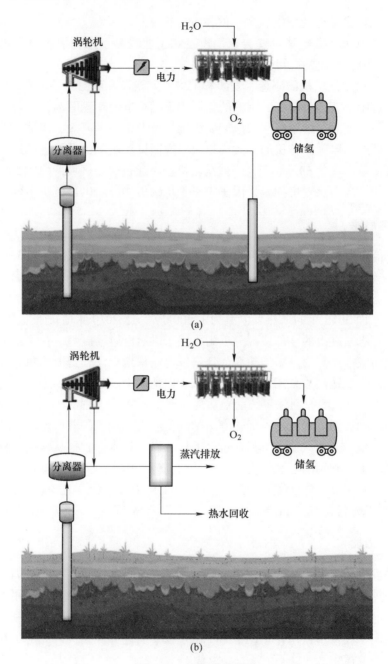

图 2.11   地热能法制氢

(a) 有回注系统;(b) 无回注系统

冲击产生的动能,以及相对静止的水体上波浪运动产生的动能。虽然在能源利用方面人们已经展现出了高超的智慧,但利用流水推动涡轮机发电依然是主流。其他方法通常不涉及利用水的运动使气动或液压机构运转进行发电。

图 2.12 为水力发电的不同方法。与蒸汽轮机类似，水轮机依靠工作流体的冲击力来推动其叶片，或者依靠工作流体在叶片之间的作用力来推动水轮机，进而带动发电机发电。为了在特定供水条件下使涡轮机发挥出最佳性能，人们设计了许多不同类型的涡轮机。

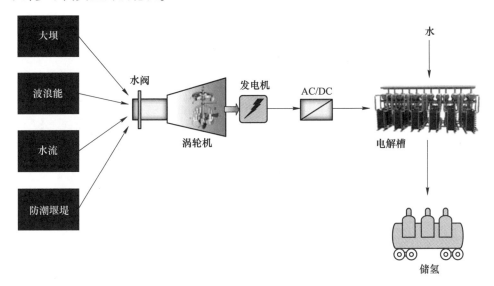

图 2.12 水力发电的不同方法

水力发电无疑是大规模发电的最有效方法。水力能可以被集中到一起并加以控制。能量转换过程包括提取动能的过程及把动能直接转换为电能的过程，不包括发生热损失的无效中间化学过程或热力学过程。但是能量转换过程永远不可能实现100%的转换效率，达到完全有效。因为如果从流动的水流中提取100%的动能，那就意味着水的流动必须停止了。

水力发电站的转换效率取决于所用水轮机的类型。对于大型装置，转换效率可达到95%；而对于电功率小于5MW的小型发电站，转换效率为80%~85%。但无论如何，低流速水流很难用来发电。

水力电站是指利用水流进行发电的发电站。水力发电时，水流经过一系列的涡轮机，把动能和势能转化为涡轮机的旋转运动。涡轮机与发电机相连，涡轮机叶片旋转带动发电机发电。

2.2.5 海洋热能转换

海洋热能转换（OTEC）工艺利用海洋深处冷水与热带地区海洋表层温水之间的温差发电。OTEC发电站利用大量深海冷水和海洋表层温水来驱动涡轮机，运行功率循环进行发电。OTEC 技术也被称为海洋可再生能源系统，它把海水从太阳吸收的能量提取出来发电。OTEC 系统使用温度约为 25℃ 的海洋表层温水来蒸发低沸点的氨等工作流体。图 2.13 为 OTEC 法制氢系统。

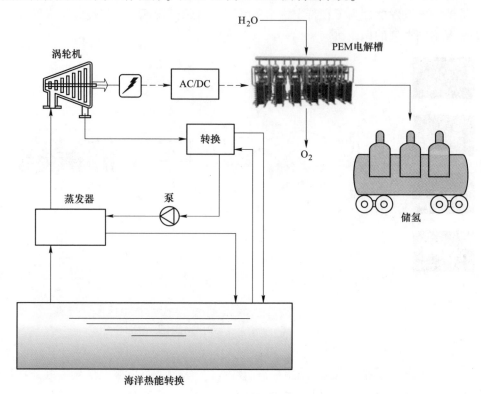

图 2.13 OTEC 法制氢系统

OTEC 循环的工作原理是使用温水来蒸发低沸点的工作流体。加压蒸汽使涡轮机旋转产生机械功，并通过发电机把机械功转换为电能。深海冷水用于工作流体蒸汽的冷凝。由于热带水域表层海水和深层海水之间的温差略高于 20℃，因此卡诺热效率是 OTEC 循环的最大可能效率，约为 7%。

OTEC 发电站具有生产环境友好型可再生能源的显著优势，它不同于具有间歇性、发电条件明确的太阳能和风能。据多家知名机构估计，在不干扰海洋温度和环境的情况下，OTEC 可以实现 3～5TW 的基本负荷发电量，这大约是全球电力需求的两倍。OTEC 循环还可以把发出的电力供给电解槽用于制氢。在一定条件下，氢也可以液化用作储存介质。

2.2.6 生物质气化

生物质气化是一种将有机物质或含碳化石燃料转化为一氧化碳、二氧化碳和氢的过程，由此产生的混合物被称为发生炉煤气或合成气。生物质气化工艺通过几种热化学反应把固体生物质化石燃料转化为可燃气态发生炉煤气。发生炉煤气是一种低热值燃料，其热值（标态）为 $4185.85 \sim 5023.02kJ/m^3$（$1000 \sim 1200kcal/m^3$）。

　　生物质气化是指在有限空气供应条件下燃烧生物质，产出二氧化碳、氢、甲烷、一氧化碳、氮、蒸汽及含有可燃气体的煤焦、焦油和灰粒等化学物质。由于气化的产物是以合成气形式存在的燃料，而不是将其燃烧掉，因此，与燃烧相比，气化是一个相当清洁的转化过程，它防止了 NO_x、SO_x 和其他在高于典型气化温度条件下产生的颗粒物等诸多污染物的排放。图 2.14 为使用生物质气化工艺制氢的示意图。

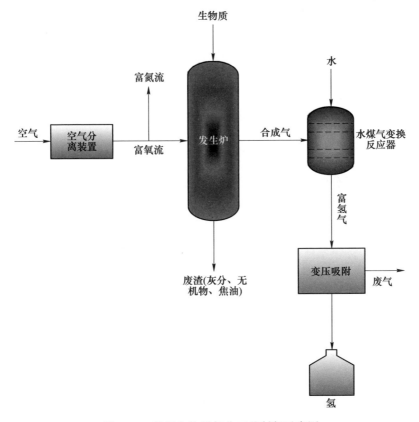

图 2.14　使用生物质气化工艺制氢示意图

　　气化使燃料在燃烧之前有了变清洁的机会。生物质在送入锅炉中燃烧之前先进行处理，从而可以在使用前去除气流中的污染物及其他颗粒物。生物质能具有以下优点：

　　（1）生物质是一种丰富且可以广泛获取的可再生能源。

（2）生物质是一种碳中性燃料，它向空气中释放的碳量等于植物在其生命周期中所捕集的碳量。

（3）生物质可降低人类对化石燃料的过度依赖。

（4）与化石燃料相比，生物质技术的成本更低。

（5）固体废物的燃烧使向垃圾填埋场倾倒的垃圾量减少了 60%~90%。

生物质制氢的两条重要路线是生物化学路线和热化学路线。热化学路线包括三种重要的方法：热解、超临界水气化和气化，而生物转化包括发酵和光合作用法制氢、生物气化和超临界水气化。生物质预处理之后是生物质气化，在该步骤产生的合成气通过用于回收热量的合成气冷却装置，接下来是水煤气变换反应（WGSR），之后是酸性气体脱除，然后是使用二氧化碳捕集装置捕集二氧化碳，最后是氢净化。

2.3 其他制氢方法

除了以上介绍的制氢方法，还可以使用核能法、热能（过程热/废热）法、电能法、铝法、等离子体法、氨重整法、超声法、氯碱法、生物法来制氢。

2.3.1 核能法制氢

核能是铀原子分裂过程所产生的能量，这个过程称为裂变。核能产生热量，热量产生蒸汽，产生的蒸汽用于涡轮机发电。核电站不会发生燃料燃烧，也不会产生温室气体排放。由于裂变反应是可控的，因此核电站反应堆中采用的是裂变反应。不使用聚变反应发电的原因是控制聚变反应的难度较大，而且提供聚变反应所需的条件也要耗费大量的资金。

有项研究介绍了加拿大在利用核能和热化学 Cu-Cl 循环制氢方面的进展[50]。研究人员介绍了利用核能并通过热化学 Cu-Cl 循环和电解制氢的进展。他们不仅介绍了 Cu-Cl 循环中的具体工艺和反应堆设计，还介绍了热化学特性、安全性、控制技术、先进材料、电解槽经济分析、可靠性，以及加拿大核电站与制氢站联产的情况。

文献[51]提供了利用核能制氢的综合方法。随着全球范围内核电的复兴和氢作为清洁能源载体重要性的日益提高，核能在大规模制氢方面的应用将在未来可持续能源的发展中发挥重要作用。利用核电站进行氢电联产极具吸引力。其中的重点是热化学 Cu-Cl 循环和硫基循环。该作者提出并讨论了这些循环的配置、建模、设备设计和实施问题，对工业化方向上的重要可用技术，以及核电站与制氢站联产的设计进行了综述。

一座单机容量为 1000MW 的核电站每年至少可制取 200kt 的氢。图 2.15 为核能法制氢应用于燃料电池的情况。从核电站获得的热能可通过高温和中温热化学分解水、高温和中温蒸汽重整或高温和中温蒸汽电解工艺用于制氢，也可用于发电，供应给按需求制氢使用。

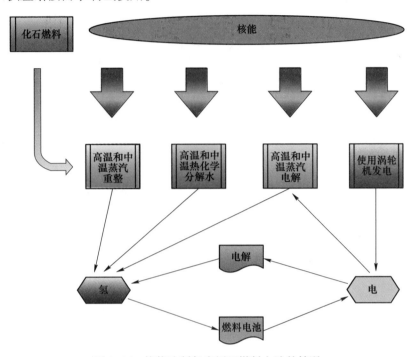

图 2.15　核能法制氢应用于燃料电池的情况

在核电站中，裂变反应在核反应堆中完成，这是热能的热源。与典型的火力发电站类似，蒸汽是利用核反应堆产生的热量产生的。产生的蒸汽被供给涡轮机，然后利用发电机发电。核能是通过核反应堆中的原子分裂产生的，核反应堆把水转化为蒸汽，供给涡轮机进行发电。分布在美国 29 个州的 95 座核电站都使用铀来发电，这些核电站发出的电约占美国电力的 20%。图 2.16 为核能提取后的各种应用，包括制氢。

核电站产生的热能可以有多种用途[52]。最常见的热能利用方式是使用涡轮机发电，然后用于燃料电池制氢。热能利用的其他方式包括把产生的热能应用于热化学分解水循环、蒸汽重整或水电解制氢等不同制氢工艺。

2.3.2　铝法制氢

铝可以通过与水反应制氢。这种制氢技术可以有多种用途，例如为氢燃料电池车辆提供燃料。虽然利用水与金属铝反应制氢的概念并不新鲜，但是最近发表的一些研究论文称[53]，利用铝与水反应的制氢效率更高，制取的氢可以直接用

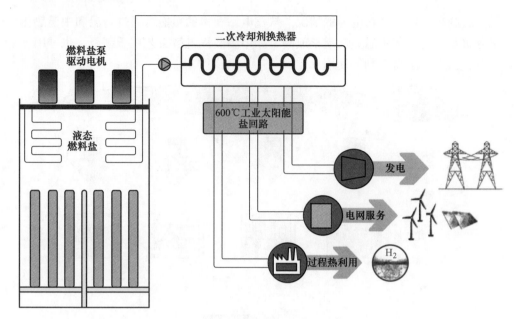

图 2.16 核能提取后的各种应用

于燃料电池装置，为笔记本电脑、充电器和应急发电机等便携式设备发电。这种方法也可用于为住宅供电，以及为交通行业中由燃料电池驱动的车辆供电。图 2.17 为铝法制氢应用于燃料电池的情况。

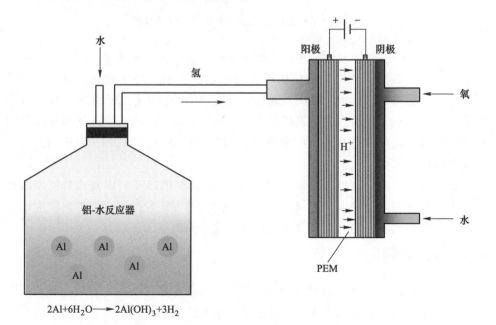

图 2.17 铝法制氢应用于燃料电池的情况

在最近开展的一项研究中[54]，研究人员对太阳能驱动的、使用水的铝法制氢进行了实验研究。实现低成本、高容量的可持续制氢是氢未来成为潜在替代燃料所面临的一个重大挑战。研究人员设计了一个利用太阳能和铝制氢的新系统，并对该系统进行了评估。同时通过大量实验来量化制氢速率。此外，他们还建立了表示制氢量、制氢时间、转化率和能源效率之间关系的方程式，最后也建立了一种可实现稳定和最佳制氢速率的方法。研究发现，在低温和高摩尔浓度氢氧化钠的条件下，制氢量和系统效率可以获得提高。

在氢的质量分数为 3.7% 时，水与金属铝反应消耗 9kg 的铝，制取 1kg 的氢（产率按 100% 考虑）。为了制取 1kg 的氢，每消耗 1kg 的铝，就要消耗 15.5kW·h 的电能，共需消耗 140kW·h 的电能。在环境温度条件下，水与金属铝发生反应，生成氢氧化铝（$Al(OH)_3$）和氢。反应后氢的体积容量为每升 46gH_2，氢的质量分数为 3.7%。铝和水之间可能发生的化学反应如下：

$$2Al + 6H_2O \longrightarrow 2Al(OH)_3 + 3H_2 \qquad (2.31)$$

$$2Al + 4H_2O \longrightarrow 2AlO(OH) + 3H_2 \qquad (2.32)$$

$$2Al + 3H_2O \longrightarrow Al_2O_3 + 3H_2 \qquad (2.33)$$

2.3.3 等离子体法制氢

克瓦纳炭黑工艺是一种等离子体重整方法，由挪威一家公司在 20 世纪 80 年代为制氢而开发的。液态烃用于生产炭黑。在所有可用的原料能量中，氢约占 48%，活性炭约占 40%，过热蒸汽约占 10%。2009 年，采用等离子弧技术制氢，该工艺的优势才得以显现。

Mizeraczyk 和 Jasinski[55] 发表了一篇关于等离子体法制氢的研究论文。在这篇论文中，等离子体法制氢技术是重点，制氢效率被赋予了重要意义。他们还回答了小规模等离子体法制氢技术能否实现高生产率、低投资和高可靠性的问题。

Chehade 等人[56] 提出了一种新的微波法等离子体发生技术，从水中分离氢。在实验装置中，新研制的反应器放置在 900W 的微波炉中，蒸汽直接流入反应器中。通过 2.45GHz 微波炉提供的电场形成的高能电子与水蒸气分子撞击，发生电离并分解成氧自由基和氢自由基。氢的浓度范围为 2%~22.8%。能量效率在 11.6%~53.7% 之间。图 2.18 为微波法制氢实验装置的示意图，图中为一种独特的水等离子体分离制氢方法，可用于多种燃料电池和便携式设备。

水蒸气直接分解被看作是一种天然的制氢方法。研究人员通过等离子体确定水蒸气分解的能量效率，通过逆向反应和正向反应中的㶲损失来评估制氢效果。虽然使用铈钨后的能量效率最高可达 50%，㶲效率最高可达 44%，然而，获得的最低能量效率是 36%，最低㶲效率是 30%，如图 2.19 所示。等离子体法制氢的

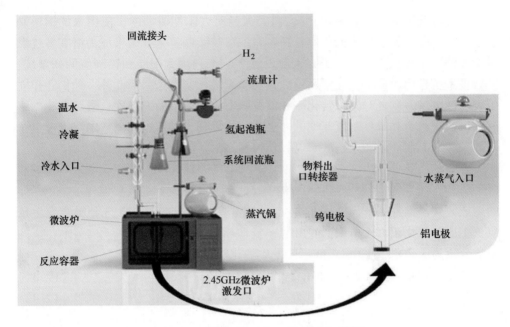

图 2.18 微波法制氢实验装置示意图[56]

水蒸气理论分解效率为 50%～70%[57]。实验效率范围和理论工作表明，水蒸气的分解需要电子和振动激发所导致的高电离度。

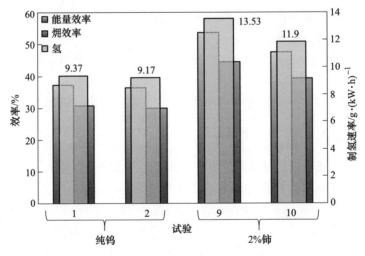

图 2.19 使用纯钨和铈钨的系统效率和制氢速率[56]

2.3.4 氨裂解制氢

氨可以在加入催化剂的条件下裂解，产生氢和无毒的氮气。1mol 氨包含

1.5mol 的氢和 0.5mol 的氮。通过氨裂解可以制氢，在加入催化剂的条件下，氨分解成氢分子和氮分子。然后，氨裂解后的分子混合物通过氢膜，氢膜则阻挡了所有气体，只允许氢气通过。17.65%（质量分数）的氨由氢构成。

在以前开展的一项研究[39]中，研究人员对天然气法制氢的分布情况进行了详细的技术经济分析。氢可以对全球能源的生产作出重大贡献，美国的主流天然气重整装置都主要用于制氢。研究人员旨在通过开展经济和技术分析与评估，为汽车行业论证出最合理的制氢路线。根据现场运行效果和评估结果，氨热裂解工艺和大规模集中制氢工艺被排除掉，转而认为天然气和甲醇蒸汽重整是技术上最可行的方案。对上述工艺进行的经济分析表明，天然气重整具有较高的投资回报率和较短的投资回收期。为了评价天然气原料价格、运营能力系数和资本投资等不同变量对总制氢成本的影响，研究人员还进行了敏感性分析。结果表明，天然气重整在技术和经济上都适合短期制氢，而且原料容易获得。因此，在向太阳能、风能和生物质能等可再生能源过渡之前，适合采用该工艺。

氨裂解是一种公认的基本制氢工艺和性价比较高的制氢方法。然而，只有在氨充足的情况下才适合于使用这种裂解氢，否则产出的氨会是一种负担。因为氮和氢的混合物需要通过氢膜进行处理，氢膜会阻止所有其他气体，只允许氢气通过。进行恒温热处理的钢退火炉是氨裂解的一个重要应用。氨裂解最有效的催化剂是钴和钌等稀有金属。虽然在 600℃ 的温度下铁可以用于有效地裂解氨，但要达到氨重整所需的效率，需要发现或开发出适用于 350~500℃ 较低温度范围内的有效廉价催化剂。图 2.20 为用于制氢的氨重整工艺。氨重整过程的化学方程式如下：

$$NH_3 \longrightarrow \frac{1}{2}N_2 + \frac{3}{2}H_2 \tag{2.34}$$

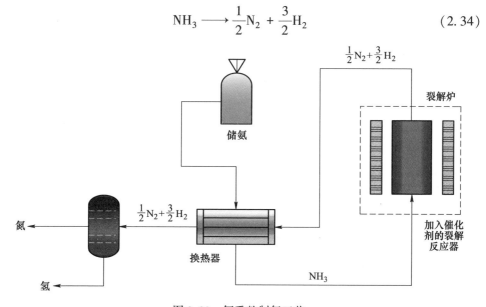

图 2.20 氨重整制氢工艺

2.3.5 超声法制氢

超声法制氢是新兴技术之一，该工艺在液态水介质中利用超声波能制氢。高频率的超声波通过液态水时，会在液态水中产生机械振动，从而产生声空化泡。

具有穿透性、频率范围为 20~1100kHz 的强大超声波穿过液体，导致微小声学空腔的产生，这些空腔发生振荡并不断变大，产生数量惊人的热量[58]。

这些气泡的振荡在水体周围产生剪切力和高速射流。气泡的破裂产生高振幅冲击波，强度约为 10000atm（1013.25MPa），冲击波强度通常取决于声功率、超声波频率和体积温度等多方面的因素。气泡破裂之后，由于声波的吸收，产生了非常大的压力和非常高的温度（气泡内部的压力高达 2000atm（202.65MPa），内部的温度高达 5000K），提供了一个罕见的化学环境。在破裂过程中，每个气泡都像是一个微反应器，里面发生着典型的火焰反应。这些微气泡就像是微燃烧器，里面发生着化学反应或燃烧。此时，气泡的破裂导致了氢分子的形成，如图 2.21 所示。这一过程包括三个连续的阶段：超声源浸入盛水容器中；超声源释放出频率为 20~40kHz 的声波；声空化泡在超声源底部产生。气泡的动力学机理分为四个步骤：气泡的形成、逐渐变大、不均匀阶段和破裂。根据水蒸气分解成羟基的机理，在声学操作条件下只有极小的可能达到过高的温度（5000K）和压力（2000atm（202.65MPa））。

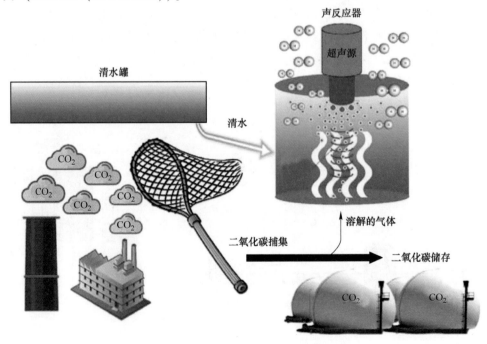

图 2.21 超声法制氢示意图[59]

气泡的作用相当于一个微燃烧反应器，里面会发生一系列的化学反应。

$$H_2O + CO_2 \rightleftharpoons OH^* + H^* + CO_2$$

$$OH^* + M \rightleftharpoons H^* + O + M$$

$$H^* + O_2 \rightleftharpoons HO_2$$

$$HO_2 + H^* \rightleftharpoons H_2 + O_2$$

$$H_2 + O_2 \rightleftharpoons OH^* + OH^*$$

2.3.6 氯碱电化学工艺制氢

氯碱工艺是电化学制氢和制氯的主要工艺之一。在氯碱工艺中，对盐水进行电解，在阴极产生氢氧化钠，在阳极产生氯气。氯化钠和水之间发生反应的化学方程式为：

$$2NaCl(aq) + 2H_2O \longrightarrow 2NaOH(aq) + Cl_2(g) + H_2(g) \qquad (2.35)$$

氯碱法又分为隔膜电解槽技术、汞电解槽技术和膜电解槽技术三种不同的方法。在所有这些方法中，氢都是在阴极生成，而氯在阳极生成。氯碱隔膜电解槽的结构如图 2.22 所示。阴极由衬石棉的金属网制成，而阳极由铜板制成。石棉可避免氯与氢氧化钠发生反应，盐水溶液添加在阳极侧。

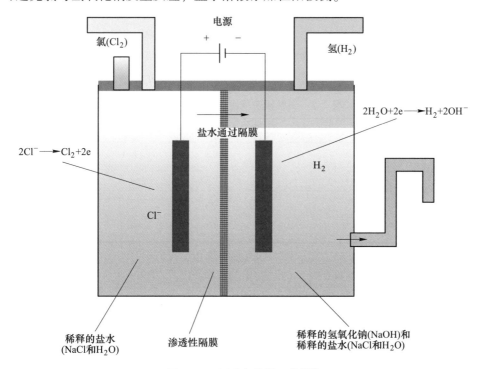

图 2.22　氯碱电化学工艺[60]

氯碱电化学工艺流程也如图 2.22 所示。阳极侧使用的是氯化钠溶液，氯离子转化为氯气。在阴极侧，钠离子通过膜，经过水的还原形成羟基离子。羟基离子与迁移过来的钠离子结合。随后，在阴极侧产生氢气。该过程发生反应的化学方程式如下：

阴极反应：

$$2H_2O(l) + 2e \longrightarrow H_2(g) + 2OH^-(aq) \tag{2.36}$$

阳极反应：

$$2Cl^-(aq) \longrightarrow Cl_2(g) + 2e \tag{2.37}$$

这种氯碱技术可生产出受氯化钠污染的、浓度为 30% 的弱碱。

汞电解槽工艺有两个单元：电解槽和分解槽，电化学反应就在其中发生。在汞电解槽工艺中，生产出的是浓度为 50% 的浓强碱溶液。在电解槽中，钠汞齐在阴极形成，氯气在阳极形成。氢氧化钠在阴极电解液中形成的反应，以及通过氯化钠离解从阳极电解液中迁移的钠离子的反应可以用如下化学方程式来表示：

$$Na^+(aq) + OH^-(aq) \longrightarrow NaOH(aq) \tag{2.38}$$

$$NaCl(aq) \longrightarrow Na^+(aq) + Cl^-(aq) \tag{2.39}$$

表 2.2 对前面介绍的三种主要氯碱技术进行了对比。该表显示，与隔膜电解槽技术和汞电解槽技术相比，膜电解槽技术需要的能量输入更少。此外，膜电解槽技术可生产出最高纯度的氯、氢氧化钠和较高纯度的氢。表 2.3 列出了在氯碱膜电解槽工艺中，在温度为 90℃、压力为 100kPa（1bar）、NaOH 浓度为 10mol/L、NaCl 浓度为 3.5mol/L 的特征操作条件下的阴极和阳极可逆电位。

表 2.2 三种氯碱技术的能量需求对比

相关参数		隔膜电解槽	汞电解槽	膜电解槽
电流密度/A		0.2	1.0	0.4
电池电压/V		-3.45	-4.4	-2.95
Cl_2 的电流效率/%		96	97	98.5
H_2 的纯度/%		99.9	99.9	99.2
Cl_2 的纯度/%		98	99.2	99.3
含 Cl 50% 的 NaOH 溶液/%		1.120	0.003	0.005
10^5 t/a NaOH 装置的占地面积/m^2		5300	3000	2700
单个电解槽的生产 NaOH 的速度/t·a^{-1}		1000	5000	2700
每吨 NaOH 的能量消耗/kW·h	电解+蒸发为 50% NaOH	3260	3150	2520
	只有电解	2550	3150	2400

表 2.3　氯碱电解槽工艺中的可逆半电池电位

反应		$E^{\ominus}/V$
阴极	制氢： $2H_2O\ (l)\ +2e \rightarrow H_2\ (g)\ +2OH^-\ (aq)$	-0.99
阳极	制氯： $Cl_2\ (g)\ +2e \rightarrow 2Cl^-\ (aq)$	1.23
整体	$2NaCl\ (aq)\ +2H_2O \rightarrow 2NaOH\ (aq)\ +Cl_2\ (g)\ +H_2\ (g)$	-2.23

氯离子氧化电位有助于使用以下方程式确定阳极可逆电位：

$$E_a^{\ominus} = E_{Cl^-/Cl_2}^{\ominus} + \frac{RT}{2F}\ln\left(\frac{p_{Cl_2}}{a_{Cl^-}^2}\right) \qquad (2.40)$$

式中，$E_{Cl^-/Cl_2}^{\ominus}$ 可从表 2.3 中查到的；a_{Cl^-} 为氯离子的活度；p_{Cl_2} 为氯的分压。

能斯特方程有助于确定水的还原电位：

$$E_c^{\ominus} = E_{H_2O/H_2}^{\ominus} + 2.303\frac{RT}{2F}\ln\left(\frac{p_{H_2}}{a_{OH^-}^2}\right) \qquad (2.41)$$

式中，$E_{H_2O/H_2}^{\ominus}$ 可从表 2.3 中查到的；a_{OH^-} 为羟基离子的活度；p_{H_2} 为氢的分压。

Chandran 和 Chin[61] 利用分压、电解槽温度和适当的化学活度对整体可逆电池电位进行了对比。表 2.2 列出了三种氯碱技术的能量需求对比。下面是可逆电池电位的方程式：

$$E_{cell}^{\ominus} = -2.18 + 0.000427T + 2.303\frac{8.314\ln\beta}{96500} \qquad (2.42)$$

$$\beta = \frac{a_{NaCl}\sqrt{p_{Cl_2}}\sqrt{p_{H_2}}}{a_{NaOH}} \qquad (2.43)$$

式中，β 为分压（H_2 和 Cl_2），取决于氢氧化钠和氯化钠的活度系数；T 的单位是 K。

激活过电位的方程式如下：

$$\Delta E_{act,i} = 0.0277\log\left(\frac{J}{J_0}\right) \qquad (2.44)$$

式中，对于阳极，$J_0 = 0.0125A/cm^2$；对于阴极，$J_0 = 0.0656A/cm^2$。

2.3.7　生物制氢

用生物方法制取的氢被称为生物氢。生物制氢技术之所以备受关注，是因为该技术可以利用众多类型的生物质来制取清洁的氢，并用于多种用途。图 2.23

为生物制氢方法的分类：生物光解（直接生物光解和间接生物光解）、生物电化学系统（微生物电解槽）和发酵（黑暗发酵和光发酵）。

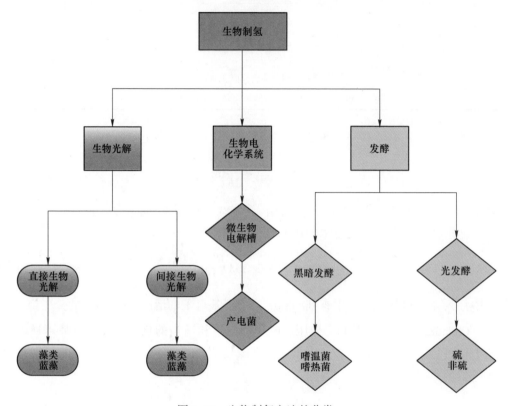

图 2.23 生物制氢方法的分类

生物制氢方法所面临的挑战有：需要用氧来稳定产氢生物，氢的产量低，经济可行性，需要从 CO_2 和 H_2 的混合物中把氢分离出来，污水中 BOD 含量高，需要外部光源，制氢速度低，光转换效率要求低，需要定制光生物反应器。

在生物制氢的不同工艺中发生了以下化学反应。

嗜温菌和嗜热菌是黑暗发酵的主要生物，反应的化学方程式如下：

$$C_6H_{12}O_6 + 2H_2O \longrightarrow 2CH_3COOH + 2CO_2 + 4H_2$$

硫和非硫细菌是光发酵的主要生物，反应的化学方程式如下：

$$C_6H_{12}O_6 + 6H_2O \longrightarrow 6CO_2 + 12H_2$$

藻类和蓝藻是间接生物光解的主要生物，反应的化学方程式如下：

$$C_6H_{12}O_6 + 6H_2O \longrightarrow 6CO_2 + 12H_2$$

产电菌是微生物电池槽的主要生物，反应的化学方程式如下：

$$C_6H_{12}O_6 + 2H_2O \longrightarrow 2CH_3COOH + 2CO_2 + 4H_2$$

2.4 热化学循环

为了使水分解成它的组分，热化学循环把热源与化学反应结合起来。热化学循环中循环一词表示在只使用水的情况下，化学成分是不间断循环的。如果用热量为热化学循环提供部分功，那么随后的热化学循环被称为混合热化学循环。发生热化学分解水反应的系统会发生以下反应：

$$H_2O(l) \longrightarrow H_2(g) + \frac{1}{2}O_2(g) \tag{2.45}$$

在严格的外加热力学条件下，热力学反应器内部的变化可以分为两部分。功必须通过称为吉布斯自由能变化的那部分来提供。热量必须通过提高物料热扰动的另一部分来提供，可以表示为：

$$\Delta H = \Delta G + T\Delta S \tag{2.46}$$

循环运行至少需要两个不同温度的热源。这在热解的情况下并不重要，逆向反应消耗燃料。因此，在燃料电池内的功恢复到最大后的单个热解温度等同于相同温度下分解水反应吉布斯自由能的逆向反应。吸热反应提供正向的熵变化，目的是使温度上升，对反应有利，而放热反应则相反。图 2.24 为热化学循环和基于热解的发动机的卡诺图。焓、熵、功的分解水多重反应的先决条件如下：

$$\sum_i \Delta H_i^\ominus = \Delta H^\ominus \tag{2.47}$$

$$\sum_i \Delta S_i^\ominus = \Delta S^\ominus \tag{2.48}$$

$$\sum_i \Delta G_i^\ominus = \Delta G^\ominus \tag{2.49}$$

$$\sum_i \Delta H_i^\ominus = \Delta H^\ominus \tag{2.50}$$

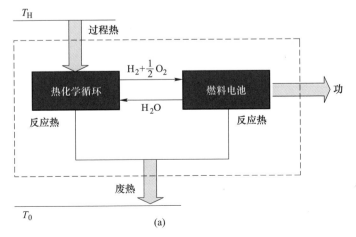

(a)

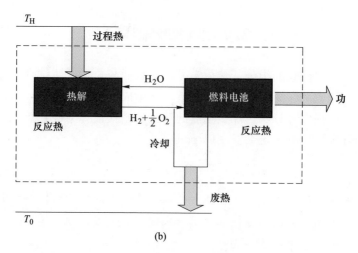

(b)

图 2.24 热化学循环（a）和基于热解（b）的发动机（含燃料电池）的卡诺图

最后，可根据工作要求减去下面的方程式：

$$\sum_p \Delta S_i^{\ominus} \geqslant \frac{\Delta G^{\ominus}}{(T_H - T_0)} \tag{2.51}$$

从图 2.24 可知，热量从热源温度 T_H 供给热化学循环，热化学循环把水分解为氢和氧。制取的氢供给燃料电池用于发电。燃料电池发出的电可供给燃料电池汽车、便携式设备、家用设备等多种设备，以及联合供暖和供电系统使用。

图 2.25 为两步热化学循环分解水的基本原理图。在这个原理图中，XO 表示既可以被氧化（XO_{ox}）又可以被还原（XO_{red}）的金属基氧化还原材料。金属基氧化还原材料在两步热化学分解水循环中利用的概念最初形成于 20 世纪 70 年代末[62]。

两步热化学循环的主要步骤是太阳能驱动的金属氧化物解离，在该过程中低价金属氧化物或单质金属发生吸热反应，该反应称为热还原，而水分解发生在水解反应过程中，通过材料的还原制氢。

安大略理工大学清洁能源研究实验室建立了氯铜（Cu-Cl）热化学循环的实验室规模原型。该实验装置有三步骤、四步骤和五步骤三种不同的配置，可提供高能量效率和高㶲效率。图 2.26 为三步骤的热化学 Cu-Cl 循环，图 2.27 为四步骤的热化学 Cu-Cl 循环，图 2.28 为五步骤的热化学 Cu-Cl 循环。Ishaq 和 Dincer[64]对这三种不同配置的 Cu-Cl 循环进行了模拟和对比评估。每个配置的步骤都不同，能量效率和㶲效率也不同。每种配置都给出了重要步骤及通用原理图。

三步骤 Cu-Cl 循环中三个重要步骤的化学反应如下：

（1）热解。在此步骤中，铜在 450℃ 的温度下与氯化氢气体反应，生成氯化亚铜和氢气。

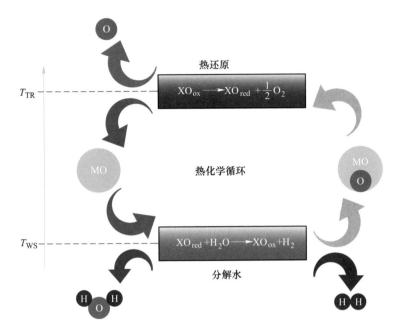

图 2.25　两步热化学循环分解水的基本原理图[63]

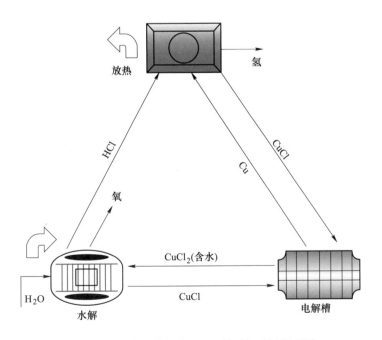

图 2.26　三步骤热化学 Cu-Cl 循环的通用原理图

$$2Cu(s) + 2HCl(g) \xrightarrow{450\text{℃}} 2CuCl + H_2(g) \tag{2.52}$$

（2）电解。在此步骤中，氯化亚铜在30℃的温度下分解为铜和氯化铜。

$$4CuCl(s) \xrightarrow{30\text{℃}} 2Cu(s) + 2CuCl_2(aq) \tag{2.53}$$

（3）水解。在此步骤中，氯化铜在530℃的温度下与水蒸气反应，生成氯化亚铜、氯化氢和氧气。

$$2CuCl_2(aq) + H_2O(l) \xrightarrow{530\text{℃}} 2CuCl + 2HCl(g) + \frac{1}{2}O_2(g) \tag{2.54}$$

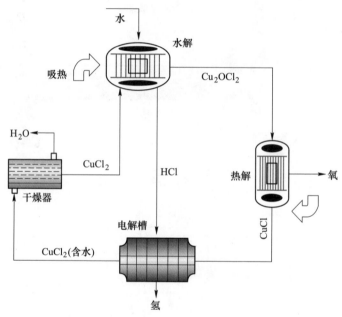

图 2.27 四步骤热化学 Cu-Cl 循环的通用原理图

四步骤 Cu-Cl 循环中四个重要步骤的化学反应如下：

（1）电解。在此步骤中，氯化亚铜在25℃的温度下与氯化氢气体反应，生成氯化铜和氢气。

$$2CuCl(aq) + 2HCl(g) \xrightarrow{25\text{℃}} H_2(g) + 2CuCl_2(aq) \tag{2.55}$$

（2）干燥。含水氯化铜经过干燥工艺的处理后，把其中所含的水分除去。

$$CuCl_2(aq) \xrightarrow{80\text{℃}} CuCl_2(s) \tag{2.56}$$

（3）水解。在此步骤中，氯化铜在400℃的温度下与水蒸气反应，生成 Cu_2OCl_2 和氯化氢气体。

$$2CuCl_2(s) + H_2O(g) \xrightarrow{400\text{℃}} Cu_2OCl_2(s) + 2HCl(g) \tag{2.57}$$

（4）热解。在此步骤中，氧氯化铜在 500℃ 的温度下分解为氯化亚铜和氧气。

$$Cu_2OCl_2(s) \xrightarrow{500℃} \frac{1}{2}O_2(g) + 2CuCl(l) \tag{2.58}$$

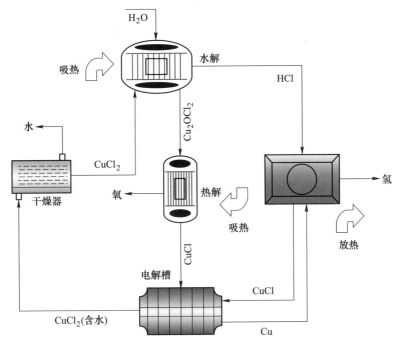

图 2.28　五步骤热化学 Cu-Cl 循环的通用原理图

五步骤 Cu-Cl 循环中五个重要步骤的化学反应如下：

（1）水解。在此步骤中，氯化铜在 530℃ 的温度下与水蒸气反应，生成 Cu_2OCl_2、氯化氢和氧气。

$$2CuCl_2(s) + H_2O(g) \xrightarrow{530℃} Cu_2OCl_2(s) + 2HCl(g) + O_2 \tag{2.59}$$

（2）热解。在此步骤中，氧氯化铜在 500℃ 的温度下分解为氯化亚铜和氧气。

$$Cu_2OCl_2(s) \xrightarrow{500℃} \frac{1}{2}O_2(g) + 2CuCl(l) \tag{2.60}$$

（3）电解。在此步骤中，氯化亚铜在 25℃ 的温度下分解为铜和氯化铜。

$$4CuCl(aq) \xrightarrow{25℃} 2Cu(s) + 2CuCl_2(aq) \tag{2.61}$$

（4）氯化亚铜的生成。在此步骤中，铜在 430℃ 的温度下与氯化氢气体反应，生成氯化亚铜和氢气。

$$2Cu(s) + 2HCl(g) \xrightarrow{430℃} H_2(g) + 2CuCl(l) \tag{2.62}$$

（5）干燥。含水氯化铜经过干燥工艺的处理后，把其中所含的水分除去。

$$CuCl_2(aq) \xrightarrow{80℃} CuCl_2(s) \tag{2.63}$$

2.5 电 解

水的电解就是用电把水分解成氧和氢。主要的电解槽类型有质子交换膜（PEM）电解槽、固体氧化物（SO）电解槽和碱性（ALK）电解槽。本节的内容涵盖所有这几种重要的电解槽类型，并给出了基本图示。表2.4列出了一些通用反应的标准电极电位。

表2.4 一些通用反应的标准电极电位

还原剂	反应	$E^{\ominus}/V$
NH_3（aq）	N_2（g）$+6H^+ +6e \rightleftharpoons 2NH_3$（aq）	-3.09
H^-	$H_2 +2e \rightleftharpoons 2H^-$	-2.23
Ca	$Ca^+ +e \rightleftharpoons Ca$	-3.8
Al（s）$+3OH^-$（aq）	$Al(OH)_3$（s）$+3e \rightleftharpoons Al$（s）$+3OH^-$（aq）	-2.31
Ca（s）	$Ca^{2+} +2e \rightleftharpoons Ca$（s）	-2.868
Na（s）	$Na^+ +e \rightleftharpoons Na$（s）	-2.71
H_2（g）$+2OH^-$（aq）	$2H_2O +2e \rightleftharpoons H_2$（g）$+2OH^-$（aq）	-0.828
2Fe（s）$+3H_2O$（aq）	Fe_2O_3（s）$+6H^+ +6e \rightleftharpoons 2Fe$（s）$+3H_2O$（aq）	+0.085
SO_2（aq）$+2H_2O$	$HSO_4^- +3H^+ +2e \rightleftharpoons SO_2$（aq）$+2H_2O$	+0.160
Cl^-	Cl_2（g）$+2e \rightleftharpoons 2Cl^-$	+1.360
Ag（s）	$Ag^+ +e \rightleftharpoons Ag$（s）	+0.780
Au（s）	$Au^+ +e \rightleftharpoons Au$（s）	+1.830
SO_2（aq）$+2H_2O$	$SO_4^{2-} +4H^+ +2e \rightleftharpoons SO_2$（aq）$+2H_2O$	+0.170
Cu（s）	$Cu^+ +e \rightleftharpoons Cu$（s）	+0.520

2.5.1 质子交换膜电解槽

质子交换膜（PEM）利用酸性电解质把水分解成氧和氢。在酸性电解质中，被传输的正离子称为阳离子。在水的电解中，质子在离子传输中从阳极转移到阴极。完整的电化学反应如下：

阳极反应：

$$H_2O \longrightarrow 2H^+ + \frac{1}{2}O_2(g) + 2e \qquad (2.64)$$

阴极反应：

$$2H^+ + 2e \longrightarrow H_2(aq) \qquad (2.65)$$

PEM 电解槽的工作温度为 25~80℃。一个商用 PEM 电解槽的典型制氢耗电量为 540~580MJ/kg 或 23~26MJ/m³。PEM 电解槽的能量效率随着电流密度呈准指数下降，在 10 kA/m² 时，完成 80%~85% 的转化，能量效率接近 54%，制取的氢纯度超过 99.999%。工业 PEM 电解槽的容量范围为 0.2~60m³/h 或 0.01~2.5kg/h。商用 PEM 电解槽的耗电量可达到 400kW，耗水量约为 25 L/h。

图 2.29 为 PEM 电解槽的基本示意图。PEM 电解槽由双面带槽的双极板及两个端板组成。每个板都连接到一个多孔的平面导电层上，该导电层用作阳极或阴极，PEM 安装在电极之间。

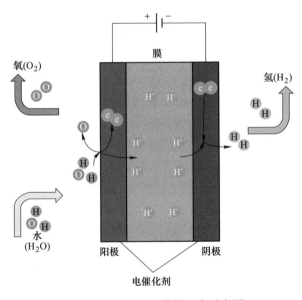

图 2.29 PEM 电解槽的基本示意图

聚四氟乙烯比聚苯乙烯磺酸盐聚合物更适合用作电解质，因为它的导电性更好。由于质子会形成水合氢离子，因此 PEM 电解槽中的水流管理是一个重要的设计课题。也正因为如此，膜需要水合才能工作。为了减少欧姆损耗并提高性能，膜电极总成在 PEM 电解槽的设计中具有重要意义。为了补偿在三相边界中设计的慢反应动力学，可以把铂催化剂等贵金属涂覆在电极上。

在膜电解槽工艺中，电位梯度是用来传输电荷的最重要驱动力，它是由于阳极表面的阴离子耗尽，而阴极表面的阳离子耗尽而形成的，因此，阳离子被从阳极输送到阴极隔板。一种材料的导电性表示的是该材料导电的能力。导体的电阻与导电性之间的关系可以用以下公式表示：

$$R_c = \frac{l}{\sigma A} \tag{2.66}$$

式中，R_c 为导体的电阻；σ 为电导率；A 为面积；l 为导体的长度。

欧姆损耗的计算使用了特定的膜电导率方程，该方程由 Ni 等人[65]使用以下方程式确定：

$$\sigma(c, T) = (0.5139c - 0.326)exp\left[1268 \times \left(\frac{l}{303} - \frac{l}{T}\right)\right] \tag{2.67}$$

式中，T 为膜温度；c 为膜内水的摩尔浓度。

膜前后的摩尔浓度从阳极高浓度向阴极低浓度变化。因此，关于膜前后的水的摩尔浓度呈线性变化的假设是合理的。

$$c(x) = c_c + \left(\frac{c_a - c_c}{\delta}\right)x \tag{2.68}$$

电导率定义为 $\sigma = \dfrac{\mathrm{d}x}{\mathrm{d}R}$（其中 R 表示电阻）；微分方程可以表示为 $\mathrm{d}R = \sigma^{-1}\mathrm{d}x$：

$$R_{\Omega, \text{PEM}} = \int_0^{\delta} \sigma^{-1}[c(x), T]\mathrm{d}x \tag{2.69}$$

考虑 PEM 电解槽的浓度过电位和膜前后的水蒸气浓度变化是非常重要的。浓度过电位可表示为：

$$\Delta E_{\text{conc}} = J^2\left[\beta\left(\frac{J}{J_{\text{lim}}}\right)^2\right] \tag{2.70}$$

因子 β 可定义如下：

（1）如果 $p<2\text{atm}$（202650Pa），则

$$\beta = (7.16 \times 10^{-4}T - 0.622)p + (-1.45 \times 10^{-3}T + 1.68) \tag{2.71}$$

（2）如果 $p \geqslant 2\text{atm}$（202650Pa），则

$$\beta = (8.66 \times 10^{-5}T - 0.068)p + (-1.6 \times 10^{-4}T + 0.54) \tag{2.72}$$

其中

$$p = \frac{p_i}{0.1173} + p_{\text{sat}}$$

式中，p 为局部阴极压力或阳极压力；p_i 为阴极分压或阳极分压，如果指数 i 用 c 表示，则代表阴极，用 a 表示，则代表阳极；p_{sat} 为水的饱和压力。

PEM 电解槽中的阴极和阳极激活电位在膜电极总成上发生电子转移。Ni 等人[66]的研究论文有助于确定激活电位的方程：

$$\Delta E_{\text{act},i} = \frac{RT}{F}\ln\left[\frac{J}{J_{0,i}} + \sqrt{\left(0.5\frac{J}{J_{0,i}}\right)^2 + 1}\right] \tag{2.73}$$

式中，$J_{0,i}$ 为阴极和阳极交换电流密度。

交换电流密度是一个重要的约束条件，有助于计算活化过电位。电极的能力用电化学反应来表示。交换电流密度高表明电极反应性高，导致过电位较低。阿累尼乌斯方程可用于表示电解交换电流密度：

$$J_{0,i} = J_{ref,i} \exp\left(-\frac{\Delta E_{act,i}}{RT}\right) \tag{2.74}$$

式中，$J_{ref,i}$ 为指前因子。

2.5.2 固体氧化物电解槽

固体氧化物（SO）电解槽是一种极具发展前景的氧离子导电制氢技术，它通过高温分解水来制氢。SO 电解槽使用无孔的固体金属氧化物电解质，其中的氧离子（O^{2-}）是导电的。完整的电化学反应如下：

阴极反应：

$$H_2O(g) + 2e \longrightarrow H_2 + O^{2-} \tag{2.75}$$

阳极反应：

$$2O^{2-} \longrightarrow O_2(g) + 4e \tag{2.76}$$

图 2.30 为 SO 电解槽的基本示意图。电解液总成需要在多孔阳极和阴极之间设置一个薄的填充 SO 层。

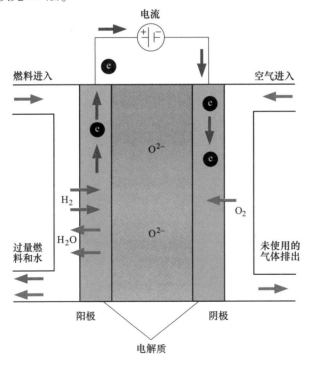

图 2.30　固体氧化物电解槽基本示意图

阴极可渗透蒸汽和氢。SO 电解槽是一种新兴的质子导电技术。作为酸性电解质，方程式（2.64）和式（2.65）表示半反应，但电解液放置在两个平面多孔电极之间，形成一个质子导电的金属氧化物层。因此，在 SO 电解槽中完全使用水是可能的，这就直接意味着提高了系统的紧凑性和简洁性。

SO 电解槽中无液相存在，这有利于固-气（两相）工艺设计。阴极是一个复合结构，含有一个钇稳定锆制成的多孔基质，连接着铈和/或镍。镍原子起到电催化剂的作用，它们在多孔基质上扩散。在活性中心附近的阴极多孔结构中发生的反应会析出氢。

全球许多研究机构正在全力致力于质子导电膜的开发。SO 电解槽中无液相存在的特点对设计而言是一个有利因素。在这方面，铈酸钡（$BaCeO_3$）材料被认为是优秀的 SO 电解质，因为它们在 300~1000℃ 的温度范围内具有高性能的质子导电性。关键问题是铈酸钡导致的固体膜的形成。在铈酸钡中掺杂钐（Sm）似乎是一种合适的选择，这样就可以使烧结膜具有较小的厚度和较高的功率密度。它们承载着钇稳定氧化锆电解质固体层，在 1000℃ 的高温下运行，使 SO 电解槽具有了若干显著优势。由于不需要贵金属催化剂，这种材料的成本友好，并且能提供较长的使用寿命。

正如 Ni 等人[66]所指出的那样，SO 电解质的电导率随温度呈指数变化：

$$\sigma = 33000\exp\left(-\frac{10300}{T}\right) \tag{2.77}$$

在计算阴极和阳极极化过电位和可逆半电池电位时，考虑的是反应发生在气相的情况。因此，在计算可逆半电池电位时，可以用活度来代替摩尔浓度和有分压的逸度。

相关激活过电位的方程式如下：

$$\Delta E_{\text{act},i} = \frac{RT}{\zeta F}\sinh^{-1}\left(-\frac{J}{2J_{0,i}}\right) \tag{2.78}$$

式中，i 为阴极和阳极，阴极交换电流密度为 2000A/m^2，而阳极交换电流密度为 5000A/m^2。

阿累尼乌斯方程可用于表示电解的交换电流密度：

$$J_{0,i} = J_{\text{ref},i}\exp\left(-\frac{\Delta E_{\text{act},i}}{RT}\right) \tag{2.79}$$

对于 SO 电解槽来说，活化能数量级约为 100kJ/mol，阳极指前因子约为 5000s^{-1}，阴极指前因子约为 50000s^{-1}。

对于 SO 电解槽来说，两种不同的阴极浓度和阳极浓度过电位方程如下：

$$\Delta E_{\text{act},a} = \frac{RT}{4F}\ln\sqrt{\frac{(p_{O_2}^{\text{in}})^2 + \dfrac{JRT\mu\delta_a}{2FB_g}}{p_{O_2}^{\text{in}}}} \tag{2.80}$$

式中，μ 为分子氧的动力黏度；$p_{O_2}^{in}$ 为入口阳极端口处气流中的氧分压；δ_a 为阳极的厚度；B_g 为使用 Carmane Kozeny 方程计算的渗透率：

$$B_g = \frac{2r^2\varepsilon^3}{72\xi(1-\varepsilon)^2} \tag{2.81}$$

式中，r 为电极孔半径；ε 为电极孔隙率；ξ 为电极弯曲度。

$$\bar{\lambda} = 0.5(\lambda_{H_2} + \lambda_{H_2O}) \tag{2.82}$$

碰撞扩散积分是根据平均碰撞时间确定的。

$$\tau = \frac{k_b T}{\bar{\varepsilon}} \tag{2.83}$$

式中，ε 为双工质系统典型的兰纳-琼斯势；k_b 为玻尔兹曼常数，$k_b = 1.38066 \times 10^{-23} \frac{J}{K}$。

如果可以获得表示分压的 p_i^{TPB}，则可用以下方程来表示阳极浓度过电位：

$$\Delta E_{conc,a} = \frac{RT}{2F}\ln\left(\frac{p_{H_2}^{TPB} + p_{H_2O}}{p_{H_2} p_{H_2O}^{TPB}}\right) \tag{2.84}$$

同样，可用以下方程来表示阴极浓度过电位：

$$\Delta E_{conc,c} = \frac{RT}{4F}\ln\left(\frac{p_{O_2}}{p_{O_2}^{TPB}}\right) \tag{2.85}$$

2.5.3 碱性电解槽

对于大规模生产来说，碱性（ALK）电解是清洁制氢的主要候选方法。Manabe 等人[67] 对碱性电解技术的潜力进行了综述性研究，他们发现有人开发出了一种零间隙技术。ALK 电解槽使用一种 pH>7 的碱性电解质。在碱性电解质中，阴离子是羟基的移动离子。ALK 电解槽中使用的典型电解质是 NaOH 或 KOH 等液态碱溶液。

与 PEM 电解槽相比，ALK 电解槽的效率略高，目前可达 60% 以上，且有潜力提高到 70%。可以利用羟基的优势，把它作为出色的电荷载体，提供更快的氧还原动力学。ALK 电解槽对催化剂的要求不如 PEM 电解槽那么严格，因为它们使用的是廉价的镍基催化剂。图 2.31 为 ALK 电解槽系统配置的基本示意图。

电解液使用的是 30%~40%（质量分数）的氢氧化钾溶液。以下是每个电极上的半反应：

阴极反应：

$$2H_2O(l) + 2e \longrightarrow H_2(g) + 2OH^- \tag{2.86}$$

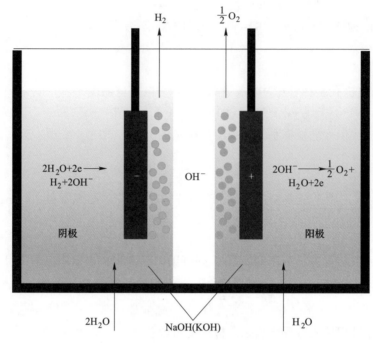

图 2.31 碱性电解槽基本示意图

阳极反应：

$$2\,OH^- \longrightarrow H_2O + \frac{1}{2}O_2(g) + 2e \tag{2.87}$$

一个商用碱性电解槽的效率可达 60%~70%，如果安装上目前正在开发中的先进系统，其效率可以超过 90%。商用碱性电解槽的工作温度为 80~200℃，低热值制氢的单位生产能力为 500~30000m³/h 或 0.5~40MW。电解液浓度应足够高，浓度为 30% 的 KOH 溶液可以保证良好的离子流动性。采用电制氢技术计算能量效率，商用电解槽的效率为 55%~90%。当工作温度高于 120℃ 时，分解水所需的部分能量可以通过传热获得。

碱性电解槽有内置双极和单极配置。在单极配置中，多个电解槽紧密地排列在一起，这样净电压就是每个电解槽外加电压的总和。

$$E_{ALK} = \sum E_{cell} \approx (N_{cell} - 1)E_{cell} \tag{2.88}$$

出于建设性原因，把单极电解槽的欧姆损耗与双极配置进行了对比，结果发现前者的欧姆损耗更高。在双极配置中，电池并联，使电压保持不变，净电流可按如下方式计算：

$$I_{ALK} = \sum I_{cell} \approx N_{cell}I_{cell} \tag{2.89}$$

Julins Tafel 发表了一个著名的方程，是一个关于极化电极激活过电位与电流密度之间关系的方程。塔菲尔（Tafel）方程如下：

$$\Delta E_{act} = a + b\ln J \qquad (2.90)$$

塔菲尔方程给出了确定单位电流密度所需的极化电位值。参数 b 表示塔菲尔斜率，在基准温度下的值为 0.04~0.150V。

$$a = b\ln J_O \qquad (2.91)$$

$$b = \frac{RT}{\alpha F} \qquad (2.92)$$

在碱性电解槽中，扩散层的实际厚度为 50~500μm，而极限电流密度为 8000~10000A/m²。如果确定了极限电流，那么就可以通过氧化半反应和还原半反应获得体积浓度与表面浓度比。

$$\left(\frac{c_x = 0}{c_0}\right)_O = 1 + \frac{J}{J_{\lim,O}} \qquad (2.93)$$

浓度过电位使用的方程式如下：

$$\Delta E_{conc,R} = \frac{RT}{\zeta F}\ln\left(\frac{c_x = 0}{c_0}\right) \qquad (2.94)$$

式（2.94）对阳极浓度过电位和阴极浓度过电位都有效。此外，式（2.93）和式（2.94）可用来表示阴极浓度过电位，如下所示：

$$\Delta E_{conc,R} = \frac{RT}{\zeta F}\ln\left(1 - \frac{J}{J_{\lim,R}}\right) \qquad (2.95)$$

同样，式（2.93）和式（2.94）一起用于表示阳极浓度过电位：

$$\Delta E_{conc,O} = \frac{RT}{\zeta F}\ln\left(1 - \frac{J}{J_{\lim,O}}\right) \qquad (2.96)$$

净浓度过电位和各物料种类浓度所引起的电池过电位方程式如下：

$$\Delta E_{conc} = \left[\frac{RT}{\zeta F}\ln\left(\frac{1 - \dfrac{J}{J_{\lim,R}}}{1 - \dfrac{J}{J_{\lim,O}}}\right)\right] \qquad (2.97)$$

Bagotski[68] 使用了下面的方程式来定义组合动力学扩散极化过程：

$$\frac{J}{J_O} = \frac{\exp\left(\dfrac{\alpha F}{RT}\Delta E_{pol}\right) - \exp\left[-(1-\alpha)\dfrac{F}{RT}\Delta E_{pol}\right]}{1 + \exp\left(\dfrac{\alpha F}{RT}\Delta E_{pol}\right)\dfrac{J_O}{J_{\lim,R}} + \exp\left[-(1-\alpha)\dfrac{F}{RT}\Delta E_{pol}\right]\dfrac{J_O}{J_{\lim,O}}} \qquad (2.98)$$

式中，E_{pol} 为由于浓度梯度和活化能的相互作用而产生的电极极化过电位。

表 2.5 列出了 2017—2025 年 PEM 电解槽和 ALK 电解槽发展的技术经济特征。

表 2.5 PEM 电解槽和 ALK 电解槽的技术经济特征（2017—2025 年）

技术		PEM		ALK	
参数	单位	2017 年	2025 年	2017 年	2025 年
效率	kW·h/kg	58	52	51	49
系统寿命	a	20		20	
效率（LHV）	%		64	65	68
典型输出压力	MPa（bar）	3（30）	6（60）	0.101（1atm）	1.5（15）
堆叠寿命（运行时间）	h	40000	50000	80000	90000
运营支出（占初始资本支出的百分比）	%	2	2	2	2
负荷范围		负载的 0%～160%		负载的 15%～100%	
升速/降速	%/s	100		0.2～20	
启动（热启动—冷启动）		1s～5min		1～10min	
关闭		秒级		1～10min	

注：数据来源于 IRENA。

2.6 结 论

主流氢气（近 95%）是利用化石燃料制取的，具体来说是使用天然气重整、甲烷部分氧化和煤气化工艺制取的。其他重要的制氢方法包括水电解和生物质气化。常规的天然气重整制氢方法会产生温室气体排放，引发环境问题。使用化石燃料不仅有会产生温室气体排放的缺点，而且还会导致化石燃料的快速枯竭。由于可再生能源制氢方法可提供清洁、可持续、环境友好的能源和制氢解决方案，而且可克服温室气体排放、化石燃料枯竭和碳排放税等诸多挑战，因此该制氢方法正受到广泛关注。可再生能源取自太阳能、风能、水力能、地热能、海洋热能转换和生物质气化或热解等自然驱动的能源。

使用可再生能源可以获得电、热能和燃料这三种不同的商品，这三种商品都可用于制氢。电可直接用于电解槽制氢，热能可用于热化学循环制氢，燃料可用于生物质气化法或热解制氢。电可以通过太阳光伏能、风能、水电、地热能和海洋热能转换等可再生能源直接提取，热能可以使用太阳能集热器、太阳能定日镜和生物质气化和热解等不同技术进行提取。风能、水力能、潮汐能和海洋热能转换等能源产生的机械功可通过发电机转换为电力，供给电解槽制氢。利用高温地热能提取法发电，供给电解槽制氢。地热热泵产生的热能可用于热化学循环制氢。利用光能和光伏能提取的太阳能产生电功，用于电解制氢。一些可再生能源可以联合使用，实现多联产。随着以燃料燃烧为动力的车辆向氢燃料电池和混合氢燃料电池车辆过渡，全球的交通运输业正在发生转型。为了提供清洁、环境友好且可持续的能源解决方案，需要推进全球转型，以可再生能源取代传统能源制取绿氢，广泛应用于各种系统和设备。

3 太阳能制氢

太阳能被公认为是一种主要的可再生能源，可用于清洁、可持续地制氢。在从传统能源向可再生能源过渡的过程中，太阳能资源有望发挥重要作用。

有一项研究对一个太阳能驱动的制氢系统进行了能量评估、㶲评估和经济评估[69]。设计的系统由光伏板、质子交换膜（PEM）电解槽、PEM 燃料电池和储氢装置组成，研究人员使用一款具有潜力的软件包 TRNSYS 对该系统进行了研究。光伏（PV）板的净面积为 $300m^2$，安装了容量为 5kW 的燃料电池，氢在 55MPa（55bar）的压力下压缩储存。这项研究的主要目的是验证该系统能否满足紧急用电需求，避免发生供电短缺。对全年的情况进行分析后发现，㶲效率和能量效率分别为 4.25% 和 4.06%。

由于成本的降低、产品的灵活性及对太阳能应用的激励措施，全球范围内的太阳能消费量一直在大幅增加。图 3.1 显示了全球不同地区的太阳能消费量。2008—2018 年，包括北美洲、南美洲、中美洲、欧洲、英联邦国家、中东、非洲和亚太地区在内的世界所有地区太阳能资源消费量都在持续显著增长。2008—2018 年的十年间，北美洲的太阳能消费量从 805MW 增加到 571188MW，南美洲和中美洲的太阳能消费量从 39MW 增加到 7206MW，欧洲的太阳能消费量从 10522MW 增加到 128758MW，英联邦国家的太阳能消费量从 0MW 增加到 600MW，中东的太阳

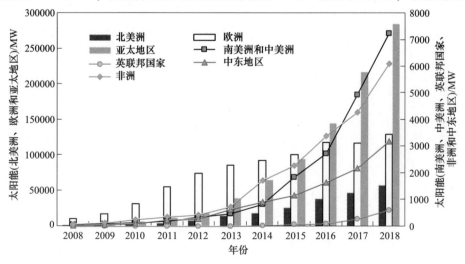

图 3.1　全球不同地区的太阳能消费量[48]

能消费量从 10MW 增加到 3181MW，非洲的太阳能消费量从 65MW 增加到 6093MW，亚太地区的太阳能消费量从 2955MW 增加到 284873MW。

太阳能的间歇性特点引发了对储能系统的需求，详见第 1 章。图 3.2 为太阳能制氢路线。

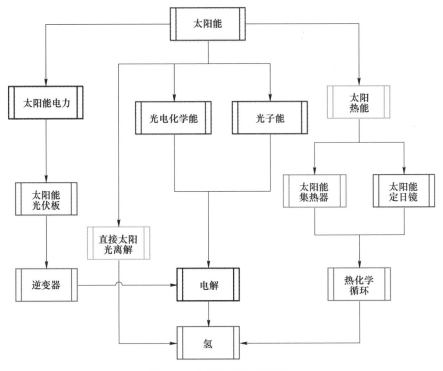

图 3.2　太阳能制氢路线[49]

针对利用可再生能源制氢也有相关研究[70]。汽油乘用车与氢能源乘用车对比的难点在于氢与其他燃料之间的成本对比。水电解是一种典型的商业化制氢技术，如果与太阳能和风能结合，可以转变为可再生能源系统。生物质工艺则有可能通过气化、发酵和热解工艺利用城市污水和森林残留物来制氢。

在一本书中描述了氢基础设施未来的发展情况[71]。氢可以作为一种高效、清洁的能源，广泛应用于燃料电池、运输、便携式装置、电力、燃烧和加热等领域。氢可以通过利用包括风能、生物质、太阳能、地热和水电等可再生能源，核能及天然气和煤炭等常规能源在内的能源来制取。此外，氢有助于解决可再生能源（即太阳能和风能）的间歇性所带来的问题。然而，实施大规模制氢还面临着技术、基础设施、经济和社会等方面的重大挑战。该项研究评估了制氢、氢交付等氢基础设施的现状、未来发展及其设计问题。研究人员还对比研究了氢与运输替代燃料在温室气体（GHG）减排和氢基础设施建设方面的成本效益。

太阳能有 4 条主要的制氢途径，这 4 条主要途径可进一步划分为若干类别。以下列出了采用不同的太阳能制氢方法所涉及的重要因素：

（1）光电化学能法：太阳能光伏板、电池组、电解、氢；

（2）光子能法：电解、氢；

（3）太阳光伏能法：太阳能光伏板、电池组、逆变器、电解、氢；

（4）太阳热能法：太阳能集热器、太阳能定日镜、热化学循环、氢。

集中太阳热能系统可以采用多种方法来制氢，这些方法包括：光电化学能、光子能、光伏能和利用热化学循环的太阳热能，其中光电化学能和光子能可以直接制氢。光伏能法可以发电，进而通过电解制氢。通过太阳能集热器和太阳能定日镜场获得的热能既可用于发电，也可用于制氢的热化学循环。附录中的附表 2 列出了全球不同地区的太阳能发电量。

分析中采用的动态方法对于探索太阳能的不可预测性非常重要。表 3.1 给出了动态分析所考虑月份中无特殊天气状况的日子及该日太阳偏角 δ，动态（时间相关）模拟所选择的地理位置是多伦多。

表 3.1　用于风能和太阳能动态模拟的各月中无特殊天气状况的日子[72]

月份	各月中无特殊天气状况的日子		日期（日/月/年）
	n	δ	
1 月	17	−20.92	17/01/2019
2 月	47	−12.95	16/02/2019
3 月	75	−2.42	16/03/2019
4 月	105	9.42	15/04/2019
5 月	135	18.79	15/05/2019
6 月	162	23.09	11/06/2019
7 月	198	21.18	17/07/2019
8 月	228	13.45	16/08/2019
9 月	258	2.22	15/09/2019
10 月	288	−9.60	15/10/2019
11 月	318	−18.91	14/11/2019
12 月	344	−23.05	10/12/2019

表 3.1 中给出了对太阳能进行动态分析的结果，采用的是各月无特殊天气状况的日子里每小时的太阳辐射强度。本节给出了进行动态分析所使用的建模方程。法向直接辐照度有助于确定入射光束辐射，这对于计算总太阳能功率或者太阳热能非常重要。这里提到的总太阳能是指可以使用太阳能光伏电源获得的总太阳能，而太阳热能指的是可以利用太阳能收集到的太阳热能。用于确定总太阳能功率输出的方程为：

$$\dot{P}_{PV} = \eta_{PV}\dot{Q}_{PV_{SI}} \tag{3.1}$$

式中，$\dot{Q}_{PV_{SI}}$ 为太阳的热输入；η_{PV} 为光伏电池的效率。

用于计算通过太阳能提取的太阳热的方程式为：

$$\dot{Q}_{PV_{SI}} = A_{PV}\dot{I}_{beam} \tag{3.2}$$

式中，$\dot{I}_{beam}$ 为入射光束辐射；A_{PV} 为光伏电池的面积。

法向直接辐照度有助于确定入射光束辐射，它们之间的关系可以用以下方程表示：

$$\dot{I}_{beam} = \dot{I}_{normal}\cos\theta_{zenith} \tag{3.3}$$

式中，θ_{zenith} 为天顶角。

法向直接辐照度可以使用以下方程来量化：

$$\dot{I}_{normal} = 0.9715E_{ecc}\dot{I}_{solarconst}\tau_{Rayleigh}\tau_{ozone}\tau_{gas}\tau_{water}\tau_{aerosol} \tag{3.4}$$

式中，τ 分别为瑞利（Rayleigh）、臭氧、气体、水和气溶胶的散射透射率；E_{ecc} 为偏心系数。

确定偏心系数的方程可以使用日角来表示：

$$E_{ecc} = 1.00011 + 0.034221\cos(DA) + 0.00128\sin(DA) +$$
$$0.000719\cos(2DA) + 0.000077\sin(2DA) \tag{3.5}$$

$$DA = (n - 1)\frac{360}{365} \tag{3.6}$$

ST 表示太阳时，它有助于确定时角，可使用如下方程式来确定：

$$ST = 4(L_{SM_{lt}} - L_{longitude}) + E_{ecc} + 标准时 \tag{3.7}$$

可使用如下方程来计算天顶角的余弦值：

$$\cos\theta_{zenith} = \cos(\omega)\cos(\delta)\cos(\phi) + \sin(\phi)\sin(\delta) \tag{3.8}$$

式中，δ 为偏角；ω 为时角；ϕ 为纬度。

可使用以下方程来确定它们之间的关系：

$$\omega = 15(12 - ST) \tag{3.9}$$

$$\delta = 23.45\sin\left(360 \times \frac{n + 284}{365}\right) \tag{3.10}$$

太阳能的动态分析有助于计算使用太阳能提取的总能量。计算法向直接辐照度的步骤如下：

（1）计算偏角 δ、时角 ω 和纬度 ϕ，它们有助于确定天顶角；

（2）通过计算标准时间、纬度及经度来确定太阳时；

（3）通过日角来确定偏心系数；

（4）利用瑞利、臭氧、气体、水和气溶胶的散射透射率和偏心系数来计算法向直接辐照度；

（5）利用法向直接辐照度和天顶角来计算入射光束辐射；

（6）利用入射光束辐射和太阳能电池面积来计算太阳能热量输入；

（7）利用太阳能热量输入和太阳能电池的效率来计算太阳能功率。

在基于各月中无特殊天气状况的日子完成上述计算后，即可量化法向直接辐照度，这有助于确定使用太阳能集热器所获得的太阳热及使用太阳能光伏板所产生的太阳能功率。图 3.3（a）显示了 1—6 月的法向直接辐照度，最大值出现在 6 月。图 3.3（b）显示了 7—12 月的法向直接辐照度，最大值出现在 7 月。

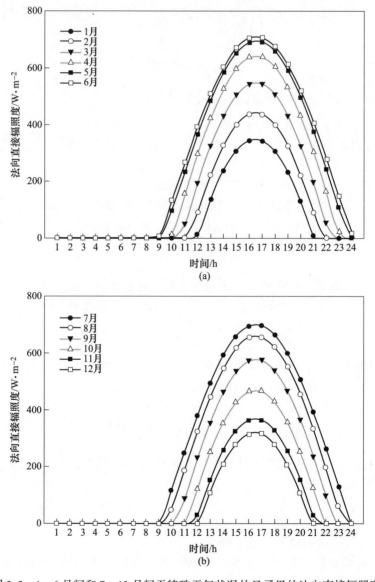

图 3.3 1—6 月间和 7—12 月间无特殊天气状况的日子里的法向直接辐照度

3.1 光电化学法制氢

在光电化学水解（PECWS）过程中，太阳光利用特殊半导体（即光电化学材料）把水分解为氢和氧。PECWS 工艺采用半导体材料，把太阳能直接转化为化学能——氢。虽然 PECWS 工艺所采用的半导体材料与那些用于光伏太阳能发电的材料类似，但是在 PECWS 应用中，半导体浸泡在水基电解质中，阳光为分解水的过程提供能量。图 3.4 为光电化学制氢的示意图。

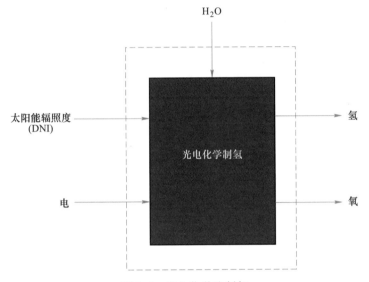

图 3.4　光电化学法制氢

一本相关手册对太阳能光电化学制氢进行了详细的研究[73]。这本手册把电和氢视为一种永恒的能源系统，而且还讨论了具体的实际信息和技术细节。手册中重点介绍了各种应用，即氢燃料电池和催化氢燃烧。这本书还对材料进行了介绍，并对反演曲线、热力学表和物理表、比热容数据、存储材料属性、温度熵和压缩性图表等进行了讨论。书中不仅分析了制氢原理、氢的储存和利用，还研究了热解、电解、光解、生物质制氢、热化学循环等不同制氢方法及其他制氢技术。该手册为研究太阳能光电化学制氢提供了一种关于氢能来源的参考。

另一研究对利用太阳能-氢转化技术制氢所采用的热化学、光电、电解和光化学技术进行了对比调研[44]。太阳能制氢是一项很有前景的技术，有望在促进可持续能源供应方面发挥重要作用。该研究讨论了与利用其他能源形式制氢相比，太阳能制氢所具备的优异性能。研究人员还探索性地对电能、热能和光子能等几种太阳能-氢转化技术进行了深入研究和改进，并进行了对比分析，以改进分解水的方法、能源效率、太阳能形式及工程系统等。结果表明，在热化学循环中，通过大规模生产，可以将能量损失降至最低。由于电解、光化学和光电化学太阳能技术需要的工艺步骤较少，因此它们可以促进其在加氢站领域的应用。

标准光伏电池需要激发半导体介质中的负电荷（电子），并最终把带负电荷的电子提取出来进行发电。光电解电池的情况则大不相同。在分解水的 PEC 电池中，半导体中利用光进行的电子激发会留下一个空穴，吸引相邻水分子中的电子：

$$H_2O(1) \longrightarrow 2H^+(aq) + \frac{1}{2}O_2 \qquad (3.11)$$

这会在溶液中留下带正电的载体（H^+）与另一个带正电的离子结合，两个电子通过以下化学反应结合生成氢气。

$$2H^+(aq) + 2e \longrightarrow H_2(g) \qquad (3.12)$$

图 3.5 为光电化学水分解电池示意图。在 PECWS 制氢过程中，光电化学电池中现有的光电电极捕获太阳辐射，同时也向光电化学电池提供电能。供给光电化学电池的水被分解成负离子（O^{2-}），当两个正离子（H^+）相互反应时便生成了氢气。

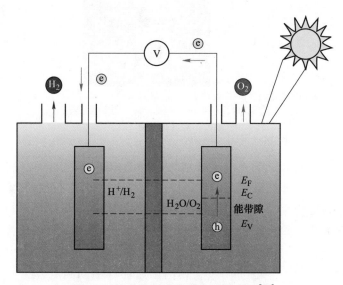

图 3.5 光电化学水分解电池示意图[74]

与水分子转化为 1mol 氢、0.5mol 氧相关的自由能变化为 237.2kJ/mol，这与标准条件下每个转移电子的 1.23V 电解池电压相匹配。图 3.5 中还显示了阴极和阳极。阳极是一种用光敏半导体材料制作的电极，通过分解水而暴露于光束中。阴极是对电极，虽然它并不暴露在光线中，但它也被称为光阴极。为了使该反应发生，光阳极表面的光活性材料吸收辐射光，使 1.23V 的电极电位升高，从而使水分子氧化生成氢质子（H+）和氧，而氢质子被瞬间还原，在阴极生成氢。因此，在光阳极界面发生的电子转移过程中，分解水动力学减慢，能量发生损失。因而，光电解所需的能量通常为 1.7~2eV。光诱导过程在光阳极上产生 4 个电子-空穴对，从而生成氧。如果光阳极暴露在光中，而光所携带的能量超过光活性材料的能带隙，那么此时虽然空穴仍保持在价带中，但是价带电子受到激发，进入导带中。然后，光生电子通过外部导线，聚集到阴极表面，与带正电的氢离子（H+）反应生成氢，而光阳极上存在的空穴使 $H_2O(O^{2-})$ 氧化生成氧。

3.2 光子法制氢

利用可再生能源制氢似乎是保护未来能源资源最有利的方法之一。光催化是一种利用阳光和半导体材料相互作用的制氢方法。半导体材料吸收大量光子，使金属层（高功函数）起到肖特基势垒的作用，创建电子库，通过还原氢离子生成分子氢，在某些情况下还形成金属氧化物层，利用氧离子氧化生成分子氧。

有研究对各种制氢方案进行了全面回顾[75]。该项研究从经济、社会、环境、技术可靠性及性能等方面对不同的制氢能源、制氢系统和储氢方案进行了对比。该研究所考虑的能源包括生物质能、水能、地热能、太阳能、核能和风能，所研究的制氢方法包括生物法、光子法、热法和电法。此外，针对提高氢能系统性能，以应对氢能所面临的重大经济挑战，研究人员还开展了相关案例研究。研究结果表明，在被考虑的这些制氢能源中，太阳能的环境绩效（8/10）最高，总平均分为（7.4/10），地热能的总平均分（4/10）最低，核能的环境绩效（3/10）最低。

光催化分解水（PCWS）使用的是最丰富且可再生和清洁的自然能源，因而在近些年发表的文献中广受关注。光催化法制氢被认为是解决化石燃料储量有限、过度利用和对环境造成负面影响等问题的潜在解决方案之一。在光照条件下把水催化分解为氧和氢的潜在优势可以体现在环境和经济效益上，因为该过程利用太阳能以清洁的方式生成氢，实现了温室气体的零排放。

由于水对于可见光谱中的光线而言是透明的，因此把一种能够吸收太阳辐射的光敏剂溶解在溶液中，即可把太阳辐射直接用于 PCWS。图 3.6 列出了利用光子能的光子法制氢系统分类。

在 PCWS 制氢中，为了产生分解水所需的电子-空穴对，光子携带的能量需要高于光催化剂能带隙。能量较低的光子无法产生所需的电子-空穴对，因此它们不用于光催化制氢。光子法制氢方法的主要分类如下：

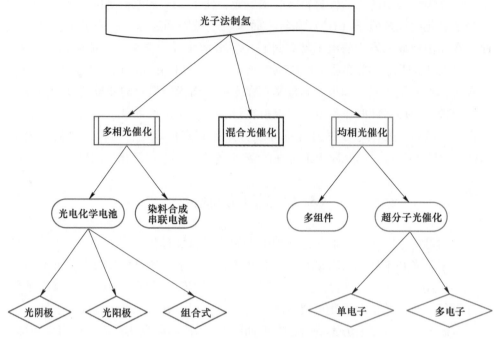

图 3.6   光子法制氢方法分类[76]

（1）多相光催化：光电化学电池（光阴极、光阳极、组合式）和染料合成串联电池；

（2）均相光催化：超分子光催化（单电子、多电子）；

（3）混合光催化。

3.3   太阳光伏能

太阳光伏能是一种可再生的清洁能源，它利用太阳能的法向直接辐照度发电。太阳光伏能通过光电效应，利用某种材料来吸收光子（即轻粒子）并释放产生电流的电子。附录中的附表 3 为全球不同地区的太阳能光伏能耗。

研究人员公布了一项关于太阳能光伏电解池制氢的研究[77]。在诸多利用太阳能的制氢方法中，太阳光伏能与电解池的结合被认为在清洁制氢和可再生制氢方面是很有前景的备选方法之一，该研究对此进行了评述。主要内容集中在适用于单体光伏电解池的水氧化电催化剂及其制造技术上。另一项回顾性研究对用于固定装置的太阳能-氢燃料电池能源系统进行了全面评述[29]。该研究对太阳能制氢方法及其研究进展和现状进行了综述。

太阳能光伏电池吸收阳光并利用这种光能产生电流，在一块太阳能电池板中有多个光伏电池，所有光伏电池产生的净电流可根据功率要求进行设置。太阳能电池板产生的直流电通过逆变器转换成交流电，光伏电池吸收阳光并产生直流电。光伏能的 I-V 特性描述了可以从光伏阵列中提取的最大功率。以下是利用太阳能的主要优势：可再生能源、产生清洁电能、减少电费、应用形式多样、零碳排放、维护成本低、先进和完善的技术开发。

为了分析光伏能制氢系统，Yilanci 等人[29]开展了实验研究，本书中引用了其研究结果。该实验装置于 2007 年安装在土耳其帕穆卡莱大学的清洁能源中心，设计的系统由 5kW 的光伏板提供动力。图 3.7 为太阳光伏能水电解系统的示意图。

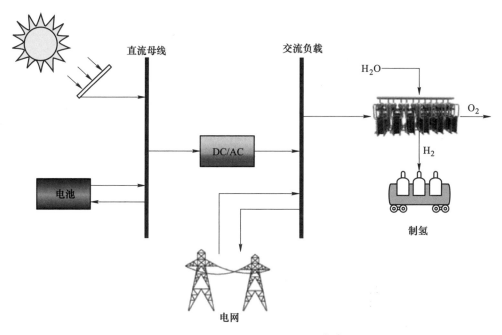

图 3.7　太阳光伏能水电解系统[29]

为了进行性能评估，一半的光伏组件倾斜安装，另一半的光伏组件安装在太阳能跟踪器上。光伏组件安装在大楼顶上，向南倾斜 45°。每个太阳能跟踪器由 10 个模块组成，额定功率为 1.25kW。表 3.2 列出了光伏能和太阳热能制氢系统的能量效率和㶲效率。

表 3.2　光伏能和太阳热能制氢系统的能量效率和㶲效率[29]　　　　（%）

	效率	光伏电池	充电调节器	逆变器	电解槽
光伏能制氢	能量效率	11.2~12.4	85~90	85~90	56
	㶲效率	9.8~11.5	85~90	85~90	52

续表 3.2

	效率	太阳能集热器	热机	发电机	电解槽
太阳热能制氢	能量效率	58.33	63.8	50~62	56
	烟效率	39.18	30~50	50~62	52

3.3.1 案例研究 1

光伏能产生电能，电解工艺利用电能制氢。动态分析对于探索太阳能的不可预测性具有重要意义。表 3.1 给出了动态分析所考虑月份中无特殊天气状况的日子及太阳偏角 δ。动态模拟选择的地理位置是多伦多。本案例研究不仅呈现了太阳能光伏系统的动态分析，还给出了最新研究[78]中获得的实验结果。

图 3.8 为采用水电解技术的太阳能光伏制氢系统。光伏电池吸收太阳光产生电流，在一块太阳能电池板上有多个光伏电池。在本案例研究中，使用了 120 块太阳能光伏板，并假设它们的效率为 16%。采用 AC/DC 转换器把从太阳能光伏电源中提取的直流电转换为交流电。PEM 电解槽利用从太阳能光伏电源获得的电能把水分解为它的组分，制取的氢储存在储氢罐中。太阳能光伏功率根据多伦多天气预报所给出的各种气象条件进行确定，其纬度为 43.85°N，经度为 79.38°W，

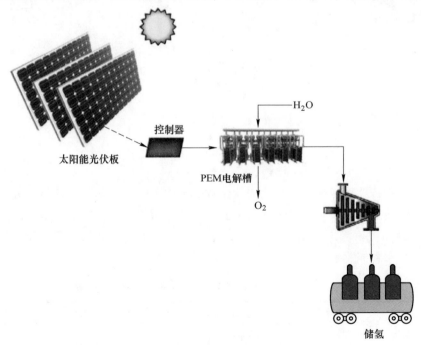

图 3.8 采用水电解技术的太阳能光伏制氢系统

利用上述数据进行动态分析。表 3.3 为太阳能光伏电源动态模拟的设计参数及多伦多所处的经纬度。

表 3.3 太阳能光伏电源动态模拟的设计参数

参数		数值
位置	地理经纬度	多伦多 纬度＝43.85°N 经度＝79.38°W
太阳能 PV	光伏电池的类型	多晶硅_CSX-310
	电池数量/个	120
	效率/%	16

对使用太阳能光伏发电并将其用于制氢的过程进行了动态分析。计算太阳能光伏发电量时采用了图 3.3（a）和（b）中所示的各月无特殊天气状况的日子里的法向直接辐照度。在不同的运行环境和日照条件下对所设计的系统进行研究具有重要意义。

3.3.2 案例研究 2

图 3.8 为使用水电解技术的太阳能光伏制氢系统。本案例研究采用了 SunWize 生产的 SC3-6V 型太阳能光伏电池进行实验研究，其中 20 个电池的尺寸为 22cm×7cm。本案例研究根据电流的大小评估了电压和功率。为太阳能光伏电源施加的太阳辐射强度为 870W/m²。利用从太阳能光伏电源中提取的电力和 Nafion PFSA 膜，采用质子交换膜电解槽来制氢。PEM 电解槽由 4 个电解池组成，电解池的直径为 13.8cm。设计的制氢系统由太阳能光伏提供动力，制氢能力为 16.7cm³/s。表 3.4 中列出了所用太阳能光伏水电解试验系统的典型运行条件。对太阳能光伏电源的电流、功率、能量效率和㶲效率进行了研究。本案例研究还计算了 PEM 电解槽的效率和太阳能-氢的转化效率。

表 3.4 太阳能光伏水电解试验系统的典型运行条件[78]

质子交换膜电解槽参数	数值
电解池直径/cm	13.8
电解池数量/个	4
膜的类型	全氟磺酸膜 PFSA
制氢能力/cm³·s⁻¹	16.7
光伏电池的类型	SunWize 产品，型号：SC3-6V

续表3.4

质子交换膜电解槽参数	数值
光伏电池尺寸/cm×cm	22×7
施加的太阳辐射强度/W·cm⁻²	870
光伏电池数量/个	20

从太阳能光伏电源中获得的太阳能光伏功率是根据多伦多天气预报所给出的气象条件确定的。根据法向直接辐照度，使用动态分析计算了太阳能光伏功率。图3.9（a）为1—6月间各月无特殊天气状况的日子里利用太阳能光伏电源所能提取的太阳能光伏功率，其中最大太阳能光伏功率值出现在6月。图3.9（b）为7—12月间各月平无特殊天气状况的日子里可以从太阳能光伏电源提取的太阳能光伏功率，最大太阳能光伏功率值出现在7月。

太阳能光伏电池和PEM电解槽是图3.8所示设计系统中最重要的组件，探索这些重要组件的性能非常重要。图3.10为单个光伏电池的电压对电流和功率输出的影响，图3.11为单个太阳能光伏电池的电流变化对能量效率和㶲效率的影响。本案例研究在Siddiqui等人[78]在其文献中所述研究的基础上进行了修改。研究人员发现，当单个电池的电压为8.8 V，电流为0.27 A时，电池达到最大功率点2.37 W。表3.4列出了太阳能光伏水电解试验系统的典型运行条件。

此外，光伏电池的短路电流约为0.31A，开路电压为10.5V。对于太阳能光伏电池来说，在最大功率点运行，实现最大有用输出和最大效率非常重要。串联连接的光伏电池数量是根据PEM电解槽的电流和电压要求确定的，而且光伏电

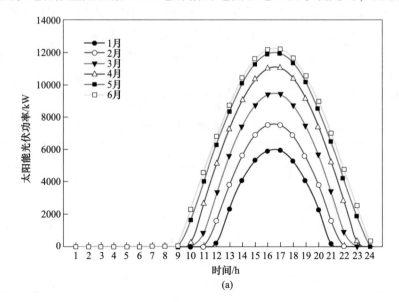

(a)

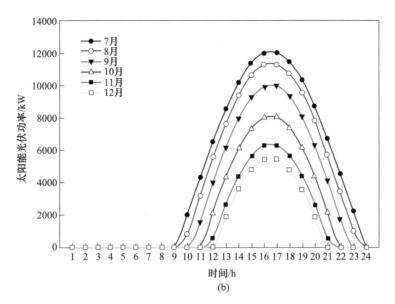

(b)

图 3.9 1—6 月（a）和 7—12 月（b）间各月无特殊天气状况的日子里的太阳能光伏功率

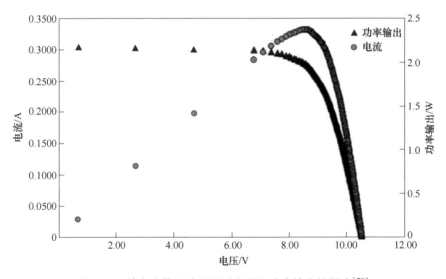

图 3.10 单个光伏电池电压对电流和功率输出的影响[78]

池是在最大功率点运行的。光伏电池的连接配置可以根据 PEM 电解槽的电流和电压要求进行改进。此外，安装一个电力电子系统可用于控制光伏电池的输出电流和电压。如果光伏电池在不同运行条件下的输出电压和电流可以满足电解槽的输入要求，那么就可以组建一个集成太阳能光伏水电解系统。

图 3.11 为单个光伏电池的电流变化对能量效率和㶲效率的影响。在最大功

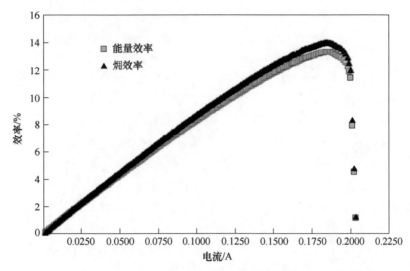

图 3.11 单个光伏电池的电流变化对能量效率和㶲效率的影响[78]

率点时，最大能量效率为 13.3%，最大㶲效率为 14.0%。通过开发出可提供更高电力输出的新型半导体材料，可以提高光伏电池的效率。此外，太阳辐射强度也会影响峰值功率。因此，探索案例研究 1 中不同太阳辐射强度下的系统性能具有重要意义。

为了确定系统性能，对每个子系统和整个系统的能量效率和㶲效率进行了评估（见图 3.12）。

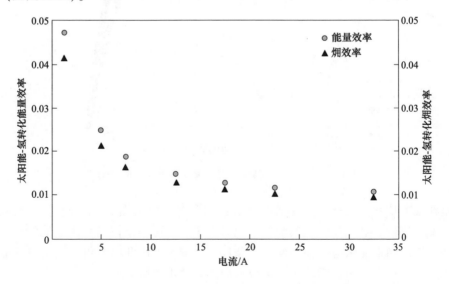

图 3.12 不同的电流输入条件下太阳能-氢转化过程的能量效率和㶲效率结果[78]

太阳能光伏电池能量效率和㶲效率的公式为:

$$\eta_{PV} = \frac{\dot{P}_{PV}}{\dot{q}_{in,sol} A_{PV}}$$ (3.13)

$$\eta_{ex_{PV}} = \frac{\dot{P}_{PV}}{\dot{q}_{in,sol} \left(1 - \frac{T_0}{T_S}\right) A_{PV}}$$ (3.14)

式中,$\dot{q}_{in,sol}$ 为太阳辐射强度;A_{PV} 为面积;T_0 为环境温度;T_S 为太阳温度;$\dot{P}_{PV}$ 为根据相应光伏电池的电流(I_{PV})和电压(V_{PV})确定的光伏功率输出:

$$\dot{P}_{PV} = V_{PV} I_{PV}$$ (3.15)

质子交换膜电解槽的能量效率和㶲效率的公式为:

$$\eta_{PEM} = \frac{\dot{N}_{H_2} \overline{LHV_{H_2}}}{\dot{P}_{in}}$$ (3.16)

$$\eta_{ex_{PEM}} = \frac{\dot{N}_{H_2} \overline{ex_{H_2}}}{\dot{P}_{in}}$$ (3.17)

式中,$\dot{N}_{H_2}$ 为氢的摩尔流量;$\overline{LHV_{H_2}}$ 为摩尔低热值(LHV);$\dot{P}_{in}$ 为输入功率;$\overline{ex_{H_2}}$ 为比摩尔㶲。

制氢的太阳能量效率和㶲效率公式为:

$$\eta_{SH} = \frac{\dot{N}_{H_2} \overline{LHV_{H_2}}}{\dot{q}_{in,sol} A_{PV}}$$ (3.18)

$$\eta_{ex_{SH}} = \frac{\dot{N}_{H_2} \overline{ex_{H_2}}}{\dot{q}_{in,sol} \left(1 - \frac{T_0}{T_S}\right) A_{PV}}$$ (3.19)

3.4 太阳热能

太阳热能系统采用的是集中太阳能。在这种系统中,热量的利用方式是用作传热工作流体,而以往热量是用来生产蒸汽的。生产出的蒸汽被送入涡轮机中,涡轮机将其转化为机械功,机械能通过发电机转化为电能。从太阳能中提取的热能有很多种应用方式,例如可用于空调、空间加热、干燥、热水、工业过程热、电力和制氢等。

3.5 太阳能集热器

可以通过采用不同的技术利用太阳热能制氢。利用太阳热能制氢最重要的方法就是使用太阳能集热器和太阳能定日镜场获取太阳热能。通过这些途径获取的热能可用于发电过程中的蒸汽动力循环，也可用于制氢过程中的热化学 Cu-Cl 循环。本节内容包括一个使用太阳能集热器发电的示例及一个使用热化学 Cu-Cl 循环制氢的示例。图 3.13 为太阳能集热器制氢系统示意图。太阳能加热的主要优点如下：无限的免费能源、可以轻易把太阳能系统整合到现有系统中、节省成本、运行过程中二氧化碳零排放、减少化石燃料的消耗。

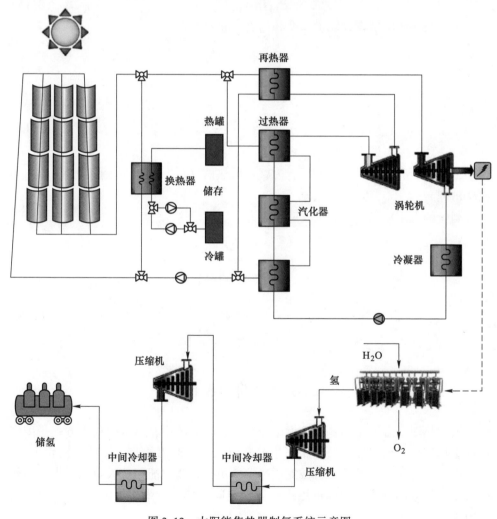

图 3.13 太阳能集热器制氢系统示意图

太阳能集热器的主要特点是以黑色表面吸收太阳光，吸收器表面的涂层设计能够吸收最大量的辐射而反射很少的能量。使用太阳能集热器吸收的能量被传递给工作流体，该工作流体作为热的载体在吸收器表面下方的管中循环。太阳能集热器的主要优点如下：价格低廉、维修和维护成本低、需要的屋顶面积较少、能效高、可与高温加热系统集成到一起。

两种主要类型的太阳能集热器为平板集热器和真空管集热器。

集中后的太阳光光照强度为原来的 70~100 倍，由此可以产生的运行温度为 350~550℃。该技术可用于运行容量为 200MW 及以上的发电厂。在正常运行条件下，太阳能集热器场的设计使得它可以提供的能量超出涡轮机所能提供的最大能量。这就把太阳能运行时间延长到日照时间以外，利用储存的多余能量在太阳辐射不足时段为涡轮机提供所需的能量。

储热技术需要用到两个储罐（冷罐和热罐），每个罐中都装有熔盐，熔盐的作用是用作具有一定热容量的存储介质。换热器用于传递来自集热器流体的热量或者向集热器流体传递热量。泵用于在卸料和装料期间，通过换热器使熔盐从冷罐流向热罐。图 3.13 为太阳能集热器制氢系统示意图，换热器把热量传递给水，并将其转化为蒸汽，用于涡轮机发电。设计系统产生的电力用于 PEM 电解槽制氢。制取的氢还需经过多级压缩和中间冷却器，这有助于在高压下把氢储存在存储装置中。

3.6 光 催 化

光催化分解水是一种人工光合作用的过程，在光电化学电池中发生光催化反应，并利用太阳光把 H_2O 离解为 H_2 和 O_2。理论上，光催化分解水需要催化剂、水和太阳能（光子）。由于全球变暖问题的日益严重，氢作为一种燃料已成为全球研究的热点。为了生产可清洁燃烧的氢燃料，研究人员正在探索和研究光催化分解水的方法。光催化分解水技术利用了自然界存在的可再生资源和水，具有独特的潜力和科学吸引力。顾名思义，光催化分解水就是利用阳光和催化剂通过分解水来制氢。

图 3.14 为光催化分解水制氢过程的示意图。光催化过程包括半导体光催化剂对光的吸收、激发态电荷载流子（空穴和电子）的产生、重组和分离、空穴和电子的迁移、电荷载流子向水中的转移及电荷载流子的捕获。上述所有过程都会通过半导体光催化系统影响到制氢。光/水-催化剂接触界面处的激发电子量有助于确定生成的总氢量。一旦形成了空穴/电子对，电荷分离和重组过程就成为了影响光催化分解水过程效率的两个主要过程。

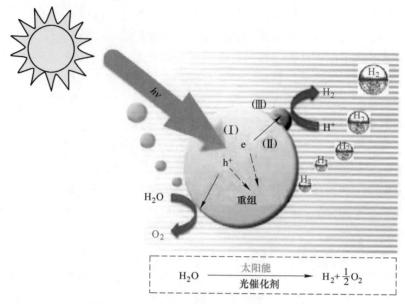

图 3.14　光催化分解水制氢过程示意图[79]

3.7　热　　解

常规水热解是一个单步骤过程，该过程采用温度在 2227℃ 以上的太阳能驱动热源来获得水的合理离解度。在 100kPa（1bar）的压力下，水的合理离解度通常为 9%；在 5kPa（0.05bar）的压力下，水的合理离解度约为 25%。此外，高温还使生成的氧和氢彼此之间保持分离，从而防止爆炸的发生。图 3.15 是太阳热能驱动的制氢常规热解过程示意图。

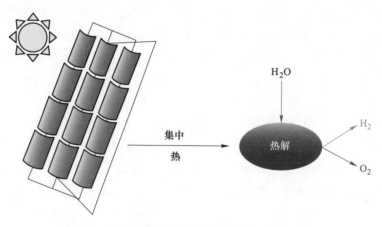

图 3.15　太阳热能驱动的制氢常规热解过程示意图

3.8　太阳能定日镜

使用太阳能定日镜场也可以提取太阳热能。在这种系统中，通过使用传热工作流体，利用热量来产生蒸汽。储热技术需要用到两个大型储罐（冷罐和热罐），每个罐中都装有熔盐，熔盐的作用是用作存储介质，其具有所需的热容量。换热器用于传递来自集热器流体的热量或者向集热器流体传递热量。泵通过放、充操作使熔盐经换热器从冷罐流向热罐。根据图 3.3（a）和（b）所示的各月无特殊天气状况日子的法向直接辐照度，使用以下方程式计算太阳的热输入：

$$\dot{Q}_{\mathrm{solar}} = \eta_{\mathrm{he}} \dot{I}_b A_{\mathrm{he}} N_{\mathrm{he}} \tag{3.20}$$

式中，$\dot{Q}_{\mathrm{solar}}$ 为太阳的热输入；A_{he} 为定日镜面积；N_{he} 为定日镜数量；η_{he} 为定日镜效率；$\dot{I}_b$ 为辐照度。

由辐射系数、传导、反射和对流引起的热损失可以用下面的方程式来表示：

$$\dot{Q}_{\mathrm{em}} = \frac{\varepsilon_{\mathrm{average}} \sigma (T_{\mathrm{CR,Sur}}^4 - T_O^4) A_{\mathrm{SHF}}}{C} \tag{3.21}$$

$$\dot{Q}_{\mathrm{conv}} = \frac{\{[h_{\mathrm{FCI}}(T_{\mathrm{sur}} - T_O)] + [h_{\mathrm{NCI}}(T_{\mathrm{sur}} - T_O)]\} A_{\mathrm{SHF}}}{C \times F_r} \tag{3.22}$$

$$\dot{Q}_{\mathrm{reflec}} = \frac{\dot{Q}_{\mathrm{CR}} F_r \rho}{A_{\mathrm{SHF}}} \tag{3.23}$$

$$\dot{Q}_{\mathrm{cond}} = \frac{(T_{\mathrm{sur}} - T_O) A_{\mathrm{SHF}}}{\left(\dfrac{\vartheta_\mathrm{I}}{\lambda_\mathrm{I}} + \dfrac{1}{h_{\mathrm{air}}}\right) C \times F_r} \tag{3.24}$$

式中，h 为传热系数；$\varepsilon_{\mathrm{average}}$ 为平均辐射系数；h_{FCI}，h_{NCI} 为强制对流隔热和自然对流隔热；λ 为导热系数；σ 为常数，值取 $5.67 \times 10^{-8}\,\mathrm{W/(m^2 \cdot K^4)}$；$F_r$ 为视角系数。

图 3.16 为使用热化学 Cu-Cl 循环的太阳能定日镜制氢系统示意图。

3.8.1　案例研究 3

本节介绍的案例研究是为了探索把太阳能定日镜场与清洁制氢过程中的热化学 Cu-Cl 循环结合到一起的情况，如图 3.16 所示。换热器把热从熔盐传递给水并把水转化为蒸汽。从太阳热能中提取的蒸汽用于清洁制氢过程中的热化学 Cu-Cl 循环。使用 Aspen Plus V11 对设计的案例研究进行了模拟，图 3.17 为利用热化学 Cu-Cl 循环的太阳能定日镜制氢系统的 Aspen Plus 模拟。

3.8.2　太阳能定日镜场

把太阳能定日镜场与设计的系统结合在一起，如图 3.16 所示。把熔盐用作

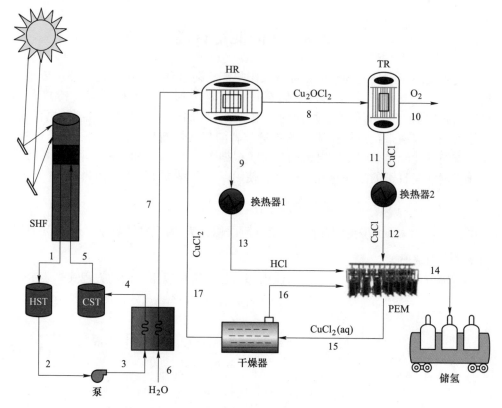

图 3.16 利用热化学 Cu-Cl 循环的太阳能定日镜制氢系统

SHF—太阳能定日镜场；HST—储热罐；CST—储冷罐；HR—水解反应器；TR—热解反应器；PEM—质子交换膜

工作流体，用于吸收太阳能定日镜场的热量，热管理装置可辅助完成通过换热器对蒸汽的供热。把水供给换热器，换热器利用太阳热能把水转化为蒸汽，这部分蒸汽被用于热化学制氢的热化学 Cu-Cl 循环。热化学循环只把工作流体中的水分解为氢和氧，而工作流体中的所有其他成分都在整个系统中循环使用。表 3.5 列出了重要的运行参数。

表 3.5 所设计案例研究中的运行参数

太阳能定日镜设计参数	数值
工作流体	熔盐
太阳辐射强度 i_b /W·m^{-2}	800
定日镜数量 N_{he}	10
定日镜镜面面积/m^2	100
定日镜效率/%	90

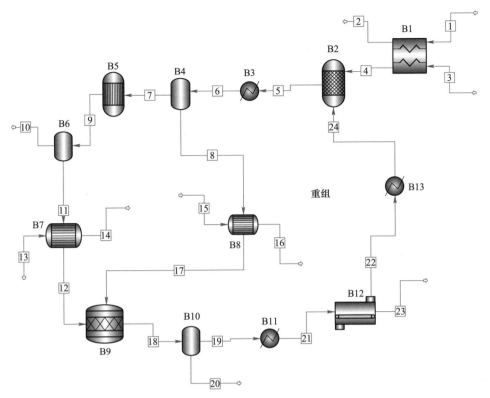

图 3.17 利用热化学 Cu-Cl 循环的太阳能定日镜制氢系统的 Aspen Plus 模拟

采用动态分析方法对入射光束和图 3.3 所示的法向直接辐照度进行了计算。使用这些入射和法向直接辐照度来确定各月无特殊天气状况的日子里每小时的太阳输入热。用于产生太阳热能的太阳定日镜镜面面积为 100m²，共有 10 面镜子，假定太阳能定日镜的效率为 90%。一旦确定了光束的辐射，就可以使用入射光束的辐射（用 I_{beam} 来表示）和太阳能定日镜场的面积（用 A_{SHF} 来表示）通过下面的公式来确定太阳辐射在太阳能定日镜场上的入射情况：

$$\dot{Q}_{\mathrm{PV_{SI}}} = A_{\mathrm{SHF}} \dot{I}_{\mathrm{beam}} \tag{3.25}$$

可使用下面的公式来计算太阳能定日镜场所吸收的太阳热：

$$\dot{Q}_{\mathrm{solar}} = \eta_{\mathrm{he}} \dot{I}_{\mathrm{b}} A_{\mathrm{he}} \tag{3.26}$$

式中，$\dot{Q}_{\mathrm{solar}}$ 为太阳热；A_{he} 为定日镜面积；η_{he} 为定日镜效率；$\dot{I}_{\mathrm{b}}$ 为辐照度。

图 3.18（a）显示了 1—6 月的太阳热输入，图 3.18（b）显示了 7—12 月的太阳热输入。

热化学循环包括四个重要步骤：电解、干燥、水解和热解。在水解反应（B2）中，氯化铜（$CuCl_2$）被水解生成 HCl 气体和 Cu_2OCl_2，Cu_2OCl_2 随后在热

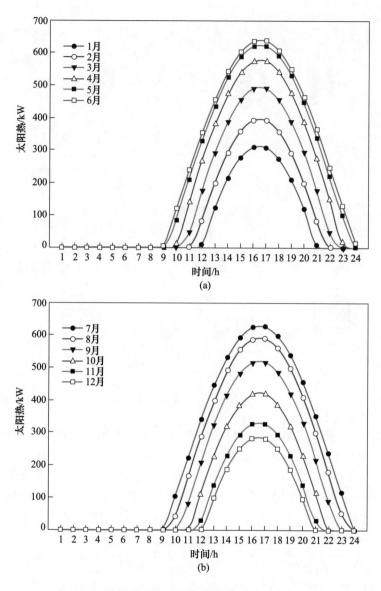

图 3.18 利用入射光束的辐照度计算的太阳热输入
(a) 1—6 月；(b) 7—12 月

解反应器（B5）中分解为氧和氯化亚铜（CuCl）。在电解步骤（B9）中，氧被分离出来，CuCl 与 HCl 气体反应，生成 H_2 及含水 $CuCl_2$。在干燥步骤（B12）中，氢被分离出来，水被从含水 $CuCl_2$ 中除去，然后循环进入水解反应器。以下为每个重要步骤的化学方程式：

$$2CuCl(aq) + 2HCl(aq) \xrightarrow{25℃} H_2(g) + 2CuCl_2(aq) \qquad (3.27)$$

$$CuCl_2(aq) \xrightarrow{80℃} CuCl_2(s) \qquad (3.28)$$

$$2CuCl_2(s) + H_2O(g) \xrightarrow{400℃} Cu_2OCl_2(s) + 2HCl(g) \qquad (3.29)$$

$$Cu_2OCl_2(s) \xrightarrow{500℃} \frac{1}{2}O_2(g) + 2CuCl(l) \qquad (3.30)$$

为了分析采用了 Cu-Cl 循环的热化学制氢中使用的太阳能定日镜场的性能，研究人员进行了几项参数研究。

储罐中使用熔盐来储存热能，热量从熔盐传递给水，然后通过换热器 B1 把水转化为蒸汽。利用熔盐的输入温度和输出温度、蒸汽的输入流量、氯化铜的输入流量等系统主要输入参数探索太阳能热化学循环的性能具有重要意义。图 3.19 显示了质量流量与熔盐输入温度和输出温度之间的关系，可以看出，质量流量随着熔盐输出温度的升高而升高，随着熔盐输入温度的升高而降低。熔盐输入温度和输出温度对质量流量都有显著影响。

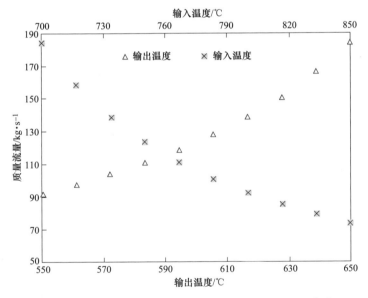

图 3.19　质量流量与熔盐输入和输出温度之间的关系[80]

氯化铜在水解反应中被水解，水是该热化学循环中被消耗的唯一成分，而所有其他成分都在整个系统中循环使用。因此，探索制氢速率与输入参数之间的关系具有重要意义。图 3.20 显示了蒸汽的输入流量和氯化铜的输入流量对热化学制氢的影响，可以看出，制氢流量随着氯化铜输入流量和蒸汽输入流量的增加而增加。蒸汽的输入流量为 0.1~14mol/s，氯化铜的输入流量为 0.2~28mol/s，制氢流量为 0~4.2mol/s。

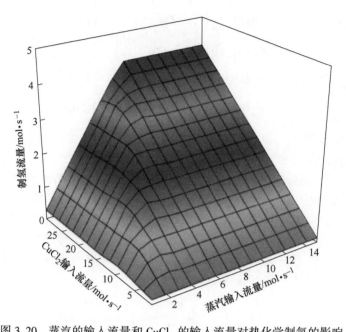

图 3.20 蒸汽的输入流量和 CuCl₂ 的输入流量对热化学制氢的影响

氯化氢气体在 400℃的高温下离开水解反应器，氯化亚铜在 500℃的高温下离开热解反应器，这两种成分被送至在环境温度下运行的电解装置。因此，能够从这两股高温气流中充分回收热量。图 3.21 为蒸汽输入流量对氢流量和氧流量

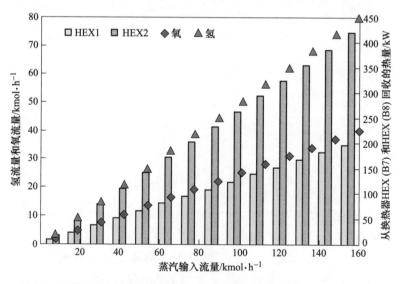

图 3.21 蒸汽输入流量对氢流量、氧流量及对通过换热器 HEX1（B7）
和 HEX2（B8）进行的热回收的影响

的影响，以及对通过换热器 HEX1 （B7） 和 HEX2 （B8） 进行的热回收的影响。蒸汽的输入流量为 0~160kmol/h。它们之间的关系可以这样描述：氢流量和氧流量及通过换热器 B7 和 B8 进行的热回收均随蒸汽输入流量的增加而增加。

3.9 结 论

太阳能是一种规模巨大、无限、清洁的可再生能源。这种一次能源可以直接用于供暖、发电和制氢。虽然天然气重整工艺会产生有害排放物，但这一直是常规的制氢方法。在使用该工艺制氢的过程中不仅会产生温室气体排放，还会导致化石燃料的减少及碳排放税 （根据碳排放足迹征收的税项） 的发生。太阳能资源体量巨大，在 1.5h 内照射到地球表面的阳光量足以满足全球 1 年的能源消耗需求。由于太阳能的间歇性特点，为了满足夜间用电的需求，必须安装储能系统。

利用太阳能制氢有 3 种不同的方法，即太阳能水电解、太阳热能热化学制氢和直接太阳能分解水。所有这些方法都可用于清洁和可持续制氢。使用太阳能资源的优势有很多，例如它是一种可再生能源，可以提供无限的免费能源，基于太阳能的系统与现有系统可以很容易地结合到一起，减少化石燃料的消耗，需要很低的维护成本，二氧化碳零排放，以及可以提供多种应用方式等。

根据制氢所采用的 4 条主要路线对太阳能资源进行了分类。光电化学能和光电子能可直接用于制氢。太阳光伏能发出的电力可用于电解槽分解水。利用太阳能集热器和太阳能定日镜场可提取太阳热能，太阳热能可用于发电过程中的动力循环，进而用电制氢或利用热化学循环直接制氢。利用太阳能制取的氢可用于制造零碳排放的氢燃料电池。在使用太阳能电池板、太阳能集热器或太阳能定日镜场进行制氢、发电的过程中，温室气体排放量为零。

4 风能制氢

风力或风能发电是指利用自然风产生机械功，并将其转化为电能的工艺。所产生的电能可用于如抽水或与发电机集成将机械功转换为电功等日常工作。风力发电是目前全球发展最快的发电方式之一，通过安装风力涡轮机，将空气中蕴含的动能转化为机械能，再利用发电机将机械能转化为电能。风能是一种遍布全球且发展潜力巨大的能源资源，可用于制取清洁、环保的氢气。将由风能转化而来的电能用于电解槽，可以把水分解成氢和氧。

有项研究对加拿大西部的风能驱动制氢工艺进行了分析[81]。传统上，通常使用天然气重整（NGR）制氢，但这会排放大量的温室气体（GHG）。风能驱动制氢系统可以全面消除温室气体足迹，还有助于沥青行业的升级改造。该项研究的目标是开发一个综合的技术经济模型，以分析和评估风能驱动的水电解制氢工艺。研究人员升级改造了现有的 1.8MW 风力发电场，增加了电解制氢功能。研究发现，容量分别为 240kW 和 360kW 的电解槽效果最佳，可提供稳定的电解槽流量。上述电解槽制氢的最低价格分别为 10.15 美元/kg 和 7.55 美元/kg，再加上 0.13 美元/kW·h 的电价补贴和 24% 的回报率，制氢价格与天然气重整基本持平。

一项研究预测了全球范围内风能制氢的应用情况[82]。可以预见的是，类似于太阳能、风能等可再生能源将为未来大规模制氢创造机会。通过在全球范围内使用 2MW 涡轮机来转化风能，并利用每月风速的平均值来预测风力发电量，通过低压电解过程制备氢气，同时利用高压管道输送氢气，风能制氢系统不仅可以提供氢气，还可以为当地供电，实际制氢潜力预计为 116EJ。

另外一项研究对可再生能源在可持续城市交通和制氢方面的作用进行了分析[83]。目前，可再生能源发电厂数量在全球范围内不断增长，氢气作为能源载体和燃料电池、混合动力汽车的燃料，是一种适合中长期存储的解决方案，也是一种无碳解决方案。该项研究旨在利用先前研究提供的模拟结果，对基于可再生能源的初创工厂进行经济评价和环境影响分析。研究选择在意大利南部建设可再生能源驱动的制氢工厂并在厂内使用了容量为 850kW 的风力涡轮机。

另一项研究介绍了一个独立的、可再生能源驱动的制氢系统[84]。将基于太阳能和风能的混合能源系统与相应的储氢系统相结合，是克服间歇性局限的一种理想解决方案。它还包含用于短期和长期储能的设备和燃料电池。该项研究旨在制造具有长期储氢功能的自主可再生能源驱动系统。

还有一项研究提出了一种适用于大规模弃风情况下的风能驱动储氢系统模型[45]。风力发电规模的迅猛增长导致一些风电遭弃现象严重，因此，使用大容量的储能技术来应对这一挑战已势在必行。该研究考虑了全年的实时数据（10min 平均值），发布了一种新的基于弃风电量的制氢和储氢集成模型。在该项研究中，对使用水电解的风能驱动制氢的两种场景进行了模拟，并确定了水电解对投资回收期和氢气价格的影响及模型的有效性。

本章主要介绍基于风能的制氢方法及其应用，主要涵盖了基本概念、工作原理、风力涡轮机类型、运行条件和相关细节等。此外还提供了说明性的示例和案例研究，以更好地证明风能制氢工艺的重要性。

4.1 风能的工作原理和优势

转子位于塔顶，其重要部件是风力涡轮机叶片。风力涡轮机叶片与水平轴相连，而水平轴连接着位于机舱中的发电机。风力涡轮机的基本工作原理是利用空气动能来产生电能。空气动能以旋转动能的形式促使风力涡轮机产生旋转产生机械能，再通过安装在风力涡轮机内部的发电机将机械能转换为电能。风力涡轮机产生的电能是交流电（AC），可通过 AC/DC 转换器将其转换为直流电（DC）。

对于风力涡轮机，Alber Betz（德国物理学家）于 1919 年建立了贝茨极限，规定了最大理论效率。Betz 发现，在理想情况下，风力涡轮机利用风力发电的最高效率为 59.3%。

风使叶片旋转，然后利用旋转产生电能。当风力涡轮机的叶片开始旋转时，位于机舱中的变速箱被激活以驱动发电机发电，产生的电力通过电网提供给消费者。发电量主要取决于风速、风扫过的叶片面积、空气密度三个重要因素。

风力涡轮机利用空气动能，并将其转化为涡轮机叶片的旋转运动，再将其产生的机械能通过发电机转化为电能。产生的电力可接入电网，直接输送给用户。

与商业发电（比如天然气和燃煤发电厂）所用的化石燃料不同，风能是清洁能源，不会污染空气，整个过程不会出现任何可能导致温室气体排放或酸雨的问题。风力发电主要具有以下优点：较好的成本效益、拉动行业发展、创造就业机会、具有市场竞争力、可安装在现有的风力发电场、是一种清洁燃料来源、可供家庭使用、且可持续。

小型风力涡轮机提供了一种经济高效的方式来生产可再生电力，满足家庭用电需求。然而，由于部分原因，一些家庭住宅可能不适合安装风力涡轮机。例如，风力涡轮机需要安装在多风的地方，以产生足够的电力供家庭使用证明其值得投资。

　　风力涡轮机通常安装在住宅、商业、社区、农业和工业等场所附近，容量范围从 5kW（安装在家中）到数兆瓦级（安装在制造设施现场）不等。安装在住宅附近的风力发电机的容量范围一般为 1~10kW，但也有可能超过此范围。刮风期间，安装的风力涡轮机可以产生更多电能，这些多余的电能可以被计量并输送回配电网，供电网用户使用。以下是有关风能的一些事实：风力发电利用空气动能转动涡轮机，将风能转换为其他有用的能源形式；可以采用不同的方式来转化风能；风车起源于波斯，从公元前 200 年就开始使用了；风能是可再生和清洁的能源。

　　风力发电具有诸多优势，这也解释了为什么风能是全球增长最快的能源之一。当前的研究工作旨在解决与风能相关的技术挑战。尽管与传统发电厂相比，风力发电厂对环境的影响较小，但涡轮叶片产生的噪声和环境视觉影响也带来了一些挑战。风力发电的显著优势主要如下：（1）风力发电不会造成环境污染，因为它是一种使用涡轮机发电的绿色能源；（2）风力发电潜力巨大，预计可达到全球总人口电量需求的 20 倍左右；（3）风能被归类为可再生能源，不可能耗尽，因为它源于太阳；（4）风力涡轮机也很节省空间，最大容量的风力涡轮机可为 600 个美国家庭提供电力；（5）水平轴涡轮机效率较高，可将 40%~50% 的风能转化为电能；（6）风力发电仅占全球发电总量的 2.5% 左右，但有望以每年 25% 的速度持续增长；（7）自 1980 年以来，风能价格已经下降了近 80%，而且预计还会进一步下降；（8）风力发电的运行成本较低；（9）风能的潜力是巨大的，因为安装在住宅区的风力涡轮机不受断电影响，并且可以大幅节省能源。

　　在全球范围内，风能的消耗量正在大幅增加。图 4.1 为世界各地的风能消耗

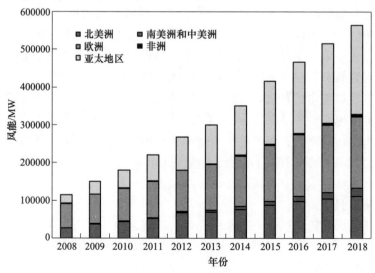

图 4.1　世界各地的风能消耗量[48]

量。从 2008 年到 2018 年，包括北美洲、南美洲和中美洲、欧洲、英联邦国家、中东、非洲和亚太地区在内的世界所有地区，风能资源消耗量均呈现出持续而显著的增长。2008—2018 年，北美洲地区的风能消耗量从 27088MW 增加到 111987MW，南美洲和中美洲地区的风能消耗量从 613MW 增加到 20388MW，欧洲地区的风能消耗量从 64227MW 增加到 190118MW，英联邦国家的风能消耗量从 13MW 增加到 196MW，中东地区的风能消耗量从 72MW 增加到 612MW，非洲地区的风能消耗量从 552MW 增加到 5464MW，亚太地区的风能消耗量从 22798MW 增加到 235584MW。

4.2 风力涡轮机的类型

根据安装的地理位置，风力涡轮机主要分为陆上风机和海上风机两种类型。在设计方面，风力涡轮机主要分为水平轴风力涡轮机和垂直轴风力涡轮机两种类型。

水平轴风力涡轮机的特点是包含一个水平轴螺旋桨，该螺旋桨由 3 个面朝风向的叶片组成，而垂直轴风力涡轮机则由一组通过垂直轴旋转的叶片构成。

4.2.1 水平轴风力涡轮机

水平轴风力涡轮机包括一个主转轴，以及一个位于塔架顶的发电机（面朝风向）。小型涡轮机通常使用风向标来指示方向，而大型涡轮机通常使用风传感器。

水平轴涡轮机由一组类似于飞机螺旋桨的叶片组成，一组叶片通常包括 3 个叶片。体积最大的水平轴风力涡轮机的高度与 20 层建筑相当，叶片长度可达 30.48m（100ft）或更大。带有大叶片的涡轮机高度越高，产生的电力就越多。目前，几乎所有的风力涡轮机都是水平轴风力涡轮机。水平轴涡轮机作为最常见的涡轮机，具有以下诸多特性：

（1）桨距可变，可为涡轮叶片提供最优攻角。通过允许远程访问和调整攻角提供了卓越的叶片控制能力。因此，涡轮机在一天和不同季节的所有时间段均能采集到最大的风能。

（2）塔架的基座越高，风切变场暴露在强风中的可能性就越大。在风切变场，高度升高 10m，可使风速提高 20%，输出功率提高 34%。

（3）水平轴风力涡轮机的转化效率较高，原因是叶片可以垂直于风向连续旋转，在整个旋转过程中都可以产生电力。相比之下，垂直轴风力涡轮机会进行大量往复运动，并且需要一个叶片的翼面逆风而行，这将导致整体转化效率降低。

（4）叶片和杆高度的增加，给运输和安装带来了新的技术挑战。运输和安装成本约占设备总成本的 20%。加固的塔架结构必须支撑重型叶片、发电机和变速箱。

水平轴涡轮机具有以下四个显著优势：

（1）高输出功率。根据使用情况，水平轴涡轮机通常可提供 2~8MW 的容量，输出功率主要受风力涡轮机功率、叶片和风速大小的影响。一台容量为 2.5~3MW 的常规陆上风力涡轮机，每年能生产大约 600 万千瓦时的电力，可满足 1500 户家庭的用电需求。

（2）高转化效率。任何形式的能量转换都会发生能量损失。提高能量转换效率是风力发电行业发展面临的最大挑战和重点任务之一。目前，水平轴涡轮机的转化效率很高，可将 40%~50% 的风能转化为电能。

（3）高可靠性。几十年来，针对水平轴涡轮机的研究和进步已经逐步成熟，并且它已成为风力涡轮机的主要应用类型。伴随着水平轴涡轮机的广泛应用，现有市场产品的可靠性也得到了更为深入彻底的研究。

（4）高运行风速。由于转子的安装高度较高，水平轴涡轮机可利用更大的风速来生产电力，这表明水平轴涡轮机在高风速条件下运行有助于实现最佳性能。并且，这样的高度提供了相对稳定的气流，有力支持了涡轮机提供输出功率的高一致性。

4.2.2　垂直轴风力涡轮机

垂直轴风力涡轮机利用连接到垂直转子底部和顶部的叶片来收集风能。Darrieus 风力涡轮机是最常见的垂直轴涡轮机类型，以法国工程师 Georges Darrieus 的名字命名，Georges Darrieus 早在 1931 年就发表了一项相关专利，该涡轮机看起来像一个双叶片巨型打蛋器。部分垂直轴涡轮机宽度可达 15.24m（50ft）、高度可达 30.48m（100ft）。与水平轴涡轮机相比，垂直轴涡轮机的性能较低，因此目前使用的垂直轴涡轮机数量并不多。

尽管与水平轴涡轮机相比，垂直轴风力涡轮机的能量转换效率较低，但它仍然可以用于发电，并且在应用方面更为灵活。垂直轴涡轮机更适合用于空间有限的情况，并且维护风险和难度较小。空气流过风力涡轮机叶片的空气，产生驱动发电机的旋转动量，这导致与水平轴涡轮转子相比，垂直轴涡轮转子的效率较低。垂直轴风力涡轮机既有优点也有缺点，其优点主要如下：

（1）与叶片装置水平放置的涡轮机相比，垂直轴风力涡轮机使用的部件更少，这意味着更少的部件会受到损坏。同样，由于发电机和变速箱靠近地面，因此塔架的支撑强度不需要太大。

（2）涡轮不需要正面面对风向。在垂直轴涡轮系统中，通过任何速度或方向的气流都能使叶片产生旋转。因此，垂直轴涡轮机被用于阵风条件下发电。

（3）维修工人不需要爬到很高的高度，如塔架顶端进行作业，从而确保工人的安全。垂直轴涡轮机的一些重要部件距离地面更近，针对重要部件（如变速箱、发电机）及系统大部分电气和机械部件的维护工作，不需要随风机体积的增大而相应增加，因为上述部件没有安装在塔架顶部。此外，也不需要攀爬装备和起重设备。

（4）垂直轴涡轮机的设计可以按比例缩小，甚至可以安装在城市屋顶。城市中可能没有其他可再生能源技术的发展空间，但垂直轴涡轮机为传统的油气能源提供了一个可行的替代品。

垂直轴涡轮机的其他优点主要包括：与水平轴涡轮机相比，制造成本更低、安装更为方便；可轻松便捷地运输到部署地点，运输成本更低；低速旋转的叶片降低了对鸟类造成的危害；适应任何风向，可在极端天气条件下运行；适用于禁止高建筑物的场所；与水平轴涡轮机相比，产生的噪声更低。

垂直轴涡轮机更适合密集的阵列部署。与水平轴涡轮相比，垂直轴涡轮长度大约为其1/10，可以通过分组排布产生湍流来加强叶片周围的气流，风速的增加进而导致发电功率上升。低重心证明了垂直轴涡轮机在海上设施中的适用性。

垂直设计允许风力涡轮机相互靠近安装，这是垂直轴涡轮机的显著优势之一。垂直轴涡轮机组不用分开安装，因此，它们不需要很大的占地面积。而水平轴涡轮机之间相距较近时会产生湍流并导致风速降低，这也会影响相邻机组的发电效率。

垂直轴涡轮的所有叶片不能同时产生扭矩，这限制了垂直轴涡轮系统的发电效率，并且叶片在某些位置会产生阻力。即使垂直轴涡轮机可以在阵风中运行，叶片在旋转时也面临更大的阻力，但这种情况并非一直存在。低动态稳定性问题和初始扭矩限制了涡轮机在不同条件下的功能。

垂直轴风力涡轮机通常安装在离地面较近的位置。因此，这种涡轮机往往无法利用高处的较高风速来发电。如果设计者偏向于使用直立结构，则垂直轴涡轮机的安装难度更大。尽管如此，将垂直轴涡轮系统安装在地面或建筑物顶部等位置是较为常见和实用的。

风力涡轮机安装引起的振动和噪声有时也会成为一个难题。地面或较低层的空气流动会加剧湍流并造成振动增加，这可能会使轴承受损。这个问题可能会导致需要更多的维护作业，从而增加与之相关的成本。在先前的设计模型中，叶片存在开裂和弯曲的倾向，这可能会导致涡轮机失效。

尽管与水平轴涡轮机相比，垂直轴风力涡轮机产生的电能较小，但它仍然可以用于发电，并且可以根据实际应用灵活安装。垂直轴涡轮机更适合用于空间有限的情况，并且维护风险和难度更小。这种垂直轴涡轮机设计大多是小规模安装在特定城区。在提高垂直轴涡轮机发电效率和提升其在不同应用中的效果方面，现有技术仍有潜力和改进空间。附表 4 显示了 1980—2018 年，全球风能消耗量和装机容量，从表中可以看出，所列数据呈现出逐年递增的趋势。

垂直轴风力涡轮机的缺点主要如下：

（1）旋转效率低。垂直轴涡轮机的旋转效率较低。转子设计不支持垂直轴转子上的所有叶片收集风能，面对风向的叶片只有在顺风时才会被风驱动。垂直轴转子在旋转过程中也面临更多的气动阻力或拖拽力。这种现象只存在于 Savonius 型风力涡轮机，因为它们的叶片表面更宽。

（2）可用风速低。由于垂直轴涡轮机通常是安装在较低的水平面上，因此无法利用高水平面的高速风能来产生电力。因此，通常使用垂直轴涡轮机来转化低速风能。这类问题可以通过在建筑物屋顶上安装涡轮机或改进转子设计并将其安装在磁极顶部来解决。先进的转子设计，将磁极和转子安装在 10m 的高度位置，然后将电子元件和发电机安装在 4m 的高度位置。

（3）零件磨损。由于垂直轴涡轮机通常安装在人口密集的地面环境中，因此它们面临着更大的振动和湍流问题。在运行过程中，该设计不仅需要叶片承受更大的压力，而且要求磁极和转子之间的轴承承受较高的压力。在先前的设计模型中，叶片很可能会开裂或弯曲，这会增加维护作业从而增加成本。为了加固垂直轴涡轮机，在制造和设计阶段考虑了磨损计算。专门设计的 LuvSide 型垂直轴涡轮机足够坚固，可以承受与强热带风暴相当的高风速。

（4）低效率。与水平轴涡轮机相比，垂直轴涡轮机的能量转化效率较低，这归因于此类涡轮机的设计和运行特点。通常，水平轴风力涡轮机的转化效率通常为 40%～50%，这意味着涡轮机可将 40%～50% 的动能转化为实际功率。相反，一种特殊类型的 Savonius 型垂直轴涡轮机只能提供 10%～17% 的转化效率，而 Darrieus 型垂直轴涡轮机可以提供 30%～40% 的转化效率。尽管如此，只要提供合适的环境，Savonius 型垂直轴风力涡轮机依然可以产生足够的电力，来满足正常的两人家庭用电需求。

（5）自启动机制。水平轴和 Savonius 型风力涡轮机在接收风能时，具有自启动特性，但 Darrieus 型风力涡轮机通常依赖于启动机构，并且这种启动机构是必需的，因为 Darrieus 型风力涡轮机的叶片翼型设计并不能总是通过引导风向来产生足够的扭矩使叶片旋转。目前，这是垂直轴涡轮机面临的最大技术挑战。

4.2.3 陆上和海上风力涡轮机

根据安装位置的不同，风力发电分为陆上和海上两种不同形式。

陆上风电场主要设置在陆上区域，包括城市和农村地区，海上（水上）风电场主要设在海上区域，比如海洋、大海、河流、湖泊、大坝和瀑布等。陆上风力涡轮机利用风能，促进大叶片旋转并驱动发电机进行发电，发电机与变速箱均安装在塔架顶部、叶片后部。陆上风力发电是发展速度最快的可再生能源公用事业级技术之一。

与陆上风力涡轮机相比，海上风力涡轮机的风向和风速更为可靠、更为稳定，因此，风能转化效率也更高。如果生产相同的电量，海上涡轮机比陆上涡轮机需要的数量更少。即使在靠近主要沿海电力负荷中心的地区，海上风力也是充足的。风流过涡轮叶片（通常设计为翼形），带动叶片产生旋转。翼形风力涡轮机叶片与驱动轴相连接，驱动轴带动发电机运转，产生电力。

陆上风力涡轮机的显著特点有：

（1）陆地风力发电场通常安装在动物不常栖息或保护价值较低的区域。

（2）与海上风力涡轮机相比，通过陆上风力涡轮机传输电力所需的基础设施要少得多，因此用户和发电机之间的电压下降也更小。

（3）与海上风力涡轮机相比，陆上风力涡轮机的安装更快捷，重要的运输和安装参数及其他附加因素会影响投资总成本。陆上风力涡轮机的安装成本低于海上风力涡轮机。

（4）经过科学验证，陆上风力涡轮机所受的磨损更小，因为陆上安装区域的水分腐蚀非常小。因此，与海上风电场相比，陆上技术的维护成本更低。

陆上风力涡轮机的部分缺点如下：风力涡轮机可能会给公众造成视觉影响；噪声是另一个与风力涡轮机相关的次要问题；与海上风速相比，陆上风速是不可预测的且陆上风向变化更为频繁。通常，涡轮机经过优化设计后可以在最大发电风速条件下运行，但由于陆上风速的不连续性，可能会导致风能转化效率受到限制。

海上风力涡轮机的显著特点有：

（1）海上风力发电场通常建立和安装在可提供高风速的水域。

（2）近海地区的风速更高，从而为生产更多电力提供了空间。

（3）海上风力发电场不受物理方面的限制，通常不存在如建筑或山丘等可能会导致风流堵塞的限制条件。

（4）由于风力涡轮机经过优化设计，可在最大发电风速条件下运行，并且海上区域提供的风向和风速是连续的，从而提供了更为高效和可靠的能源。

（5）海上风力发电场可以建设得更高，以获取更多的电力。

（6）由于海上风力发电场安装在海上区域，因此噪声对人类影响往往微乎其微。

（7）海上风电场不占用、限制或干扰土地使用。

（8）海上风能甚至可能有助于海洋生态系统的保护。实际研究表明，海上风力发电场通过缩小特定水域的可达性和增加人工栖息地，为海洋生物提供了保护。

然而，与陆上风力发电场相比，由于复杂的物流程序和更庞大的塔架安装结构，建设海上风力发电厂需要更多的资金。海上风力涡轮机的部分缺点如下：

（1）一般来说，海上风电场的塔架和维护费用比同等规模的陆上风电场高20%，而建设海上风电场所需的费用约为陆上风电场的2.5倍。

（2）与陆上相比，海上安装、建设和接入电网的成本也要高得多。

（3）设施建成后，海上设施的维护和运营成本也更高。即使采取了减少腐蚀影响的措施，但仍需要进一步承担因海水引起的维护工作，而这对陆上设计来说则没有必要。任何海上设施的维护负担都十分巨大，其中包括一架满载训练有素的技术人员的直升机，重要的维护还需要租赁费用高昂的自升式钻井平台。

全球风力发电量正在大幅增加，图4.2为世界不同地区的风力发电量。从2000年到2018年，包括加拿大、中国、印度、英国和美国在内的世界不同地区，均可以看出风力发电量呈现持续而显著的增加。2000—2018年，加拿大的风力发电量从0.264GW·h增加到32.17GW·h，中国的风力发电量从0.589GW·h增加到366GW·h，印度的风力发电量从1.582GW·h增加到60.311GW·h，英国的风力发电量从0.946GW·h增加到57.116GW·h，美国的风力发电量从5.65GW·h增加到277.729GW·h。

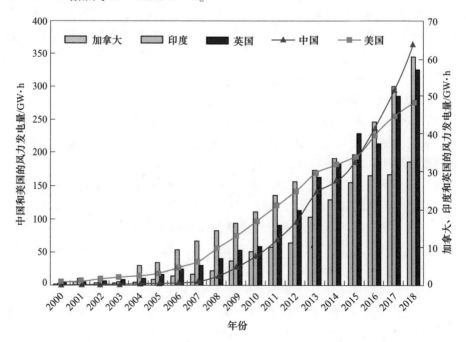

图4.2 世界不同地区的风力发电量[48]

4.3 风力涡轮机的配置

设计风力涡轮机，是定义风力涡轮机利用风能发电所遵循的形式、规格和方法的过程。风机系统包含用于捕获风能、引导涡轮机顺应风力方向、将机械功转换为电的系统和结构，以及用于启动、控制和停止系统的控制面板。

此外，除了叶片的气动设计，完整的风力涡轮机系统设计还包括了控制、轮毂、发电机、底座和支撑结构的设计。随着风机系统与电网的集成，设计难度也随之增加。图4.3显示了包含重要部件的风力涡轮机配置。风力涡轮机的重要部件包括：底座、接入电网、塔架、通道竖梯、风向偏航控制、机舱、发电机、风速计、电动或机械制动、变速箱、转子叶片、桨距控制、转子轮毂。

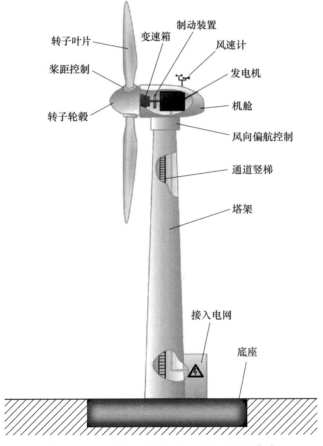

图 4.3　包含重要部件的风力涡轮机配置[85]

风力涡轮机叶片与水平轴相连，水平轴连接到位于机舱的发电机。风力涡轮机的基本工作原理是利用空气动能来产生电能。空气动能以旋转动能的形式，促使风力涡轮机产生旋转，再利用旋转的风力涡轮机产生机械能，进而通过安装在风力涡轮机内部的发电机，将机械能转换为电能。风力涡轮机产生的电能是交流电（AC），可通过 AC/DC 转换器将其转换为直流电（DC）。风能是一种很有前景、遍布全球且可用于生产清洁氢气的能源。风能产生的电能可用于电解槽生产氢气。下文介绍了风力涡轮机的重要组件。

（1）风速计。利用风速计每隔一段时间测量风速，并与控制器通信，以提供风速数据。

（2）叶片。当风吹过叶片时，叶片被提升和旋转，并带动转子产生旋转运动。风力涡轮机由 2 个或 3 个叶片组成。

（3）制动装置。制动装置用于紧急情况下，以电动、机械或液压方式停止转子。

（4）控制器。控制器通常设计在 12.9～25.7km/h（8～16mile/h）范围内（最佳风速）启动机构，并在 88.5km/h（55mile/h）左右关闭机构。涡轮机不适合在风速大于 88.5km/h（55mile/h）的条件下运转，因为风速过大，可能会对设备造成损坏。

（5）变速箱。变速箱连接低速轴和高速轴，在将转速从 30～60r/min 提高到 1000～1800r/min 的过程中发挥着至关重要的作用，这是发电机运行所必需的转速。变速箱是一种大型且昂贵的风力涡轮机部件，研究人员正在研究一种直接驱动型发电机，以避免在低转速条件下使用变速箱。

（6）发电机。发电机用于产生频率为 60Hz 的交流电，并根据实际需要转换为直流电。

（7）高速轴。利用高速轴驱动发电机。

（8）低速轴。低速轴以 30～60r/min 的转速运行。

（9）机舱。发动机机舱安装在塔架顶部，用于承载变速箱及低速和高速轴、控制器、发电机和制动装置。一些机舱的设计体积巨大，可以直接降落直升机。

（10）变桨系统。变桨系统可以随风改变叶片角度以控制叶轮转速，在风速过高时使叶轮停转，同时防止叶轮在风速过低时无法发电。

（11）叶轮。叶轮是叶片和轮毂的组合，是重要的机械部件。

（12）塔架。塔架采用钢管、钢格或混凝土制造，用来支撑涡轮结构。由于风速随着高度的增加而增加，塔架越高，涡轮机就能转化更多的风能，进而产生更多的电能。

（13）风向标。风向标用于检测风向，并与偏航驱动器通信，以根据风向调整和定位涡轮机。

（14）偏航电机。偏航电机为偏航驱动提供动力。

（15）偏航驱动器。利用偏航驱动来定位逆风涡轮机，使其在风向变化期间始终面朝风向。顺风涡轮机不需要偏航驱动，因为风可以使叶轮转至顺风方位。

4.4 风能制氢技术

风能是一种丰富的发电资源，但具有周期间歇性的特点。因此，必须利用每月无特殊天气状况的风速数据，对风能动力进行动态分析。风能产生的电力可直接用于水电解制氢工艺，产生的氢气可用于多种用途，如为混合动力和电动汽车提供燃料，用于燃烧、制热、作为燃料储存起来，以在低风速期间利用燃料电池供电。

风力发电是指利用自然风产生机械功，并将其转化为电能的过程。所产生的电能可用于各种常见用途，如抽水，或者水电解制氢工艺。风能发电是目前全球发展速度最快的发电方式之一。风能是一种遍布全球，并且具有很大潜力的能源，可用于生产清洁和环保的氢气。将由风能转化而来的电能用于电解槽，可把水分解成氢和氧。

风能制氢是一种有利且有前景的技术工艺，可以生产清洁、环保的氢气，有助于减少温室气体排放。因此，在考虑地理、气象和技术方面的限制后，可以预测利用风能制氢在减少化石燃料使用方面的潜力。

图 4.4 为风能制氢的具体步骤。风首先到达风力涡轮机，风力涡轮机利用空气动能产生旋转能量。一旦涡轮开始旋转，空气动能就转化为机械能。带有变速箱的发电机位于机舱内，可将机械能转换为电能。风力涡轮机产生的电流形式为交流电，可通过 AC/DC 变换器转换成直流电。经过转换后的直流电可用于水电解工艺，以产生清洁氢气。

通常，需要 41.4kW·h 的电力，外加 8L 水，才能生产 1kg 氢气，即 149MJ/kg 氢气。这是一种高效的电解工艺，因为氢气提供了 141.8MJ/kg 的能量。当电解工艺转换效率为 100% 时，生产 1kg 氢气需要 39kW·h 的电力，再考虑到电解过程的不可逆性和能量损失，因此，现有设备生产 1kg 氢气，需要 48kW·h 的电力。所以，当电力成本为 0.05 美元/kW·h 时，电解工艺的总成本为 2.4 美元/kg。

利用风能资源产生的氢气可以储存起来，且应用范围很广。第 1 章详细讨论了不同的储氢方法。氢燃料电池通过氧原子和氢原子结合的反应过程来生产电力。在电化学电池中，氢原子与氧原子发生类似氢燃料电池的反应，产生电、热和水。第 1 章介绍并讨论了针对不同应用的不同燃料电池类型。

除了帮助满足电力需求，在减少温室气体排放方面，风力发电也发挥着重要

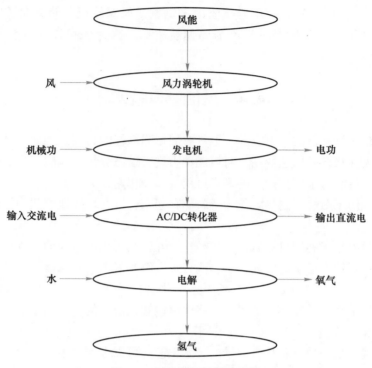

图 4.4 风能制氢的具体步骤

作用。图 4.5 为风能驱动制氢系统。风力发电产生的电能流过控制器。在高风速和低风速期间，可以使用控制器来控制发电功率。风力涡轮机产生的电能是交流电，可通过 AC/DC 转换器将其转换为直流电。经过转换后的直流电可用于水的电解工艺，以产生清洁氢气。水经过电解后，通过压缩机将氢气以适当的压力进行压缩储存。

4.4.1 风力涡轮机的热力学分析

在发表的一篇关于风力涡轮机热力学分析的文献中，研究者采纳了用于表征风力涡轮机的热力学模型方程[86]。该研究采用 Osczevski 方法[87]，表征了风寒计算公式。JAG/TI 关系方程利用科学、计算机和技术建模的进步，提供了一个精确、实用且易于理解的公式，来计算由于冰点温度和冬季寒风造成的风险和危害。此外，通过科学的试验和结果论证，提高了公式的准确性，具体如下：

$$T_{wind} = 35.74 + 0.6215T_{air} - 35.75v^{0.16} + 0.4274T_{air}v^{0.16} \qquad (4.1)$$

式中，v 为风速，m/h；T_{wind} 为风寒温度，℉，华氏度=32+摄氏度×1.8。

4.4.1.1 能量分析

风能 E 代表风速为 v 时的空气动能。质量难以量化，因此，使用密度 $\rho = \dfrac{m}{V}$

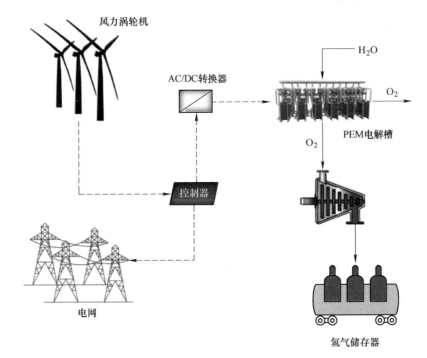

图 4.5 风能驱动制氢系统

的体积方法来表征。水平长度和横截面积与体积的关系，可用表达式 $V = AL$ 来表征。物理上，水平长度 $L = vt$，因此，风能表达式可以表示为：

$$E = \frac{1}{2}\rho Atv^3 \qquad (4.2)$$

在这里，Betz 应用了由 Froude 建立的用于船舶螺旋桨的风车动量理论[88]。在该项研究工作中，流过风车的风阻可分为风流经风车风轮的前后两个阶段。单位时间内流过风轮的空气质量，动量变化率为 $m(v_1 - v_2)$，相当于产生的推力。吸收的功率可以表示为：

$$P = m(v_1 - v_2)\bar{v} \qquad (4.3)$$

式中，v_1 为逆风速度；v_2 为距风轮较远处的顺风速度。

风的动能变化率可以表示为：

$$E_{K.E} = \frac{1}{2}m(v_1^2 - v_2^2) \qquad (4.4)$$

后面两个方程表示风轮前后的风阻，分别用 $v_1 - \bar{v}$ 和 $\bar{v} - v_2$ 表示，假设为轴向风速且在区域内保持匀速，则两式应相等。因此，风轮功率可以表示为：

$$\dot{P} = \rho A\bar{v}(v_1 - v_2)\bar{v} \qquad (4.5)$$

此外

$$\dot{P} = \rho A \bar{v}(v_1 - v_2)\bar{v} = \rho A \left(\frac{v_1 - v_2}{2}\right)^2 (v_1 - v_2) \tag{4.6}$$

$$\dot{P} = \rho \frac{A v_1^3}{4}[(1 + \alpha)(1 - \alpha^2)] \tag{4.7}$$

其中
$$\alpha = \frac{v_2}{v_1}$$

在经过必要的数学处理后，可知 $\alpha = \frac{1}{3}$（表示最终风速为逆风速度的 $\frac{1}{3}$）时产生的功率最大。

4.4.1.2 㶲分析

㶲分析是一种利用热力学第二定律及质量和能量守恒原理来分析、设计和改进能源系统的方法。㶲的定义是：系统或能量或物质流达到参考环境下的平衡状态时所能做的最大功。与能量不同，㶲不受守恒定律的约束（除了极少的可逆或理想过程外）。相对而言，㶲是由于过程的不可逆性而被损坏或消耗的。㶲在过程中的消耗量与熵的增加成比例关系，而且伴随着过程不可逆性。㶲值量化了在任何真实过程中损失或破坏的能量。

进行㶲分析必须指定参考环境条件（包括特定环境化学成分、温度和压力）。在大多数应用中，㶲分析结果适用于根据当地实际环境建立的特定参考环境。在参考环境条件下，处于平衡状态的系统㶲值为零，据此得出了在特定环境影响下环境参数与㶲之间的内在关系。

能量和㶲平衡的通用方程可以表示为：

$$\sum_{in} (h + K.E + P.E)_{in} \dot{m}_{in} - \sum_{out} (h + K.E + P.E)_{out} \dot{m}_{out} + \sum_{uc} Q_{uc} - W = 0 \tag{4.8}$$

$$\sum_{in} ex_{in} \dot{m}_{in} - \sum_{out} ex_{out} \dot{m}_{out} + \sum_{r} Ex^Q - Ex^W - Ex_d = 0 \tag{4.9}$$

式中，$\dot{m}_{in}$ 为输入质量流量；$\dot{m}_{out}$ 为输出质量流量；Q_{uc} 为在考虑的系统区域边界内，进入系统的热传递量；W 为从系统传递的功；Ex^Q 为与 Q_{uc} 相关的㶲传递量；Ex^W 为与 W 和 $P.E$、$K.E$、h、ex 相关的㶲，分别表示势能、动能、焓和㶲的具体值。

值得注意的是，不可逆过程的㶲消耗量大于零，而可逆过程等于零。

对于封闭系统：

$$\dot{m}_{in} = \dot{m}_{out} = 0 \tag{4.10}$$

式（4.8）和式（4.9）可以简化为：

$$\sum_{uc} Q_{uc} - W = 0 \tag{4.11}$$

$$\sum_{\mathrm{r}} Ex^Q - Ex^W - I = 0 \qquad (4.12)$$

式中，I 为系统㶲消耗量。

为了表示流动物质流的㶲，可以考虑使用 j 种化学成分为 μ_j、温度为 T、压力为 P、质量为 m、质量分数为 x_j、比焓为 h、比熵为 s 的物质流。平衡环境状态在 P_0、T_0 和 μ_{j00} 处具有强度性质。如果环境体积足够大，则它受任何系统相互作用的影响可以忽略不计。基于上述考虑，特定流动物质的㶲可以表示为：

$$ex_{\mathrm{ph}} = K.E + P.E + (h - h_0) - T_0(s - s_0) \qquad (4.13)$$

$$ex_{\mathrm{ch}} = K.E + P.E + \left[\sum_j (\mu_{j0} - \mu_{j00})x_j\right] \qquad (4.14)$$

物理和化学㶲的表达式可以表示为：

$$ex = ex_{\mathrm{ph}} + ex_{\mathrm{ch}} \qquad (4.15)$$

$$ex = K.E + P.E + (h - h_0) - T_0(s - s_0) + \sum_j (\mu_{j0} - \mu_{j00})x_j \qquad (4.16)$$

请注意，如果 $K.E = P.E = 0$，则物理㶲表达式变为 $(h - h_0) - T_0(s - s_0)$，表示系统由初始状态变化到环境状态所能做的最大有用功；化学㶲表达式变为 $\sum_j (\mu_{j0} - \mu_{j00})x_j$，表示系统从环境状态进入停滞状态所能做的最大有用功。

风能㶲可使用以下风能表达式简单地计算，因为它不含任何化学和热力学成分。

$$Ex^W = W \qquad (4.17)$$

为了量化由于过程的不可逆性所导致的㶲消耗量，使用了以下表达式：

$$I = T_0 S_{\mathrm{gen}} \qquad (4.18)$$

风能是一种丰富的发电资源，但具有间歇性的特点，因此必须对风力进行动态分析，以确定不同时间阶段的风力发电量。考虑地理位置经纬度、风力涡轮机面积、比热容、风力涡轮机数量和风力涡轮机效率等设计参数，进行风能的动态模拟。基于每月无特殊天气状况平均天数的风力数据（见表 3.1），开展动态分析，见表 4.1。

表 4.1　风力发电场风能动态模拟设计参数[89]

参数	数值
地理位置经纬度	加拿大多伦多市 纬度 = 43.85°N 经度 = 49.38°W
比热容	0.49
面积/m²	1200
涡轮机效率/%	45
涡轮机数量/台	10

利用空气密度、风速、比热容、横截面积、涡轮机数量和涡轮机效率等参数，来计算风力涡轮机的发电量，具体表达式如下：

$$\dot{E}_{\text{out,WT}} = \frac{1}{2} \rho A_{\text{T}} \eta_{\text{gen}} v^3 c_p N_{\text{T}} \tag{4.19}$$

式中，$\dot{E}$ 为风速为 v 时的空气动能。

质量可用面积 A、密度 ρ 和速度 v 表示，公式如下：

$$\dot{E} = \frac{1}{2} \rho A_{\text{T}} v^3 \tag{4.20}$$

研究风力发电系统在不同风速条件下的性能，对于开展动态分析具有重要意义。图 4.6（a）和（b）分别为根据加拿大多伦多市的地理位置计算的每月无特殊天气状况的日子的风速，地理位置的经纬度见表 4.1。图 4.6 中使用控制器测量风速。图 4.6（a）显示了 1—6 月的风速情况，其中 4 月的 11—13 时风速最大，为 13.1m/s。图 4.6（b）显示了 7—12 月的风速情况，其中 12 月 16 时的风速最大，为 10m/s。

本节还对风能资源的动态分析方法进行了研究，以探讨风力发电场的发电性能。图 4.7（a）和（b）为利用每月无特殊天气状况的日子的风速生产的风力发电量，风力发电量的计算公式见式（4.19）。图 4.7（a）为使用密度、比热容、风速、涡轮机数量、横截面积和涡轮机效率等重要参数计算的风力发电量。图 4.7（a）为 1—6 月的风力发电量，4 月 11—13 时的风速值计算的发电量最大，为 3521.5kW。图 4.7（b）为 7—12 月的风力发电量，12 月 16 时的风速值计算的发电量最大，为 1566.4kW。

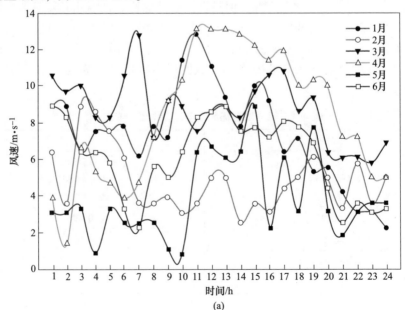

(a)

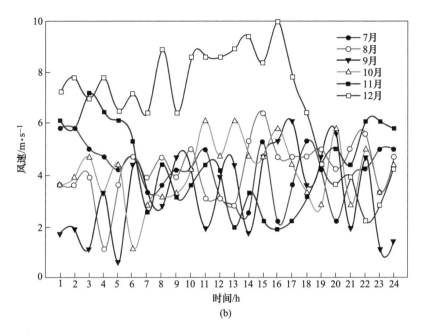

图 4.6 每月无特殊天气状况的日子的风速数据

(a) 1—6月；(b) 7—12月

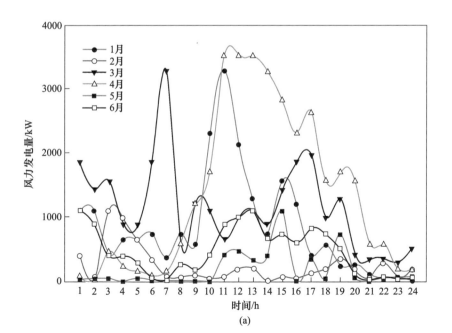

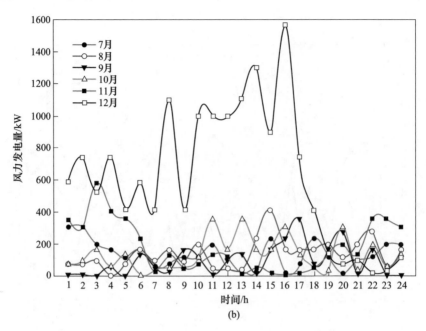

(b)

图 4.7 每月无特殊天气状况的日子的风速数据

(a) 1—6 月；（b）7—12 月

如上所述，风能应用的关键驱动因素是空气动能，它受风速（速度）的直接影响。本节还研究了基于风能输入参数的动态分析，以探索风力发电场的发电性能。图 4.8（a）和（b）显示了基于每月无特殊天气状况的日子的风速计算的风

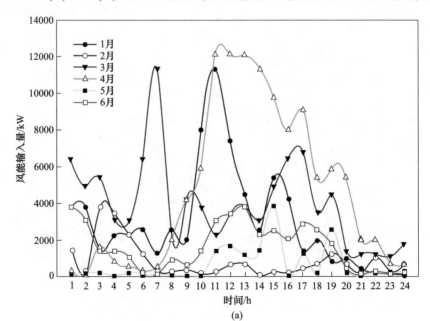

(a)

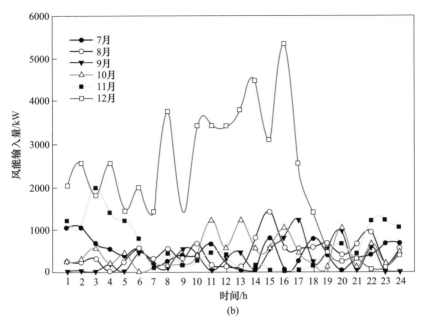

图 4.8 每月无特殊天气状况的日子的风速数据

（a）1—6月；（b）7—12月

能输入量，采用式（4.20）计算风能输入量。图 4.8（a）为利用横截面积 A 、密度 ρ 和速度 v 等重要参数计算的风能输入量。根据加拿大多伦多市每月无特殊天气状况的日子的风速数据，来确定风能输入量。图 4.8（a）为 1—6 月中的风能输入量，其中以 4 月 11—13 时的风速值确定的风能输入量最大。图 4.8（b）为 7—12 月中的风能输入量，其中以 12 月 16 时的风速值确定的风能输入量最大，为 5400kW。

4.4.2 案例研究 4

研究风能驱动制氢系统具有重要意义。在对风能资源进行动态分析之后，必须对风能制氢系统进行研究。本案例研究旨在建立风能驱动的清洁氢气和电力生产系统，可为社区供电，并储存氢气供低风速期间使用。同时，还给出了质子交换膜（PEM）电解槽实验结果，以研究水电解性能。如图 4.9 所示，案例展示了包含高压储氢功能的风能驱动制氢发电系统。利用风力涡轮机叶片，将动能转换成机械能，再利用安装在风力涡轮机机舱内的发电机，将机械能转换成电能。由风能转化的电能，经过 AC/DC 转换器，把交流电转换成直流电。一部分输出的电力供应给社区使用，其余的用于 PEM 电解槽，将水分解为氢和氧。PEM 电解槽的氢气输出分成两个不同的流向，一部分流向多级氢气压缩单元，而另一部分输送到 PEM 燃料电池。多级压缩单元可在 12500kPa 的高压条件下压缩氢气。风力发电场为社区提供电力。在低风速期间，储存的氢气可用于 PEM 燃料电池发电，以满足社区电力需求，在高风速期间，额外的电力供应给 PEM 电解槽用于制取氢气，并使用多级压缩单元进行储存。表 4.2 为风能驱动制氢系统的设计参数。

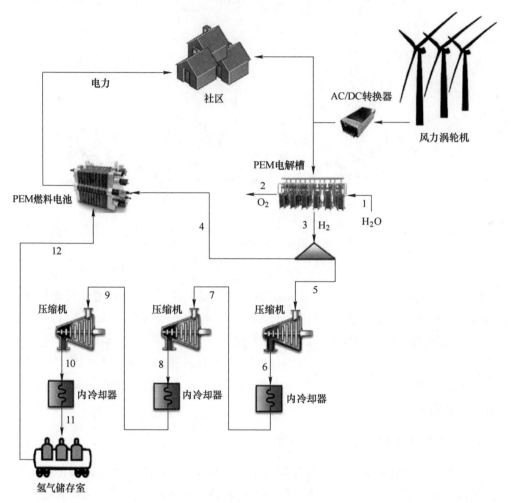

图 4.9　风能制氢及发电系统[91]

表 4.2　风能制氢系统设计参数

工艺过程	参　数	数　值
风力发电场[89]	比热容	0.49
	面积/m^2	1200
	涡轮机效率/%	45
	涡轮机数量/台	10

工艺过程	参 数	数 值
PEM 电解槽[90]	膜的厚度/μm	100
	法拉第数/C·mol⁻¹	96486
	工作温度/℃	80
	阴极指前（J_c^{ref}）/A·m⁻²	46×10
	阳极指前（J_a^{ref}）/A·m⁻²	17×10⁴
	阴极膜界面（ϕ_0）	10
	阳极膜界面（ϕ_0）	14
	阴极活化能 E_{act_c}/J·mol⁻¹	18000
	阳极活化能 E_{act_a}/J·mol⁻¹	76000
PEM 燃料电池	电流密度/A·m⁻²	11500
	电池工作压力/kPa	100
	电池工作温度/℃	80
氢气压缩和储存	压缩机压力比	5
	储氢压力/kPa	12500
	氢气分压 P_i/kPa	2500
	氢气分温 T_i/℃	60
	填充时间/s	120

4.4.2.1 风力发电场分析

如前一节所述，风能系统利用空气动能旋转涡轮叶片并产生机械能，再利用发电机将机械能转换为电能。所涉及的空气动能可以用空气质量流量和风速来量化，具体表达式如下：

$$\dot{P}_{wind} = \frac{1}{2}\dot{m}v^2 \qquad (4.21)$$

空气质量难以量化，因此，使用密度 $\rho = \dfrac{m}{V}$ 的体积法来表示。质量流量可用横截面积 A、空气密度 ρ 和风速 v 来量化，因此，上式可以进一步表示为：

$$\dot{P}_{i,WT} = \frac{1}{2}\rho A_T v^3 \qquad (4.22)$$

然而，利用密度、比热容、风速、涡轮机数量、横截面积、涡轮机效率等重要参数计算的风力发电量可表示为：

$$\dot{E}_{out,WT} = \frac{1}{2}\rho A_T \eta_{gen} v^3 c_p N_T \qquad (4.23)$$

通过下式确定风力发电场的㶲损失率：

$$\dot{E}x_{\text{dest,wt}} = \left(\frac{1}{c_{p,\text{wt}}} - 1\right)P_{i,\text{wt}} \tag{4.24}$$

可以使用㶲功率平衡，来评估风力涡轮机的㶲损失率（忽略热损失）：

$$\dot{E}x_{\text{in}} = \dot{E}_{\text{out,WT}} + \dot{E}x_{\text{dest}} \tag{4.25}$$

类似地，㶲效率的表达式如下：

$$\eta_{\text{wt}} = \frac{\dot{E}_{\text{out,WT}}}{\dot{P}_{i,\text{WT}}} \tag{4.26}$$

4.4.2.2 PEM 电解槽和燃料电池

PEM 电解槽与 PEM 燃料电池的工作原理基本相同，互为逆过程。电导率表示材料传导电流的能力。为了将导体电阻与电导率关联起来，使用了以下关系方程：

$$R_c = \frac{l}{\sigma A} \tag{4.27}$$

式中，R_c 为导体电阻；σ 为电导率；A 为导体面积；l 为导体长度。

通过特定膜电导率方程计算欧姆损耗，该方程由 Ni 等人[65]提出的下列关系式确定：

$$\sigma(c,T) = (0.5139c - 0.326)\exp\left[1268\left(\frac{1}{303} - \frac{1}{T}\right)\right] \tag{4.28}$$

式中，T 为膜温；c 为膜内水摩尔浓度。水摩尔浓度在膜表面呈线性变化的假设是合理的。

$$c(x) = c_c + \left(\frac{c_a - c_c}{\delta\sigma}\right)x \tag{4.29}$$

电导率的定义方程为 $\sigma = \dfrac{\mathrm{d}x}{\mathrm{d}R}$（其中 R 代表电阻），微分方程可以表示为：

$$\mathrm{d}R = \sigma^{-1}\mathrm{d}x$$

$$R_{\Omega,\text{PEM}} = \int_0^\delta \sigma^{-1}(c(x),T)\mathrm{d}x \tag{4.30}$$

浓度过电位的关系方程为：

$$\Delta E_{\text{conc}} = J^2\left[\beta\left(\frac{J}{J_{\text{lim}}}\right)^2\right] \tag{4.31}$$

因子 β 可以定义为：

$$\beta = (7.16 \times 10^{-4}T - 0.622)P + (-1.45 \times 10^{-3}T + 1.68) \quad (P < 2\text{atm}) \tag{4.32}$$

$$\beta = (8.66 \times 10^{-5}T - 0.068)P + (-1.6 \times 10^{-4}T + 0.54) \quad (P \geqslant 2\text{atm}) \tag{4.33}$$

式中，P 为局部阴极或阳极压力，$P = \dfrac{P_i}{0.1173} + P_{sat}$ ；P_i 为阴极或阳极分压；P_{sat} 为饱和水压力，指数 i 表示阴极 c 和阳极 a。

Ni 等人[65]发表的一篇文章中提到有助于确定阴极和阳极活化电位之间的关系方程，如下所示：

$$\Delta E_{act,i} = \frac{RT}{F}\ln\left[\frac{J}{J_{0,i}} + \sqrt{\left(0.5\frac{J}{J_{0,i}}\right)^2 + 1} \right] \qquad (4.34)$$

式中，$J_{0,i}$ 为阴极和阳极交换电流密度。

高交换电流密度表明电极反应性高，造成过电势降低。电解交换电流密度可以用 Arrhenius 方程表示：

$$J_{O,j} = J_{ref,i}\exp\left(-\frac{\Delta E_{act,i}}{RT}\right) \qquad (4.35)$$

4.4.2.3 性能评估

在设计的案例研究中，风力发电场产生的电力，一部分供应给社区，另一部分供应给电解槽。通过使用三种不同的场景来定义系统效率。在高风速期间，多余的电力被用于 PEM 电解槽，产生的氢气在高压下进行储存。在平均风速期间，风力发电场生产足够的电力，来供应社区电力负荷，而在低风速期间，PEM 燃料电池使用储存的氢气发电，来供应社区电力。因此，本节给出了以下三个不同的方程，来表示三种不同场景下的系统性能。设计案例的净输出功率可以表示为：

$$\dot{P}_{net} = \dot{P}_{wt} - \dot{W}_{comp1} - \dot{W}_{comp2} - \dot{W}_{comp3} \qquad (4.36)$$

在高风速期间，系统效率可表示为：

$$\eta_{ov} = \frac{\dot{P}_{net} + \dot{m}_{H_2}LHV_{H_2}}{\dot{P}_{i,WT}} \qquad (4.37)$$

在平均风速期间，系统效率可表示为：

$$\eta_{ov} = \frac{\dot{P}_{net}}{\dot{P}_{i,WT}} \qquad (4.38)$$

当低风速期间利用储存的氢气来满足社区电力负荷时，系统效率可表示为：

$$\eta_{ov} = \frac{\dot{W}_{stack} + \dot{Q}_{PEMFC}}{\dot{m}_{H_2}LHV_{H_2}} \qquad (4.39)$$

$$\psi_{ov} = \frac{W_{stack} + \dot{Q}_{PEMFC}\left(1 - \dfrac{T_0}{T}\right)}{\dot{m}_{H_2}LHV_{H_2}} \qquad (4.40)$$

4.4.2.4 敏感性分析

在设计的案例研究中，进行了多个敏感性参数分析，以研究系统在不同运行约束条件下的功能和性能。本节不仅显示了模拟的敏感性参数分析结果，还显示了实验室规模的 PEM 电解槽实验结果，以评估设计案例的性能和效率。

本节使用了三种不同的场景评估设计系统的性能。在低风速期间，PEM 燃料电池使用储存的氢气，来满足社区电力负荷，而在平均风速和高风速期间，通过风力发电场产生足够的电力，来满足社区电力负荷，剩下的多余电力则用于 PEM 电解槽以生产氢气并在高压下储存。因此，通过 PEM 电解槽实验，研究风速变化对如风力、制氢速率、㶲损失率、压缩机工作效率等系统重要参数的影响，具有极其重要的意义。图 4.10 为风能对风场发电量和制氢速率的影响，氢气的摩尔和质量生产速率均显示在图中，风速范围为 $1\sim10\mathrm{m/s}$。随着风速的增加，风力发电场功率逐渐增加。在高风速期间，将满足社区负荷之余的额外电力用于 PEM 电解槽制氢。因此，风速的增加，产生了供给 PEM 电解槽的额外电力，从而可制取更高质量和摩尔流量的氢气。

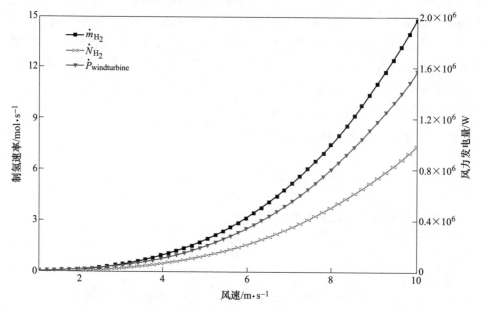

图 4.10 风能对风力发电量和制氢速率的影响

由于系统会出现能量损失，因此无法将动能完全转化为机械能，在设计的案例研究中，假设风力涡轮机的转化效率为45%。因此，通过研究所有重要系统组件的㶲损失率，有助于明确设计系统潜在的改进空间。图 4.11 显示了风能对电解槽、燃料电池、风力涡轮机和压缩机㶲损失功率的影响。随着风速的增加，导致系统需要处理的电力更大，制氢量更大，多级压缩单元需要处理的氢气量也更大，而氢气量的增加也使得㶲损失增加。如图 4.11 所示，在设计的案例研究中，风速的增加导致了所有重要组件的㶲损失功率相应增加。

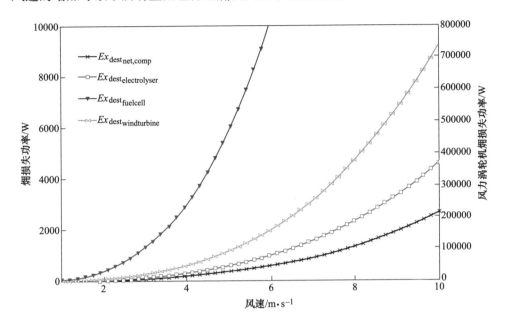

图 4.11　风能对不同系统组件㶲损失功率的影响

在设计的系统中，风力发电场产生的电力一部分供应给社区，另一部分供应给电解槽。将产生的额外氢气输送至多级压缩系统，并将其压缩至 12500kPa 进行储存。风速的增加，对压缩机做功和㶲损失具有直接影响，因为风速增加可以产生更多电力，制取更多的氢，因而压缩机处理的氢气量更大。因此，研究压缩机的㶲损失具有重要意义，因为它可以帮助明确设计系统潜在的改进空间。图 4.12 显示了风能对压缩机运行功率和㶲损失功率的影响。随着风速的增加，导致系统需要处理的电力更大，产生的氢气更多，氢压缩机需要压缩的量也更大。因此，风速的增加会提高压缩机的运行功率和㶲损失。

PEM 电解槽是设计系统（利用风力发电场产生的电力来生产氢气）的重要组成部分。因此，通过综合运用模拟和实验方法，对水电解系统进行了研究。图 4.13 为 PEM 电解槽的极化曲线，并将该曲线添加到设计案例中，图中为在电流波动时的功率和电压值。随着电流的增加，电压曲线的斜率逐渐减小。一开始，低电流值代表激活极化区，由于半电池的电化学反应受阻而导致电压上升。此外，输入电流的增加会导致更高的欧姆损失和电压升高。当 PEM 水电解槽输入

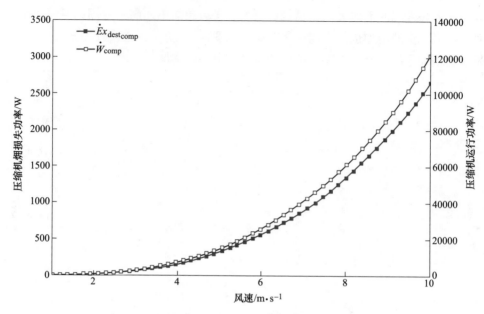

图 4.12   风能对压缩机运行功率和㶲损失功率的影响

电流从 1.25A 增加到 32.5A 时，电压从 4.5V 增加到 18.5V，输入功率从 4.25W 增加到 601.25W。

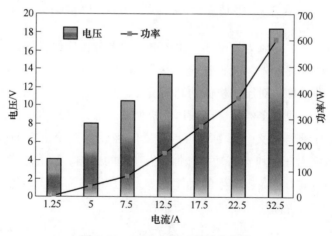

图 4.13   PEM 电解工艺极化曲线

　　PEM 水电解是设计系统的一个重要工艺，该系统利用风力发电场生产的电力将水分解成氢和氧。因此，通过综合运用模拟和实验方法来研究水的电解过程。图 4.14 为不同输入电流条件下，PEM 水电解工艺的能量效率和㶲效率。随着输入电流的增大，能量效率和㶲效率均呈下降趋势。此外，与高电流阶段相比，在低电流阶段，效率随电流增加而下降的幅度更大。例如，当输入电流从 1.25A 增加到 5A 时，能量效率从 30.1% 下降到 15.6%，㶲效率从 29.6% 降低到 15.3%。但是，当输入电流从 5A 增加到 12.5A 时，能量效率从 15.6% 下降到 9.4%，㶲效率从 15.3% 下降到 9.2%，主要原因在于在相对较低的电流条件下，造成了更高的活化极化损失，可以通过添加电化学催化剂来减少该损失。

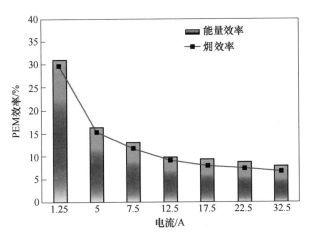

图 4.14　PEM 电解槽输入电流对能量效率和㶲效率的影响

4.5　结　　论

风能是一种很有前景、遍布全球的能源资源，可用于生产清洁、环保的氢气，并且风能制氢工艺还可以减少温室气体的排放。在推动全球能源向 100% 可再生能源过渡方面，风能驱动制氢技术发挥着重要作用。水平轴风力涡轮机的特点是由一个垂直面旋转的螺旋桨组成，该螺旋桨由 3 个面朝风向的叶片组成，而垂直轴风力涡轮机仅由一组通过垂直轴旋转的叶片构成。

这两种类型的风力涡轮机均可安装在陆上或海上设施中来产生电力。风力发电指的是利用风力产生机械功，进而产生电能的工艺，它几乎是全球增长速度最快的发电方式之一。通过涡轮机叶片将空气动能转化为机械能，再通过发电机将机械能转化为电能。风能是一种丰富的发电资源，但具有间歇性的特点。基于每月无特殊天气状况的日子的风速数据，对风力资源进行动态分析是非常有必要的。风能资源产生的电能，可直接用于水电解槽，将水分解成氢和氧，产生的氢气可用于多种用途，即燃烧、加热、作为混合动力和电动汽车的燃料，储存的氢气可用于燃料电池，并根据实际需求生产电力。

　　风能制氢是一种很有前景的技术工艺，可用于生产清洁、环保的氢气，并实现零碳排放。随后，在考虑地理、气象和技术等方面的限制后，可以预测利用风能制氢减少化石燃料消耗的潜力。研究风能资源型发电系统在不同风速条件下的动态性能具有重要意义。本章设计了一个案例，对每月无特殊天气状况的日子的风力进行了动态分析。案例通过风力发电场生产电力，并将其用于水电解工艺，以生产清洁氢气。储存的氢气可用于燃料发电，满足多种用途的需要。

5 地热能制氢

通常认为，地热能来自于地下的驱动热源，通过水或蒸汽将热能输送至地球表面。按应用分类，地热能可用于制冷和供暖，也可用于清洁发电。人们能够以可持续和清洁的热能形式从地球中开采地热能。地热能资源的分布范围从地表浅层延伸至地表以下几英里处的热岩区和热液区，在更深的地层，还存在熔岩（通常被称为岩浆），其温度非常高。许多专家指出，与化石燃料的燃烧过程相比，地热能的清洁制氢过程更为清洁、稳定、环境友好、高效、可持续且成本效益较高，并能够减少对化石燃料的依赖。地热能是最廉价的清洁和可持续制氢解决方案，其次是风能。与化石燃料能源相比，地热能正在变得更为廉价和优质，同时成本效益也正在逐渐提升。

通常认为，地热能是一种可再生能源，因为它将地核作为热源，从而提供几乎无限的热量供应。地热区的形成同样与热水储层有关，人们将开采出的热水重新注入地层，使得地热能成为一种可持续性资源。美国的地热电站主要有位于加利福尼亚州名为 Geysers（间歇泉）的地热田。地热电站可以从地层深处提取热量，利用蒸汽进行发电。地热热泵则能够利用近地表的热能为建筑物提供热量或水暖。

图 5.1 为 1995—2015 年全球范围内多个地热能直接利用行业的地热能容量和利用情况，例如地热热泵、温室供暖、空间供暖、农业干燥、水产养殖池塘供暖、工业用途、制冷/融雪、洗浴和游泳等。从图 5.1（a）中可以看出，大多数地热直接利用行业的地热能容量均有所增加。从 1995 年到 2015 年，地热热泵的地热能容量从 1854MW 增加至 49898MW，空间供暖的地热能容量从 2579MW 增加至 7556MW，温室供暖的地热能容量从 1085MW 增加至 1830MW，水产养殖池塘供暖的地热能容量从 1097MW 减少到 695MW，农业干燥的地热能容量从 67MW 增加至 161MW，工业用途的地热能容量从 544MW 增加至 610MW，洗浴和游泳的地热能容量从 1085MW 增加至 9140MW，制冷/融雪的地热能容量从 115MW 增加至 360MW，其他直接利用行业的地热能容量从 238MW 减少至 79MW。图 5.1（b）为多个直接利用行业对地热能的利用情况，可以看到，大多数行业的地热能利用量均有所增加。1995—2015 年，地热热泵的地热能利用量从每年 14617TJ 增加至 325028TJ，空间供暖的地热能利用量从每年 38230TJ 增加至 88222TJ，温室供暖的地热能利用量从每年 15742TJ 增加至 26662TJ，水产养殖池

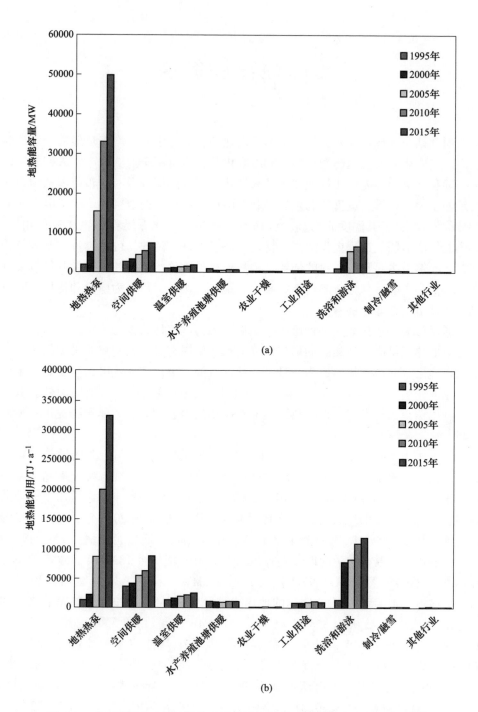

图 5.1 全球范围内多种地热能直接利用行业的地热能容量和利用情况[92]

(a) 地热能容量；(b) 地热能利用情况

塘供暖的地热能利用的直接利用量从每年 13493TJ 减少到 11958TJ，农业干燥的地热能利用量从每年 1124TJ 增加至 2030TJ，工业用途的地热能利用量从每年 10120TJ 增加至 10453TJ，洗浴和游泳的地热能利用量从每年 15742TJ 增加至 119381TJ，制冷/融雪的地热能利用量从每年 1124TJ 增加至 2600TJ，其他直接利用行业的地热能利用量从每年 2249TJ 减少到 1452TJ。

地热能，顾名思义，是指地球内部产生和储存的热能。地球内部的高压和高温环境导致部分岩石和固体地幔熔化，与围岩相比，地幔的密度较小，因此当地幔与上方岩层发生对流时，会表现出塑性特性。许多研究证实，与化石燃料相比，地热能提供了更为清洁、环保、高效、可持续且成本效益较高的解决方案。同时，地热能可以减少全社会对化石燃料的依赖。与核电站和燃煤电站相比，地热电站的可靠性更高，因为它可以全年 365 天不间断运行。地热资源是最为廉价的清洁能源，其次是风能。与化石燃料能源相比，目前地热能正在变得更加廉价和优质，且成本效益也在不断提升。地热能的优势如下：

（1）地热能是一种可再生能源，它能利用地核作为热源，从而获得几乎无限的热量供应；

（2）地热能是一种环境友好型可再生能源，不会造成显著的环境污染；

（3）自然环境能够补充地热资源和储层，因此这种可再生能源不会被耗尽；

（4）巨大的开发潜力，全球潜在地热能装机容量约 2TW；

（5）太阳能和风能等可再生能源本质上具有间歇性，因此地热能是满足基本负荷能源需求的最佳选择；

（6）地热能是制冷和供暖的最佳选择，同时也可为小型家庭提供能源；

（7）地热能的采集过程无需任何燃料，因此，其成本波动较小，发电成本稳定；

（8）占地面积较小，部分设备可修建在地下区域；

（9）随着近期的技术发展和进步，可供开发的地热资源增加，成本降低，地热能环境解决方案也随之增加。

5.1 地热能的优点和缺点

以下对地热能的优缺点及其在各行业中的利用情况进行了简要探讨。

5.1.1 优点

地热电站或热泵开采地热能的优点如下：

（1）环保。地热能源是一种环境友好型能源，与煤炭、天然气和其他化石燃料等传统能源相比，地热能源的污染程度非常低，且地热电站的碳足迹非常小。普遍认为，地热资源的开发和技术进步能够帮助人们进一步对抗全球变暖趋势。在常规地热电站中，每发电 1MW·h 将排放 122kg 二氧化碳当量，该数据仅为常规燃煤电站的二氧化碳排放量的 1/8。

（2）天然可再生。地热能资源和储层能够从自然环境中得到补充。因此，地热能是可再生能源之一。地热能能够长期程受一定的消耗率，具有可持续性，这一点与化石燃料不同。科学研究工作表明，地热储层的能量将持续供给数十亿年。

（3）巨大的潜力。全球能源消耗量约为 15TW，这一数值大大低于地球上实际能够利用的地热能。然而，大多数地热储层的地热能利用量仅仅是地热能可用总量的一小部分。地热电站的发电潜力为 0.035~2TW，全球各地的地热电站目前能够提供的电力约为 10715MW，而地热能供暖装机容量约为 28000MW。

（4）可持续发展。地热能是可靠、稳定和可持续的能量来源。目前人们能够对地热电站的输出功率进行精准预测，因为与风能和太阳能不同，天气不会对地热能发电过程造成较大影响。因此，地热电站是满足基本负荷能源需求的最佳选择。地热电站的容量因数较高，实际输出功率接近装机容量。2005 年，全球地热能平均输出功率为 73%，现今该数值已达到 96%。

（5）适用于制冷和供暖。当蒸汽温度高于 150℃ 或更高时，才能有效地转动涡轮机，从而高效地利用地热能发电。另一种发电方法是利用地源和地表间相对较小的温差。与空气相比，大地在很大程度上能够抵抗季节性温度变化。因此，通过类似于电热泵的地热热泵，可以将地下几米处的地层作为热源或热沉结构。目前，越来越多的家庭正在采用地热能进行制冷和供暖，或利用地热电站和地热热泵进行能源供给。

（6）可靠性。地热电站能够持续稳定地提供能源。天气对地热能的影响远远小于风能和太阳能，因此人们可以精准确定地热电站的输出功率。这表明，可以对地热电站的输出功率进行高精度预测。

（7）无需燃料。地热能是一种由自然驱动的资源，与化石燃料（需要通过采矿或其他开采技术进行开采）不同，因此地热能不需要燃料。

（8）快速发展。尽管现今全球地热能平均输出功率已高达 96%，但为了进一步发展先进技术，提升输出功率，仍需进行大量地热能勘探和研究。附录中的附表 5 展示了全世界范围内不同地区的地热能容量。

5.1.2 缺点

地热电站和热泵开采地热能的缺点如下：

（1）环境问题。地表之下存在大量温室气体（GHG），其中一些被释放到地表和大气层中。研究人员预计这种温室气体排放在地热电站附近会更加剧烈。同时，地热电站还将排放二氧化硅和二氧化硫。但是，尽管存在这一缺点，由地热发电引起的污染仍然远少于化石燃料和燃煤电站。在一个普通的地热电站中，每生成1MW的电力会排放122kg二氧化碳当量，仅占常规燃煤电站二氧化碳排放量的1/8。

（2）地表不稳定性（地震）。地热电站的建设会影响地表的稳定性。水力压裂是改进地热电站的一个基本步骤，这一步骤可能引发地震。

（3）成本较高。地热电站商业项目的建设成本很高。储层的勘探、勘测和钻探花费高昂，几乎是成本的一半。不过，从长远来看，地热能系统的成本较低，因此可将其视为长期投资。

（4）选址特殊。地热储层对选址的依赖度较高。如果建造地热热泵的目的是远距离开采热水，而不是发电，则可能出现较大的能量损耗。

（5）可持续性问题。雨水会渗透地表，这一现象多年来一直对地热储层都有着密切影响。研究表明，如果流体采出速度高于置换速度，地热储层可能会枯竭。因此，在开采热能之后，必须将流体重新回注地热储层。地热能的优势在于其可靠性、稳定性和可持续性，但仍需进一步降低与地热电站和热泵相关的成本。

在过去几十年中，地热电站数量逐渐增多，表现为装机容量和发电量的持续上升。图5.2展示了地热能装机容量和发电量的发展趋势。从2010年到2017年，地热能发电量从68454GW·h逐渐增加至85978GW·h，同时，装机容量从9992MW增加到12931MW。

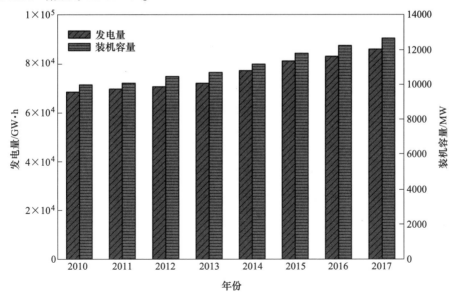

图 5.2 地热能装机容量和发电量发展趋势[93]

在图 5.3 中，对用于制氢的地热能利用方式进行了分类。其中主要以两种形式利用地热能：直接能源和热能。热能可应用于多种路线，例如热化学循环（通过混合循环或直接制氢）、发电（通过混合循环或水电解工艺）及直接水电解。

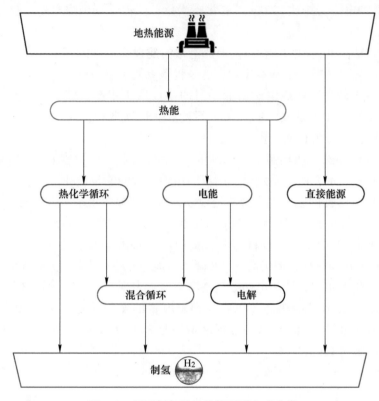

图 5.3　用于制氢的地热能利用方式分类

5.2　地热电站

在进行地下施工的过程中，人们发现随着挖掘深度的增加，温度会不断上升，原因是地球内部存在地热能，而这些地热能能够以热或电的形式被提取出来。地热电站可以将热蒸汽输送至涡轮机，涡轮机产生机械功，发电机再将机械功转化为电能。生成的电力可以用于供暖、制冷和其他应用。同时，可使用地热热泵进行流体循环，利用地下管道吸收热量。目前主要采用地热电站和地热热泵两种技术开采地热能。

为了建造地热电站，需要在地表钻探深度为 1.6~3.2km（1~2mile）的地热井，根据情况将热水或蒸汽泵送至地表。可以将地热电站建造在发育间歇泉、温泉或火山活动的区域，因为这些区域的地表下方温度较高。地热电站可利用地下热能提取蒸汽，进行发电。

　　地热区与回注的热水储层和热水量相关，回注措施可确保地热能开采的长期可持续性。用于制氢的可持续地热发电是一种清洁、可再生、可持续、稳定且环境友好型制氢解决方案。基于地热能的制氢系统实现了温室气体的零排放。图5.4（a）为有回注地热电站的发电过程总体示意图，图5.4（b）为无回注地热电站的发电过程总体示意图。电解槽（PEM/ALK/SOE）能够利用地热电站发出的电将水电解，生成的氢气则存储在储氢罐中。

　　地热电站使用的水热资源既消耗热能（热量），也消耗水。当蒸汽温度高于150℃或更高时，热水井或干蒸汽井才能有效地转动涡轮机，利用地热能高效发电。在地热能开采过程中，往往需要向下深挖来开采热水或蒸汽，当水接近地表时，压力下降，水转化为蒸汽。涡轮机利用生成的蒸汽产生机械功，之后发电机将其转化为电能。地热电站的发电过程必须遵循一定的步骤，以下是地热电站发电的重要步骤：

　　（1）通过深挖地层并开采热水，之后在高压条件下将其泵送至地热井。

　　（2）当水接近地表时，热水或蒸汽的压力下降，水转化为蒸汽。

　　（3）涡轮机利用生成的蒸汽发生旋转并产生机械功，之后发电机将机械功转化为电力。

　　（4）将冷却塔与涡轮机相连接，可用于冷却蒸汽，将其转化为水。

　　（5）将冷却塔中的冷却水泵回，之后继续该过程。

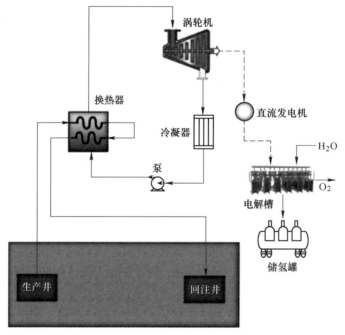

(a)

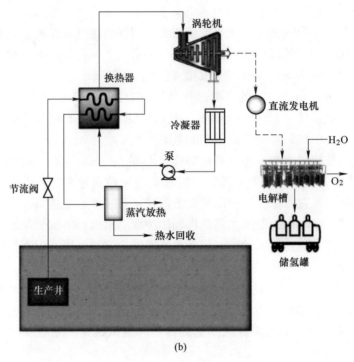

图 5.4   地热电站发电过程总体示意图

(a) 有回注；(b) 无回注

5.3   地热电站的类型

地热电站能够利用地热能为特定的设施发电。为了利用地下热能，人们通常向下挖掘深部地层，以开采热水或蒸汽。在开采过程中，深层的水在接近地表时压力降低，转化为蒸汽。涡轮机可利用蒸汽产生机械功，之后发电机将机械能转换为电能。当前大多数电站仍通过化石燃料的燃烧产生热能，这一过程将向环境排放大量有害气体，而地热电站是利用地表之下的热水储层生成的蒸汽来产生能量。

一项研究利用地热区域供暖系统的能量和㶲分析对最佳管道直径进行了建模和经济性分析[94]。对地热区域供暖系统的研究考虑了三个重要的循环，分别是位于土耳其 Bariskent 地区和 Danistay 地区的系统，以及交通运输网络。上述两个地区的热容分别为 7975kW 和 21025kW，供应及回水温度分别为 80℃ 和 50℃。通过评估交通运输网络可知，DN300（公称直径）的最低成本为每年 561856.9 美元。研究结果表明，配电网设计系统的㶲损耗为㶲输入的 1.94%。该系统的整体㶲效率和能效分别为 50.12% 和 40.21%。

另一项研究提出并分析了地热能集成太阳能加湿—除湿海水淡化系统[95]。该研究调查了在加湿—除湿海水淡化系统中结合太阳能和地热能的经济和技术可行性。新型加湿—除湿海水淡化系统是一种改进的太阳能-地热能组合系统。其中地热水箱的温度为60~80℃，可以产生低品位的地热能。实验结果表明，淡水成本为每升0.003美元。

地热电站主要分为以下三种类型：干蒸汽电站、闪蒸汽电站、双循环电站。

5.3.1　干蒸汽电站

干蒸汽电站的能源来自地下蒸汽资源。在干蒸汽电站中，蒸汽直接通过地热井引出并输送至与发电机相连的涡轮机。在地热电站利用水热资源的过程中，既消耗了热能（热量），也消耗了水。当热水井或干蒸汽井的蒸汽温度高于150℃或更高时，才能有效地转动涡轮机，从而利用地热能高效发电。蒸汽可驱动涡轮机，进而带动发电机发电。与通过化石燃料燃烧驱动涡轮机进行发电的方式不同，这一发电方式无需考虑燃料运输和存储的问题。这些干蒸汽电站会排放多余的蒸汽和来自地层的几乎可以忽略不计的其他气体。

1904年，干蒸汽电站系统首次应用于意大利拉德瑞罗（Lardarello）的一座地热电站。世界上最大的地热电站位于加利福尼亚州北部的Geysers。

干蒸汽电站主要利用流经地质沉积物外侧的蒸汽（沉积物加热次级流体产生蒸汽），以带动涡轮机进行发电。开采出的蒸汽温度约为150℃，足以驱动地热电站的涡轮机。

5.3.2　闪蒸汽电站

闪蒸汽电站是最常见的地热电站，通常利用温度超过182℃的地热储层进行发电。在压力的作用下，地热井中的热水自下而上流动。当热水向上流动时压力下降，使热水变成蒸汽。之后将水与蒸汽分离，分离出的蒸汽可用于涡轮机或发电机发电。最后将冷凝的蒸汽和剩余的水重新注入地热储层，以继续地热能开采过程，这使得地热能成为一种可持续的资源。

闪蒸汽电站可通过地下水泵将水泵入注水井。注水井的钻探深度应足够大，以便注水井接近温度条件高于水沸点的地下岩层，通过高温岩层加热注入水来提取热能，然后通过生产井回收加热后的注入水。之后热水进入闪蒸罐，由于压力降低，热水在闪蒸罐中通过闪蒸作用转换为蒸汽。

之后将闪蒸罐中剩余的液态水再次泵入地下。水蒸气可用于转动涡轮机，从而驱动发电机产生电力。涡轮机排出的气流随后到达冷凝器进行冷却。冷凝器将水蒸气转化为液态，并将其与闪蒸罐中剩余的液态水一同泵送至地下。冷凝后的蒸汽由于经过蒸馏，因此也可用于灌溉和饮用。此外需要对闪蒸罐进行定期清洁和冲洗，以消除堆积的矿物质。如果生产井产出的水含有大量的矿物质，则需要增加冲洗和清洁闪蒸罐的频率。

5.3.3 双循环电站

双循环地热电站可在相对较低的温度下运行，运行温度范围为107~182℃。双循环电站可利用采出的热水，将沸点相对较低的有机化合物加热至沸腾状态。有机化合物通过换热器进行蒸发，从而驱动涡轮机产生机械功，发电机将机械能转换为电能。之后将水重新注入地下进行再加热。在此期间，工作流体和水不发生直接接触，以免造成大气排放。

与闪蒸和干蒸汽电站相比，双循环电站的设计有所不同，因为来自地热储层的蒸汽或热水不会与涡轮机发生直接接触，而是仅用于蒸发作为工作流体的有机化合物。蒸汽或热水通过换热器将有机化合物闪蒸成蒸汽，用于涡轮机和发电机组发电。

上述电站均采用闭环系统，因此实际上在发电过程中仅向外界环境排放了水。目前已广泛应用于小型电站，尤其是在农村地区。分布式能源指的是一些小型模块化发电技术，这些技术可以协同工作，提高发电系统的效率。

在近期发展的技术中，利用了沸点差（利用密度进行估算）。这类地热电站使用的工作流体的沸点远低于水，由于沸点较低，可使用蒸汽或热水蒸发工作流体，并通过蒸发的二次流体驱动涡轮机和发电机进行发电。

5.4 地热热泵

地热或地源热泵是一种中央冷却和/或加热系统，用于向地下或从地下传递热量。通过这一系统，可从地下连续开采热能或回注热能。在夏季，它作为一个散热器，在冬季，它作为一个热源。在冬季，这一系统可使用冷媒或水从地下吸收热能，将提取的热能泵送至地表的设施，而在夏季，部分热泵反向运行，为设施制冷。

地热能不仅可以被地热电站用来发电，而且还可以通过建造地热热泵来用于多种不同用途，例如从小型住宅到大规模基础设施的供暖和制冷需要。在地热热泵中，通常采用一种特定的流体，通过地下管道进行传热，其中地下温度范围为10~15℃。图5.5为用于制冷和供暖的地热热泵的基本示意图。

地热热泵制冷和供暖的步骤同样很重要，具体步骤如下：

（1）通过管道循环制冷剂或水；

（2）在冬季，通过埋在地下的管道循环制冷剂或水，使其得到加热；

（3）当加热后的制冷剂或水到达地表后，将热量传输至各个设施；

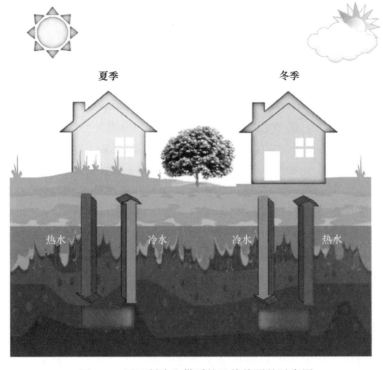

图 5.5 用于制冷和供暖的地热热泵的示意图

（4）制冷剂或水传输热量并进行冷却，在此之后，将其重新注入地下，再次继续这一过程；

（5）在夏季，系统反向运行，制冷剂或水为设施制冷，之后重新注入地下。

5.5 地热热泵的类型

地热热泵，又称地源热泵，自 20 世纪 40 年代开始投入运行。热泵系统的运行依赖于恒定的地温，而不是作为交换介质的外界空气温度。热泵可分为不同类型，最恰当的分类方式是基于气候、可用土地、土壤条件和当地的现场安装成本进行分类。所有热泵均可用于住宅和商业建筑。本章将介绍两种重要的地热热泵类型，即闭环和开环热泵系统及其子系统，其中闭环系统包括水平系统、垂直系统、湖泊或池塘系统。除闭环和开环两种系统外，还有混合系统。

5.5.1 闭环系统

本节介绍了三种不同类型的闭环系统。

（1）水平系统。对于住宅而言，水平闭环热泵的成本效益最高，这一系统

通常安装在拥有足够土地面积的新设施中。水平热泵设施的安装需要埋深约
1.2m（4ft）的沟槽。这种热泵设施包括两种最常见的设计，一种设计包含一根
埋深为 1.2m（4ft）的管道和一根埋深为 1.8m（6ft）的管道，而第二种设计则
采用两根埋深均为 1.5m（5ft）的管道，并将其并排放置在宽度为 0.6m（2ft）
的沟槽中。

（2）垂直系统。学校和大型商业建筑大多采用垂直热泵，因为水平热泵对
土地面积有较高要求。热泵也可放置在浅层地表的沟槽处，以尽量减轻对地表环
境的影响。为了建造一个垂直的热泵系统，需要钻探深度为 30.48～121.92m
（100～400ft）的钻孔，钻孔间距约 6m（20ft），直径约 10.16cm（4in）。在钻孔
中放置两条管道，通过 U 形弯管将其连接，使其在底部形成环路。之后将垂直闭
环系统与通路中的水平管道相连，从而与设施中的热泵相结合。

（3）池塘或湖泊系统。发育有合适水体的区域，其地热发电成本较低。可
在这些区域铺设一条地下管道，将建筑物与水体连接起来，并在地下深度不小于
2.4m（8ft）处将管道铺设成环形，防止管道冻结。这些环形螺旋管道只能放置
在满足最小深度、体积和质量标准的水源中。

5.5.2 开环系统

开环系统可直接将流经地热热泵系统的地表水体或井水作为工作流体进行换
热。一旦通过热泵系统完成循环，即可将水通过回注入井回注至地下。开环系统
方案仅能应用于具有适当的清洁水源的地点，在施工过程中还应注意，需符合全
部居民规范、限制和有关地下水排放的规定。

5.5.3 混合系统

混合系统通常将地热资源和外部空气结合使用，或者同时使用几种不同的地
热资源，作为一种替代的技术方案。与供暖相比，混合系统在对制冷有显著需要
的设施中效率较高。而循环单井的使用取决于当地的地质条件。在开环系统中，
水从循环单井的底部向上流动，并通过垂向深井返回地表。

探索地热能消费的持续增长具有重要意义。图 5.6 为 2012—2024 年全球地
热能的直接使用情况和预测情况。图中不仅展示了迄今为止全球的地热能数据，
还提供了截至 2024 年国际能源机构（IEA）的预测数据。根据使用情况，可将
地热能使用量分为建筑、工业和农业三大类。从图中可以看出，从 2012 年到
2024 年，建筑的地热能使用量预计将从 272EJ 上升至 737EJ，工业的地热能使用
量预计将从 16EJ 上升至 33EJ，农业的地热能使用量预计将从 53EJ 上升至
116EJ，地热能所占百分比预计将从 0.17% 上升至 0.4%。

近期的一项研究对使用氯碱电解槽的地热能辅助制氢系统进行了调研和性能

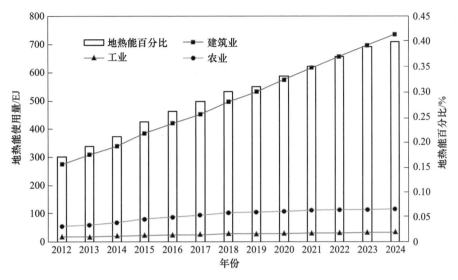

图 5.6　2012—2024 年全球地热能的直接利用和预测情况[96]

评估[97]。该研究对重要组件进行了调研，包括涡轮机、分离器、有机朗肯循环（ORC）、冷凝器、氯碱电解槽和 NaCl 溶液储罐。为了提高电解槽性能，应利用 ORC 的低品位热加热 NaCl 溶液。因此，应设计集成系统向电网供电，并输出三种重要组分：氯、氢和氢氧化钠。参数研究表明，随着地热温度从 140℃ 上升到 155℃，发电量从 2.5MW 上升到 3.9MW，氢气产量从 10.5kg/h 上升到 21.1kg/h。在 155℃ 的温度条件下，㶲效率和能效分别为 22.4% 和 6.2%。

　　近期一篇综述论文针对地热能驱动的制氢系统进行了研究[46]。目前，研究人员已利用传统能源和替代能源，采用多种方法进行制氢，例如天然气、煤炭、风能、生物质、太阳能和地热能。在过去的十年间，工业部门和研究机构一直关注着氢能。在实现 100% 可再生能源转型方面，氢能是一种极具前景的方案。在该综述性研究中，总结了制氢技术的现状和进展，对地热能制氢技术进行了详细研究，并讨论了地热能驱动制氢的工艺及技术、环境和经济方面的问题。最后，该研究对多种制氢能源的环境影响和成本进行了详细的比较评估。结果表明，与其他常规能源和替代能源相比，地热辅助电解水制氢法是目前发展前景最广、成本效益最高的方法。

　　在冬季，地热热泵可利用地表浅层上部 3m 处较高的恒定温度向设施提供热量；而在夏季则从设施中提取热量，将其转移至相对温度较低的地面。与之相比，地热电站则能够利用地热水储层的高温地热能。在压力的作用下，热水自地下热水井的井底向上流动。当热水向上流动的过程中，压力下降，使热水变为蒸汽。之后将水与蒸汽分离，分离后的蒸汽可用于涡轮机或发电机发电。

2018 年地热装机容量分布在奥地利、智利、中国、美国等欧洲、南美洲、亚洲、北美洲的国家和地区[98]。

5.6   带回注功能的闪蒸式地热辅助制氢装置

相关的一项研究对采用质子交换膜（PEM）电解槽的地热能辅助制氢装置进行了热力学分析和评估[99]。这一装置能够在地热能驱动的有机朗肯循环下做功，输出的功率可用于水电解制氢工艺，废弃的热水则用于进水电解过程的预热。同时还研究了地热水和水电解温度对制氢速率的影响，发现两者成正比。其中地热能资源的温度为 160℃，流速为 100kg/s，能够产生 3810kW 电力，并输送至电解槽。当温度为 80℃ 时，利用废弃地热水的热量对电解槽进水进行预热，其氢气生成率为 0.034kg/s。双循环地热电站的能效和㶲效率分别为 11.4% 和 45.1%，整个系统的能效和㶲效率分别为 6.7% 和 23.8%。

在近期的一项研究中，对地热能辅助制氢和液化技术进行了研究[100]。该研究提出了六种不同的制氢和液化模型，并通过热力学方法研究了每种设计模型的性能，以最大限度地提高制氢速率，降低地热能的使用，同时还研究了地热水温度对设计模型性能的影响。第一个模型将地热输出功率用于电解水过程；第二个模型利用部分地热生成电解电功，并利用剩余地热加热电解进水；第三个模型利用基于地热的吸收式制冷循环对液化循环前的气体进行预冷，第四个模型利用部分基于地热的吸收式制冷循环对氢气进行预冷，并利用剩余的地热对液化循环做功；第五个模型利用地热发电进行液化循环；第六个模型利用部分地热能进行水电解，并利用剩余地热能进行液化。

近期的一项研究对多个闪蒸地热电站进行了㶲分析，以调研其性能[101]。在全球地热发电量中，闪蒸汽电站占有相当大的比重。在该研究中，依次对具有回注装置的单级至四级闪蒸汽地热电站进行了调查，因为热水的回注使得地热资源成为可持续资源。同时还利用最佳闪蒸压力、涡轮输出功率、能效和㶲效率精准确定了最佳运行参数。研究发现，随着闪蒸级数从单级增加至二级，输出功率也随之增加，而当闪蒸级数从二级增加到四级时，涡轮输出功率出现明显下降。研究还发现，当闪蒸级数从单级增加至四级时，㶲效率从 72.6% 下降至 69.8%，能效从 28% 下降至 23.5%。

最佳回注方案的选择取决于地热系统类型。以蒸汽为主的地热系统不能缺水，因此需要持续供水，且回注点必须位于地热场内部。而在具有中低焓，且以液体为主的两相系统和热水系统中，回注点可位于地热场内部和外部。场内回注过程可提供压力支持，从而降低了沉降可能性，而场外回注过程则能够降低冷水返回生产区的风险。同时还可进行深层回注，以减少地表隆起和地下水污染带来的影响。场内与场外回注的比例及浅层和深层回注位置因情况而异，同时，作为蒸汽场管理策略的一部分，场内回注率随时间的推移而发生变化。

5.6.1 单级闪蒸地热辅助制氢装置

图 5.7 为单级闪蒸地热辅助制氢装置的示意图。其中地热流体以饱和液态形式从生产井进入地热系统，并通过节流阀进行闪蒸，转变为低压形态。闪蒸降低了地热流体的温度和压力，但会导致流体质量的增加。因此，闪蒸输出流体由饱和气-液混合物组成，通过分离器，可将该混合物的蒸汽与液态组分分离。之后将分离出的液体输送至回注井，并将分离器排出的饱和蒸汽送入涡轮机以产生机械功，之后通过发电机将机械功转化为电能。可将汽轮机和发电机产生的电功与水共同用于 PEM 水电解过程，电解槽则利用电功将水分解为其组分。其中生成的氢气储存在储氢罐中。在较低的温度和压力条件下，涡轮机输出由饱和蒸汽混合物组成的蒸汽，之后将其输送至冷凝器。在冷凝器中，饱和蒸汽混合物释放热量，并转化为饱和液体。之后将生成的饱和液体输送至回注井注入地下，进行再次加热。回注使得地热资源成为可靠、稳定、可持续的资源。

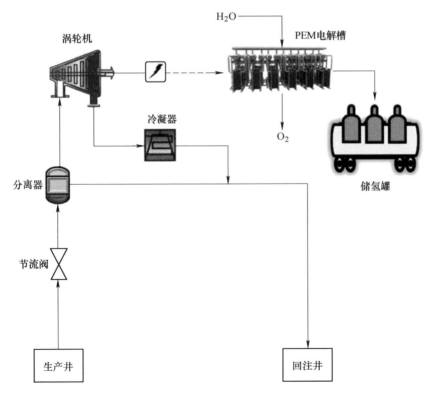

图 5.7 单级闪蒸地热辅助制氢装置示意图

5.6.2 二级闪蒸地热辅助制氢装置

二级闪蒸地热辅助制氢装置如图 5.8 所示。在二级闪蒸地热电站中，将分离器 1 分离出的饱和液体再次通过节流阀 2，并在闪蒸作用下再次降低其温度和压力。该闪蒸过程可将饱和液体转化为饱和气-液混合物，之后将该混合物送入分离器 2，从液体中分离蒸汽。将分离器 2 分离出的液体输送至回注井，并将分离器 2 输出的饱和蒸汽送入汽轮机 2，通过发电机产生机械能和电能。将汽轮机 2 产生的电能与水共同用于 PEM 水电解过程，PEM 电解槽 2 可利用电能将水分解为多个组分。

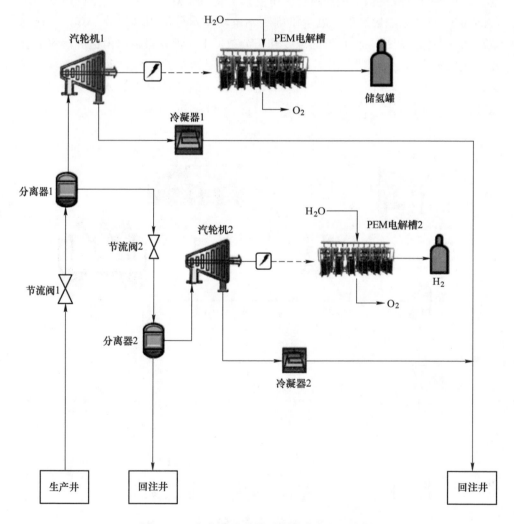

图 5.8 二级闪蒸地热辅助制氢装置的示意图

生成的氢气可储存在储氢罐中。2号汽轮机输出温度和压力均较低的蒸汽，该蒸汽由饱和蒸汽混合物组成，之后将其输送至冷凝器2。通过冷凝器2，可释放饱和蒸汽混合物的热量，并将饱和蒸汽转化为饱和液体。然后，将生成的饱和液体与冷凝器1输出的饱和液体混合，并重新注入回注井，进行再次加热。

5.6.3 三级闪蒸地热辅助制氢装置

图5.9为三级闪蒸地热辅助制氢的装置。在三级闪蒸地热电站中，将分离器2分离出的饱和液体再次通过节流阀3，并在闪蒸作用下降低其温度和压力。在闪蒸作用下，饱和液体转化为饱和气-液混合物，之后将该混合物送入分离器3，

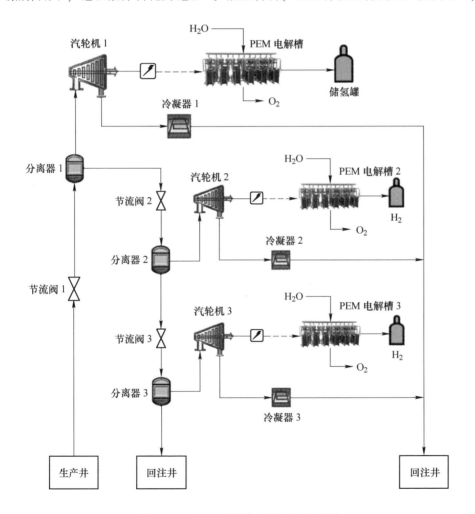

图5.9 三级闪蒸地热辅助制氢示意图

从流体中分离出蒸汽。将分离器 3 分离出的流体注入回注井，并将分离器 3 输出的饱和蒸汽送入蒸汽轮机 3，以产生额外的机械能，通过发电机将机械能转化为电能。

蒸汽轮机 3 产生的电功与水可共同用于 PEM 水电解过程，PEM 电解槽 3 利用电功将水分解为多个组分。产生的氢气储存于储氢罐中。蒸汽轮机 3 可输出温度和压力均较低的蒸汽，该蒸汽由饱和蒸汽混合物组成，之后输送至冷凝器 3。在冷凝器 3 中，释放饱和蒸汽混合物的热能，从而将其转化为饱和液体。然后将生成的饱和液体与冷凝器 1 和 2 输出的饱和液体混合，注入回注井，进行再次加热。

5.7 案例研究 5

设计地热能辅助制氢系统相关案例研究具有重要意义。本节总结了全球范围内与地热电站和热泵相关的回注应用。对 91 座地热电站的分析结果表明，必须尽快制定地热田回注策略，并提供多种选择方案。通过回注措施，可将水泵入回注井，进入地热层再次加热，从而保证地热能的可靠性、稳定性和可持续性。

5.7.1 案例描述

图 5.10 为有回注的地热辅助制氢案例。其中地热流体以饱和液态形式从生产井流入制氢系统，并通过闪蒸室闪蒸至低压状态。闪蒸过程会降低流体压力，将流体转化为饱和的气-液混合物。之后将该混合物送入分离器并对蒸汽和液体进行分离。将分离器分离出的液体回注至注入井，并将饱和蒸汽输送至汽轮机用于发电。将汽轮机产生的电功用于 PEM 水电解过程，从而将水分解为多种组分，其中生成的氢气可储存在储氢罐中。

汽轮机输出低温低压的蒸汽，该蒸汽由饱和蒸汽混合物组成。之后将该混合物送入冷凝器，释放其中的热量，从而将饱和蒸汽转化为饱和流体。然后，将冷凝器排出的饱和流体输送至回注井，进入地下再次加热。地热流体回注至地下并重新加热的循环过程非常重要，这一过程能够保证地热能源的可持续性和稳定性。

表 5.1 为地热能辅助制氢系统的输入参数和设计约束条件。地热电站的重要参数有地热井温度、地热流体质量流量、地热流体入口条件、地热流体闪蒸压力和地热流体入口压力等，以及水电解系统的重要参数，如膜厚度、阳极指前因子、阴极指前因子、法拉第常数，电解温度、阳极活化能和阴极活化能。

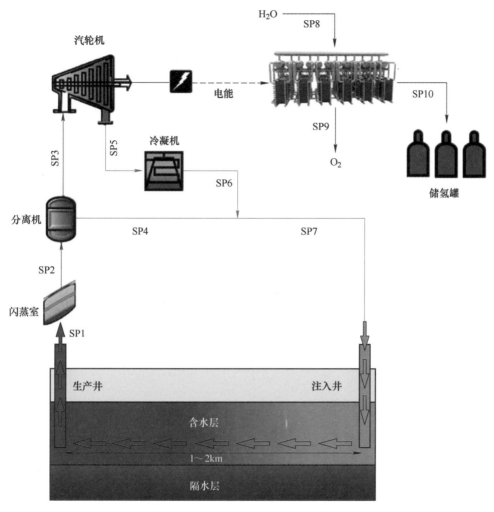

图 5.10 带回注的地热辅助制氢案例

表 5.1 设计约束条件和输入参数

输入参数		数值
地热能	地热井温度/℃	230
	地热流体质量流量/kg·s⁻¹	100
	地热流体入口条件	饱和流体
	地热流体闪蒸压力/kPa	650
	地热流体入口压力/kPa	3347
	环境压力/kPa	101

输入参数		数值
地热能	环境温度/℃	25
	涡轮机等熵效率/%	80
	发电机效率/%	80
PEM 水电解制氢	膜厚度/μm	100
	阳极指前因子（J_a^{ref}）/A·m^{-2}	17×10^4
	阴极指前因子（J_c^{ref}）/A·m^{-2}	46×10
	法拉第数/C·mol^{-1}	96486
	电解温度/℃	80
	阳极活化能 E_{act_a} /J·mol^{-1}	76000
	阴极活化能 E_{act_c} /J·mol^{-1}	18000

5.7.2　案例分析

前述章节已对 PEM 电解槽的设计模式方程进行了详细论述。本节的分析内容包括设计的地热辅助氢案例研究中各组成部分的热力学方程，如下所示：

（1）闪蒸室。闪蒸室的质量、能量、熵和㶲平衡方程如下所示：

$$\dot{m}_1 = \dot{m}_2 \tag{5.1}$$

$$\dot{m}_1 h_1 = \dot{m}_2 h_2 \tag{5.2}$$

$$\dot{m}_1 s_1 + \dot{S}_{gen} = \dot{m}_2 s_2 \tag{5.3}$$

$$\dot{m}_1 ex_1 = \dot{m}_2 ex_2 + \dot{E}x_{dest} \tag{5.4}$$

（2）分离器。分离器的质量、能量、熵和㶲平衡方程如下所示：

$$\dot{m}_2 = \dot{m}_3 + \dot{m}_4 \tag{5.5}$$

$$\dot{m}_2 h_2 = \dot{m}_3 h_3 + \dot{m}_4 h_4 \tag{5.6}$$

$$\dot{m}_2 s_2 + \dot{S}_{gen} = \dot{m}_3 s_3 + \dot{m}_4 s_4 \tag{5.7}$$

$$\dot{m}_2 ex_2 = \dot{m}_3 ex_3 + \dot{m}_4 ex_4 + \dot{E}x_{dest} \tag{5.8}$$

（3）涡轮机。涡轮机的质量、能量、熵和㶲平衡方程如下所示：

$$\dot{m}_3 = \dot{m}_5 \tag{5.9}$$

$$\dot{m}_3 h_3 = \dot{m}_5 h_5 + \dot{W}_{Turbine} \tag{5.10}$$

$$\dot{m}_3 h_3 + \dot{S}_{gen} = \dot{m}_5 h_5 \tag{5.11}$$

$$\dot{m}_3 ex_3 = \dot{m}_5 ex_5 + \dot{W}_{Turbine} + \dot{E}x_{dest} \tag{5.12}$$

（4）发电机。本次研究假设汽轮机的等熵效率和发电机效率为80%。已知可通过发电机将汽轮机产生的机械能转换为电能，因此，将发电机效率和机械能相乘，即可得出发电机的净电力输出[102]。

$$\dot{W}_{el} = \eta_{generator} \dot{W}_{Turbine} \tag{5.13}$$

（5）冷凝器。冷凝器的质量、能量、熵和㶲平衡方程如下所示：

$$\dot{m}_5 = \dot{m}_6 \tag{5.14}$$

$$\dot{m}_5 h_5 = \dot{m}_6 h_6 + \dot{Q}_{out} \tag{5.15}$$

$$\dot{m}_5 h_5 + \dot{S}_{gen} = \dot{m}_6 h_6 \tag{5.16}$$

$$\dot{m}_5 ex_5 = \dot{m}_6 ex_6 + \dot{Q}_{out}\left(1 - \frac{T_0}{T}\right) + \dot{Ex}_{dest} \tag{5.17}$$

（6）性能评估。可通过能效和㶲效率对地热能辅助制氢系统的性能进行热力学分析，其中能效如下所示：

$$\eta_{Geothermal} = \frac{\dot{m}_{H_2} LHV_{H_2}}{\dot{m}_1 h_1 - (\dot{m}_4 h_4 + \dot{m}_6 h_6)} \tag{5.18}$$

$$\psi_{Geothermal} = \frac{\dot{m}_{H_2} ex_{H_2}}{\dot{m}_1 ex_1 - (\dot{m}_4 ex_4 + \dot{m}_6 ex_6)} \tag{5.19}$$

5.7.3 结果与讨论

本节利用热力学方法对地热能辅助制氢系统进行了分析，该系统的各个组成部分的性能都发挥了重要作用。闪蒸压力对地热辅助制氢系统有着明显影响，因此，应当研究闪蒸压力对多个重要参数（如闪蒸室的㶲损失率、闪蒸温度、干度、蒸汽比焓、不同源头压力下的涡轮机输出功率、涡轮机的功和㶲损失率及闪蒸室的㶲损失率）的影响。

图5.11为闪蒸压力对闪蒸室㶲损失率和闪蒸温度的影响。该系统可在650kPa的闪蒸压力下运行。因此，应将闪蒸压力的范围设定为400~800kPa，来研究不同闪蒸压力下的系统运行情况。图中显示，当闪蒸压力从400kPa增加至800kPa时，闪蒸温度从143.6℃上升到170.4℃，闪蒸室的㶲损失率从2724kW下降到1274kW。

图5.12为不同闪蒸压力-入口源头组合中地热能辅助制氢装置的涡轮机比功率输出。其中源头压力的范围为100~2000kPa。这一敏感性分析可用于评估多种条件下的涡轮机最佳输出功率。根据图中的各个源头压力值，可以确定最佳闪蒸压力。例如，当源头压力为3000kPa时，最佳闪蒸压力约为500kPa，涡轮机的效率随着闪蒸压力的升高或降低而降低。因此，建议采用最佳闪蒸压力，将涡轮机输出功率提升至最高，并将㶲损失率减小至最低。如图5.12所示，当各个源头压力输出最高涡轮机功率时，可得到最佳闪蒸压力。当源头压力为4000kPa时，最佳闪蒸压力为417.1kPa，最大涡轮机比功率为133.5kW/kg，而当源头压

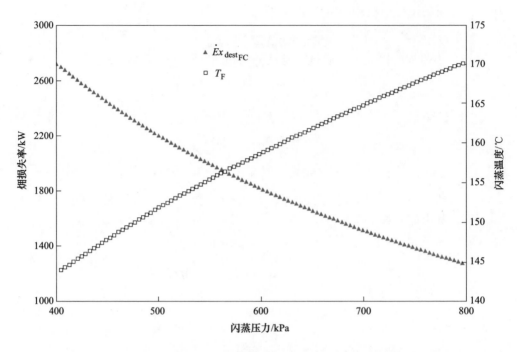

图 5.11　闪蒸压力对闪蒸室㶲损失率和闪蒸温度的影响

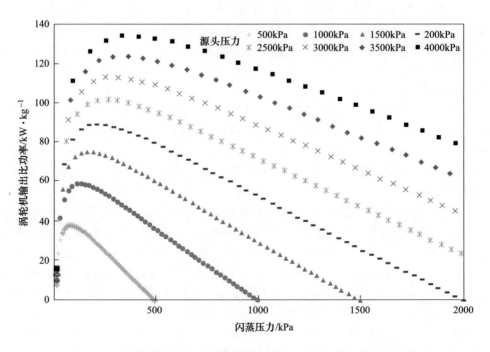

图 5.12　不同源头压力下闪蒸压力对涡轮机输出比功率的影响[103]

力为 3500kPa 时，最佳闪蒸压力为 336.1kPa，最大涡轮机比功率为 123.5kW/kg。同样，如果已知压力，可通过上述分析得出地热井的最佳闪蒸压力。

地热流体的流速会影响重要的系统参数，如蒸汽轮机的工作效率、㶲损失率及制氢能力。当蒸汽轮机的工作效率发生变化时，其制氢能力也会发生改变，因为水电解过程需要使用地热能辅助蒸汽涡轮机提供的电力。图 5.13 为地热流体流速对涡轮机工作效率、㶲损失率和制氢能力的影响。该系统设计的地热流体流速为 100kg/s，通过敏感性分析，将地热流体流速范围设定为 10~200kg/s，以探索不同条件下的系统性能。地热流体流速增加，导致涡轮机的功率从 301.1kW 增加至 6021kW，㶲损失率从 58.33kW 增加到 1167kW，PEM 水电解制氢速率从 1.045mol/s 增加至 20.91mol/s。

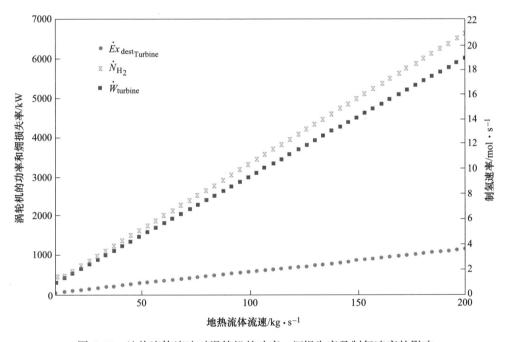

图 5.13 地热流体流速对涡轮机的功率、㶲损失率及制氢速率的影响

等熵效率也会对系统的重要参数如涡轮机的功率、㶲损失率及制氢量产生影响。在等熵效率的影响下，涡轮机工作效率发生变化，从而影响了制氢能力。图 5.14 为等熵效率对涡轮机工作效率、㶲损失率和制氢速率的影响。在涡轮机设计中，将等熵效率设定为 0.8，通过敏感性分析，将等熵效率的范围设定为 0.75~0.90，以探索不同运行效率下的系统性能。当等熵效率从 0.75 增加至 0.90 时，涡轮机的功率从 2822kW 增加至 3387kW，㶲损失率从 729.2kW 下降至 291.7kW，PEM 水电解制氢流速从 9.8mol/s 增加至 11.76mol/s。

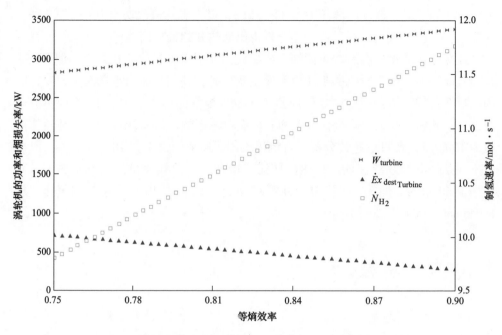

图 5.14 等熵效率对涡轮机的功率、㶲损失率及制氢速率的影响

5.8 结 论

地热能是由地表之下的热源所驱动的能源。以应用来划分，地热能可用于制冷、供暖和发电，也可用于可持续清洁制氢。在全球范围内，地热能是最有潜力进行清洁、无污染制氢的能源之一，地热能制氢过程可减少温室气体的排放。人们能够从地下开采清洁、稳定和可持续的地热能。研究人员认为地热能是一种有前途的、清洁的、稳定的、高效的、环境友好的、可持续且成本效益较高的清洁可持续制氢方案，与之相比，燃烧化石燃料制氢会产生许多有害的排放物，导致全球气候变暖。地热能源是成本最低、清洁且可持续的制氢解决方案，其次是风能。与化石燃料能源相比，地热能源正在逐渐降低成本、提升品质、增加成本收益。

与太阳能和风能不同，地热能源本质上不具有间歇性，因此是一种可靠、稳定和可持续的能源解决方案。除了会将地下存储的温室气体缓慢释放到地表和大气层之外，地热电站和热泵的碳排放量几乎为零。地热能辅助制氢技术可以在全球能源系统向 100% 可再生能源转变的过程中发挥重要作用。地热能制氢过程可以实现清洁环保制氢，并实现净零碳排放，因此是一个极具发展潜力的解决方案。

本章通过一个设计的案例研究来对地热能辅助制氢系统进行分析，其中进行了大量敏感性分析，以探索多种运行条件下的系统性能。在水电解工艺中，通过地热发电进行清洁制氢。通过敏感性分析，可以评估不同蒸汽压力和闪蒸压力下的涡轮机最佳输出功率。因此，建议使用最佳闪蒸压力，以产生最高的涡轮机输出功率，从而提升制氢能力，并将㶲损失率降至最低。储存的氢气可用于燃料电池发电，也可用于其他多种应用。

6 水能制氢

水力发电是一个将流水所具有的动能、势能转化为电能的能量转换过程。在20世纪70年代，人们认为水能是完全清洁和可再生的。水能之所以被视为一种可再生能源是因为在太阳的作用下水在自然界中不断往复循环。历史上，利用水力机械碾磨谷物是水能的最早期应用形式。水力发电是水能最重要应用形式之一，也是当今水能的主要用途。水力发电站通常建造在水库的下方，利用水库实现对下落水流动能能量的提取。过去的十年，由于大型水库对生态和环境造成的一些不良影响，水力发电，特别是大型水力发电，已经被认为对环境具有破坏性（不再属于完全可再生能源）。目前，普遍共识是：微型和小型水电站生产的水电是可再生的。

水力发电被认为是地球上历史最古老的电力来源之一，它利用流动的水来转动涡轮机或发电机转子进行发电。早在古希腊时期，农民就利用这种技术来完成诸如碾磨谷物在内的各种机械作业。这种利用水力能量发电的技术不仅能够产生电力，而且在发电过程中不会产生有毒副产品或空气污染。水流总是在重力的作用下向下流动，而水力发电技术正是利用水流向下运动过程中的动能发电。

6.1 工作原理

水力发电站可以从下落的水流中提取能量用于发电。具体来讲，发电站使用涡轮机将下落的水的动能转换为机械能，带动与涡轮机相连的发电机转子旋转，从而将机械能转化为电能。

建立水力发电站的第一步是在海拔落差较大的大型江河中修建水坝。在建造拦水大坝时应在坝底设置取水口，使大坝能够拦截并储存大量的水。水流在重力的作用下通过导水管进入大坝的内部，而在导水管的末端安装有能够在水流带动下旋转的涡轮机。涡轮机轴将机械能输送至配套的发电机，进而通过发电机产生电能。发电机通过输电线连接到电网，以便根据需要供电。这种通过水力发电产生的电能可以用于电解水工艺中，通过水的分解反应产生清洁和可持续的氢气。

发电机的工作原理主要是由法拉第发现的，他首次得出了当导体附近有磁铁移动时会产生电流的结论。在大型发电机中，电磁体是由使用直流循环电流的励磁线圈构成的，这些励磁线圈缠绕在磁钢叠片周围，而磁钢堆又被称为磁极，绞合在转子的周围。转子被连接到以恒定速度旋转的涡轮机传动轴上，在转子转动时，磁极转动经过安装在定子中的导线，从而在发电机输出端产生电压和电流。

电力需求不是保持不变的，而是全天都在变化，家用、商用和其他设备设施在夜间所需的电力通常更少。相较于核电站和化石燃料，水力发电站是一种更为高效的供电方式，可以在短时间内满足峰值电力需求。将发电用水进行循环重复利用的抽水蓄能发电是目前最常见的一种发电方式。

这种采用抽水蓄能方式的实质就是当水流量处于平峰时通过抽水的方式增加水的储备量，以满足高峰期时的用电需求。在电力需求较低的时段，比如在午夜，水可以从下方蓄水池被重新抽回并储存到发电站上方的蓄水池中。在用电高峰期，储存在发电站上方蓄水池中的水又可以重新释放，向下流经涡轮机，带动配套的涡轮机发电。

水组成的蓄水池就如同一个蓄电池，其中的水可以重复利用，在用电需求低时以水的形式存储电力，而在季节性用电高峰期提供最大的输出功率。抽水蓄能发电的一个显著优势是水力发电机组可以快速启动、发电输出功率可以快速调节，并且仅需运行几个小时甚至 1h 即可产生显著效果。抽水蓄能池的建设成本相对较低，因为与传统的水力发电站相比，其规模较小。

图 6.1 为 1990—2015 年按能源来源划分的一次能源供应总量。从图中可以看出，每种一次能源的供应总量均呈现出逐渐增加的趋势。全球的电能供应主要产生于煤炭、天然气、核能、水能、风能、太阳能、生物质燃料和垃圾及石油等几

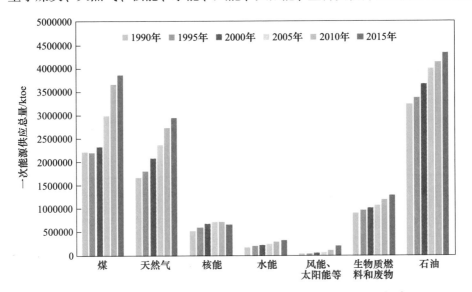

图 6.1 1990—2015 年一次能源供应总量（按能源来源划分）[104]

大能源部门。具体来讲，1990—2015 年，煤炭发电量从 2220466ktoe（千吨石油当量）增加到 3852538ktoe；天然气发电量从 1663608ktoe 增加到 2949909ktoe；核能发电量从 525520ktoe 增加到 670298ktoe；水能发电量从 184102ktoe 增加到 335519ktoe；风能、太阳能发电量从 36560ktoe 增加到 204190ktoe；生物质燃料和垃圾发电行业的发电量从 902367ktoe 增加到 1286064ktoe；石油发电量从 3232737ktoe 增加到 4329220ktoe。

与其他旋转机械一样，水轮机主要依靠旋转运动工作，将水的动能转化为机械能，再通过配套的发电机将机械能转化为电能输出。水轮机的发展始于 19 世纪，在还没有电网供电条件的早期时代，水轮机主要用来提供工业用电。目前，水轮机主要用于向电网供电。这种水轮机通常建造在水坝中利用水的动能发电。

尽管风能和太阳能等其他可再生能源正在迅速缩小与水力发电之间的发电量差距，但是相较于其他可再生能源而言，水力发电依然占据着全球最大的电力份额。与风能和太阳能相比，水力发电的效率更高、更稳定，因为它不像这两种可再生能源那样具有间歇性质。在 20 世纪，水力发电的规模非常大，以至于它因其在自然界的丰富性和巨大的能量潜力而被称为"白色的煤"。水力发电是应用最早也是最简单的发电技术。

进行水力发电首先需要采用花岗岩砌块、木材和岩石建造低坝，将降雨和地表径流的水汇集到水库中。从水库释放的水被引向涡轮机或水轮。被引流至涡轮机叶片上的水会使与配套发电机相连的涡轮机轴转动，从而通过发电机将机械能转化为电能。这项技术已经相当成熟，发电用水通常来自河流和降雨。随着技术的进步，目前正在使用的技术包括引水、蓄水和抽水蓄能发电。

利用或提取流水的能量来发电的技术被称为水力发电技术。水力发电站通常被建在存在水位落差的地点附近，利用从高处往低处流动的水的动能，通过涡轮机带动发电机发电。

水力发电被归类为可再生能源，因为水被作为工作流体，利用太阳蒸发成云，再以降雨的形式回到地球表面。水的循环不断往复，因此可以被反复用来发电。水力发电是指利用水位差产生的强大水流进行发电。利用水能发电，通常需要在河流上修建拦水大坝。在拦水大坝中安装涡轮机，其叶片在连续水流的动能作用下发生转动，旋转的涡轮机机轴又带动发电机转子旋转，进而将动能转化为电能。之后，经涡轮机流出的水又可以通过自然循环或抽水的方式返回大坝。因此，流水是一种重要能源，不仅可以满足居民家庭的日常用电需求，还可以服务于城市和国家的用电。这种能源也被用来满足一些国家的峰值电力需求。

尽管水力发电不会产生任何温室气体（GHG）排放和环境问题，但建造大型水坝、封锁河道可能会造成一些不利的社会和环境影响，例如改变正常的河流流量、造成洄游鱼道的堵塞、地震、意外的洪水及当地居民的迁移安置。

图 6.2 为 1990—2015 年全球可再生能源发电量的变化情况。从图中可以看出，基于各种能量来源的发电量均呈现逐渐上升的趋势，在全球所有可再生能源发电中，水力能源占主导地位，而太阳能光伏和风能是全球新兴的可再生发电能源。目前的全球发电量产自不同种类的可再生能源，包括地热、太阳能热能、水能、太阳能光伏、潮汐能、波浪能、海洋能和风能。从 1990 年到 2015 年，基于上述能源的全球发电量显著增加。其中，使用地热能源的发电量从 36426GW·h 增加到了 80562GW·h；使用太阳能热能的发电量从 663GW·h 增加到了 9605GW·h；使用水力能源的发电量从 2191675GW·h 增加到了 3989825GW·h；使用太阳能光伏发电的发电量从 91GW·h 增加到了 250574GW·h；使用潮汐能、波浪能和海洋能的发电量从 536GW·h 增加到了 1006GW·h；使用风能的发电量从 3880GW·h 增加到了 838314GW·h。

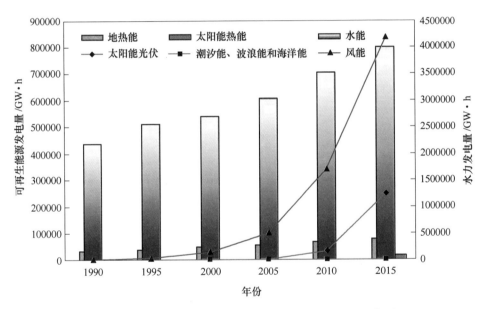

图 6.2　1990—2015 年全球可再生能源发电量变化情况[104]

6.2　水力发电的优点和缺点

随着许多公司开始认识到流水在发电方面的巨大潜力，水力发电备受关注。尽管如此，在研究水力发电及其全球影响时，应考虑伴随其产生的一些利弊。本节主要论述与水力发电相关的优点和缺点。

6.2.1 水力发电的优点

水力发电的优点主要有：

（1）可再生能源。水电能源被认为是一种可再生能源，因为它利用的是自然界的水循环来发电。地表水在太阳热量的作用下蒸发，形成云以后再以雨雪的形式返回地表。通常用来进行水力发电的湖泊和河流不会消失，这就意味着这种能源是取之不尽的，不用担心其会发生短缺或不足。只需要找到合适的地点来建造水力发电站，而且符合条件的地点有许多。

（2）对偏远社区发展的贡献。水力发电站可以为偏远社区提供电力，从而推动高速公路的投资建设及工商业的发展。这有助于促进偏远地区的经济增长，改善居民医疗保健和教育条件，提高其生活质量。一个多世纪以来，水力发电一直被量化、计算和使用。

（3）清洁能源。水电能源是一种基于地球水资源的清洁、绿色的能源，利用水资源进行发电的过程本身不会造成污染。水电站产生的电力不会产生任何可能导致环境污染的温室气体或有毒气体，只有在建造发电站的过程中可能造成一定程度的污染。与使用化石能源发电相比，水电站释放的温室气体排放量微乎其微，有助于缓解气候变化、减少烟雾和酸雨的形成。水力发电不仅可以改善空气质量，而且不会产生任何有毒的副产品。

（4）可持续发展。与水力发电相关的能源技术和设施是在经济上可行、对环境敏感和对社会负责的前提下建立和运作的，这体现了可持续发展概念的主要内涵。这种在目前已被广泛接受的可持续发展理念旨在兼顾当下发展需要的同时又不损害后代的利益。

（5）具有成本竞争力。尽管前期建设成本可能很高，但水力发电站依旧可能是最具成本竞争力的能源之一。河流或湖泊水提供了可用于发电的无限水资源，不会受到市场波动的影响，而使用化石燃料的传统发电方法往往会受到燃料价格市场波动的严重影响。水力发电站的平均寿命为 50~100 年，其具备支持未来持续发展的战略投资潜力。这些电站可以很容易地进行升级，以满足与时俱进的技术要求。不仅如此，其所需的维护和运营成本也比其他能源形式低许多。

（6）具备开发娱乐休闲功能的潜力。大坝建成后形成的湖泊也可以用于娱乐活动，如划船、钓鱼和游泳，此外，湖水还可以用来灌溉。大型水坝往往也会成为吸引游客的热门景点。水力发电站具有巨大的储水能力，既可以在无降雨期间用于灌溉，也可以缓解用水短缺。保持水库的高储水量是有益的，因为它不仅可以避免地下水位严重下降，同时还能提高地区抗洪水和干旱的能力。

6.2.2　水力发电的缺点

水力发电的缺点主要有：

（1）对环境的影响。自然水流的中断会对环境和河流生态系统产生重大影响。某些鱼类和其他生物通常在繁殖季节或由于食物短缺而迁徙。在某些情况下，水坝的建设可能会导致鱼类繁殖不足或死亡。随着筑坝建设活动的不断开展、水流的变化、电力线路及街道的扩张，人们逐渐认识到水电站的建设对自然环境造成的影响。水力发电站可能会对渔业部门产生影响，因为它可能会导致鱼类和其他生物的迁徙，但是，这个过程研究起来较为复杂，无法就这一因素的影响程度做出明确判断。

（2）洪水风险。由于大坝通常会释放巨大的水流，因而居住在低处区域的社区容易遭受洪水的侵袭，居住在这些地区的人们的生计和收入来源可能会受到影响。

（3）前期投资成本高。就成本而言，水力发电站的建设成本可能非常高昂，但此类发电站的平均使用寿命为 50~100 年，表明其具备支持未来持续发展的战略投资潜力。由于在地形勘测、水下混凝土施工和建筑材料等后勤方面往往存在较大挑战，水电站的建设通常需要大量投资。虽然另一方面，水电站建设的好处在于其建成后需要的维护较少，但建成投产后水力发电站仍需要长期运营才能收回投资。

（4）甲烷和二氧化碳排放。为运营水电站而建造的水库将产生大量的甲烷和二氧化碳气体排放，尽管与煤炭、石油和天然气等传统燃料相比，其排放量要少很多。大坝附近的区域总是充满水，因此，水下的植物开始分解。这种在无氧条件下进行的植物分解反应会释放出大量的甲烷和二氧化碳气体，从而导致环境污染的增加。

（5）用水冲突。拥有丰富水力发电资源的国家通常在河流中修建水坝以利用水来发电。尽管这样的建设活动有其好处，但也可能会导致天然水向不同方向的流动中断。当一个特定区域不需要使用大量水时，水可以被引导到其他区域，这些区域的人们可以在特定地点筑坝以满足其用水需要。然而，如果水资源短缺影响到需要供水的特定地区，这种短缺可能会引发冲突，这意味着需要停止向大坝方向供水。

（6）干旱。使用水力发电站发电的一个重大缺点是当地的干旱风险。电力和能源的总成本是根据水的获取难易程度来确定的，获得水的难易程度受到干旱期的影响很大，通常来说，干旱将导致人们无法获得所需的电力。

生活在低海拔地区的人们会面临洪水的危险，因为大坝放水时，附近地区可能会被洪水摧毁。在特定区域建造水坝可以为大规模电力的生产和供应提供条件，但也会面临各种问题。为应对这些问题，正确的做法是在选定地区建造水坝和发电站之前对相关数据进行系统地考虑和评估。在众多关键考虑因素中，关于大坝建造对环境、社区及当地安全影响的评估应当在建造大坝之前完成。

图 6.3 为 2010—2017 年间的装机水力发电量和装机容量的变化趋势。从图中可以看出，水力发电量和装机容量都在稳步增长。2010—2017 年，水力发电量从 3437371GW·h 稳步增长至 4030628GW·h，同时，水电装机容量从 880606MW 增加至 1099007MW。

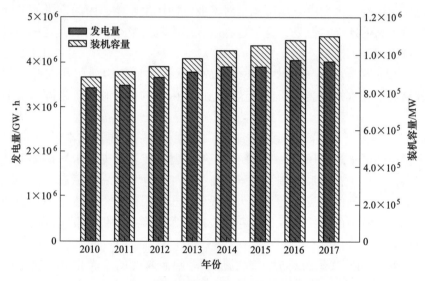

图 6.3 2010—2017 年装机水力发电量和装机容量变化趋势[105]

一篇文章对各种可再生能源驱动的制氢方法的㶲效率情况做了综合研究[106]，目的是利用㶲效率法对各种制氢方法进行比较。研究对象包括基于太阳能、风能、水力及生物质能等各种可再生能源的制氢方法。结果表明，基于水力发电的制氢方法的㶲效率最高，达到了 5.6%，而采用水电解工艺的光伏能源制氢方法的㶲效率最低。最近的一项研究公布了关于水电的全球水足迹评估[107]。水电虽然是最重要的可再生能源之一，然而它消耗了大量的水，可能导致水资源短缺。先前的一些文献采用了总蒸发法进行水足迹评估，其中总蒸发量被视为水力发电量。这些研究没有考虑大坝建造之前的两个重要蒸散因素，而这两个因素需要从水足迹和蓄水量的季节动态中获取。这些因素对于利用特定时间的水资源指数评估水库对水资源短缺的影响至关重要。该研究通过计算 1500 个水电站的水足迹填补了这一空白，这些水电站的水足迹约占全球年水电发电量的 43%。研究人员还分析了环境水流的必要性，因为流动模式的变化可能会对生态系统产生不利影响。这项研究表明，以往的研究高估了水力发电对水资源短缺的影响，因为水库可以根据缺水程度选择储水和放水。相反，与水的消耗相比，水流的改变通常对环境的影响更大。另外，因为不同植物受水资源短缺的影响程度有很大不同，所以有必要针对特定植物进行评估。

最近的一项研究探讨了可靠性约束下的水力发电评估[108]。要发掘水力发电的长期价值，需要对不明确的水库流入量及多变的流出量参数进行监测，并综合考虑可能大幅变化的电价的影响。研究人员在其研究项目中描述了一种可以量化水库可靠性的随机动态规划设计方法。这种设计方法有多种应用，例如，可用于对下游水库漫顶或溃坝风险的评估。研究还介绍了一种在不同的可靠性水平约束下确定水库流量策略的对比方法，以最大限度地提高预期收益。另外一项研究中，研究人员对建模方法以及对水力发电站的控制进行了深入的研究[109]。还有一项研究探讨了全球水电大坝建设的蓬勃发展[110]。人口增长、气候变化、经济发展及满足电力缺口的需求，促使研究人员积极探索新的可再生能源。由于这些原因，业内正在积极探索水电开发方面新的重大举措。当前，新兴经济体国家约有 3700 座大坝正在规划或建设中，每座大坝的发电容量可达 1MW。这些规划和建设项目预计将使全球水电的发电能力提高 73%。但是，即使是这种大幅扩张也不足以满足日益增长的电力需求。此外，他们还指出，水电站的建设可能部分弥补了电力缺口，但可能不会显著减少温室气体（主要是甲烷和二氧化碳）的排放量，也可能无法消除社会冲突和相互依存性。同时，水电站的建设还可能会使自由流动的大型河流减少。这些建议旨在评估大坝建设中的经济、社会和生态复杂性，使水电成为一种可行且稳定的电力来源。

在一项关于水力发电系统（联合循环）及其应用的研究中，研究人员探讨了在传统水电站的现有尾水中使用水动力涡轮机的可能性和潜力[111]。这项研究旨在讨论在正常运行的传统水电站后方安装水力涡轮机以增加水力发电系统（联合循环）发电量的可行性和潜力。该系统旨在从水坝流出水的剩余能量中获取额外的电力能源。该研究提出了两种不同的水动力涡轮机安装模式，即它们可以直接安装在现有常规涡轮机的后面，也可以安装在发电站所在地附近的其他特定场地，此外，该研究还讨论了与安装这些水力涡轮机相关的优势和挑战。研究表明，安装水电系统（联合循环）具有较好的应用前景和产生额外清洁能源的巨大潜力，有望成为一种新兴的清洁能源来源，帮助缓解气候变化。

研究人员发表了一份关于各水力发电站运行情况的全面回顾报告[112]。能源对一个国家的发展起着重要作用，传统能源一直以来被用于满足巨大的能源需求，而可再生能源正在逐渐取代传统能源的地位，水电资源正是众多可再生能源中最具价值的能源之一。与传统能源相比，水电对环境和社会的影响很小。水电厂的合理运营对于充分利用流水的巨大潜力来发电非常重要。研究人员针对那些对环境影响最小、运营成本最低的水电站的运营特点进行了详细的回顾研究。他们详细研究了每一个有助于水电站高效运行的因素和参数，以实现最大的发电量和最低的运营成本。为了深入研究，研究人员对近期发表的文献中提及的各种先进数学模型和技术进行了调查，这些模型和技术用以实现水电站发电量最大化和运行成本最小化。他们建议需要对小型河流水电站的优化运行做进一步研究。

关于水力发电站制氢的研究论文[113]最早发表于 1985 年，但当时氢气尚未被接受为清洁燃料和能源载体。凭借其永久可再生性及清洁能源的属性，水电资源具有独特的优势。诸如化石燃料驱动的热电厂等其他可替代能源，需要被可再生和清洁能源所取代。目前，人们正在积极探索通过改、扩建的方式提高现有水力发电站的发电量，也为此开展了大量研究工作。然而，由于经济和水文条件的限制，水力发电站仍然仅能利用河流中的一小部分水能。该研究探讨了通过利用水的电解反应将水转化为氢气的方式来提取被浪费或多余的能量，进而通过燃料电池或燃气轮机的方式发电以提高水电站效率的可能性。有人提出，在非用电高峰或河流高流量期间产生的多余电能可以以氢气的形式储存起来，从而在之后的能源需求旺季满足使用要求。这种发电方式的一大优势在于具有生产氢气所需的充足水源，电解槽需要安装在水电站附近。结果表明，在水电站附近将多余电能转化为氢气并将其应用于燃气轮机，在经济和技术上都是可行的。他们还预测，这种引入氢能的新设想可以通过产生额外的收入来改善预期的经济效益。

2018 年全球水电装机容量分布在奥地利、智利、哥斯达黎加、葡萄牙、中国、萨尔瓦多、俄罗斯、菲律宾、埃塞俄比亚、德国、法国等国家和地区。

6.3　水力发电站的分类

水力发电站的分类如图 6.4 所示。水力发电站可分为以下几类：

（1）根据容量划分为超小型、微型、迷你型、小型、中型、大型；

（2）根据水头高度划分为高、中、低型；

（3）根据用途划分为单用途和多用途；

（4）根据设施类型划分为水库水发电站、河流水发电站、抽水蓄能发电站、径流式发电站；

（5）根据水文关系划分为单级水电站、梯级水电站；

（6）根据输电系统划分为接入电网型和不接入电网型。

水力发电的主要原理很简单，即太阳的热量导致大量水蒸发，从而增加了势能。蒸发的水形成云，云有助于水蒸气聚集成水滴落在地面上，雨水在自然环境中进一步汇集，最后汇入河流，从而形成了一种便利且免费的可再生能源。水能

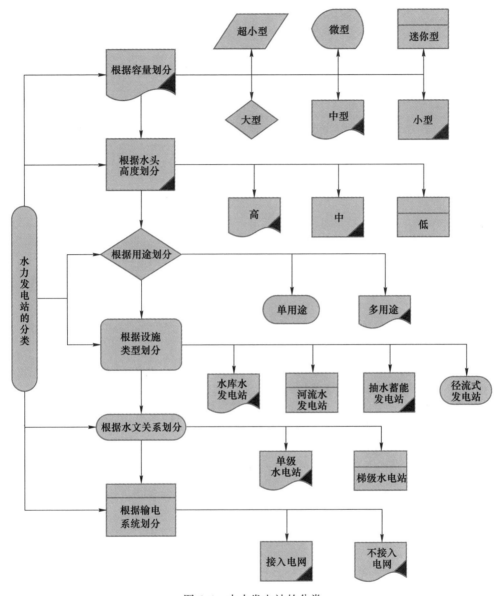

图 6.4 水力发电站的分类

的提取包括以下几个步骤：（1）将一些水引入人工水道中；（2）蓄水以保持一定的水头和流量；（3）使用水车或涡轮机将水能转化为机械能；（4）使用水闸和变速箱来控制系统入口流量和机械输出。

上述关于水力发电的关键特征出现在历史上最早的关于水力发电的描述中，时至今日，这些特征在现代高效的水利水电设施中依然可以看到。

6.4 水轮机和发电机

水轮机主要是将流水的能量转化为机械能，而集成的水力发电机则负责将水轮机的机械能转化为电能。水轮发电机是基于法拉第电磁感应的原理运行的，即导体在磁场中运动会导致电流的产生。在发电机中，直流线圈缠绕在作为磁极的磁钢叠片上，形成电磁体，电磁体作为定子安装在转子的周围。而转子又与以一定速度旋转的涡轮机机轴相连接。当转子发生转动时，安装在转子内的导线将发生相对于定子磁场磁极的运动，进而导致发电机的输出端产生电流和电压。图6.5是水轮机和发电机的结构原理示意图。

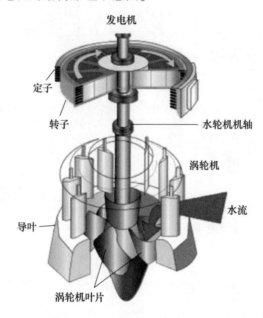

图 6.5　水轮机和发电机的结构原理示意图[114]

涡轮机叶片是一种独特的部件，根据其结构和特点的不同，涡轮机又可分为水轮机、蒸汽轮机和燃气轮机。涡轮机叶片是从工作流体中提取能量的主要部件。涡轮机叶片和导叶是水轮机的重要组成部件，而定子和转子则是水力发电机的重要部件。水轮机和水力发电机通过一根水轮机-发电机主轴相连接。

水力发电站可根据容量的不同进行分类，如图6.6所示。就发电容量而言，超小型水电站的功率范围为0~5kW，微型水电站的发电功率范围为5~100kW，迷你型水电站的发电功率范围为100kW~1MW，小型水电站的发电功率范围为1~15MW，中型水电站的发电功率范围为15~100MW，大型水电站的发电功率大于100MW。

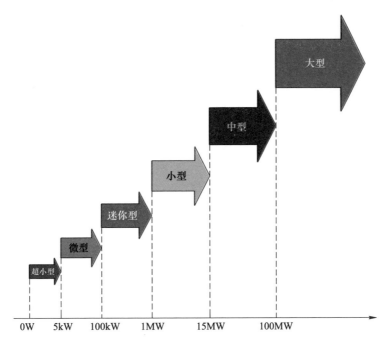

图 6.6 根据容量划分的水电站分类

6.4.1 水力发电站和抽水蓄能

　　水力发电站发电的原理示意图如图 6.7 所示。这种发电工艺通常需要在河流上修建水坝。大量的水储集在上水库里,可以利用水的落差形成的势能来发电。水轮机可以将上水库释放的水所具有的势能转化为机械能,该机械能被传递给与水轮机相连的发电机,进一步将机械能转化为电能。自水轮机出水口流出的水流将继续流向下水库,产生的电能则将被输送至电网。通过这种方式,水又流回到河流中,循环不断地产生电力,电力可根据需要供应给社区或电网。

　　如图 6.7 所示,大坝和水电站上建有最常见的抽水蓄能型水力发电系统,在水电站泄水道尾端地势较低处还建造了一个水库,用于收集从发电厂流出的水。平时这类发电站可以像常规水力发电厂那样运行,但在用电高峰期,可以调整其供电输出容量,这一点与基础负荷的发电厂有所不同。为了实现抽水蓄能功能,需要在抽水蓄能发电站中安装相应的抽水泵,以便将流出的水抽回到主水库中,来满足低水位期间的发电需求。这种类型的发电站又被称为混合式抽水蓄能发电站。

　　在水库已经建成的条件下,通过对现有大坝和水库发电站进行改扩建的方式建造抽水蓄能式发电站通常是可行的。采用这种设计建造的许多发电站既可以用作常规发电站,也可以用作抽水蓄能电站。美国在巴斯郡拥有最大的抽水蓄能水

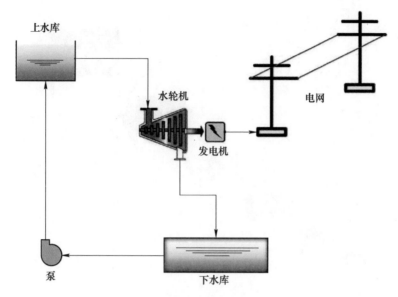

上水库

水轮机

电网

发电机

泵

下水库

图6.7 水力发电站发电的原理示意图

电站，发电容量达到了3000MW。运行期间，上水库和下水库的水位都会波动，上下水库之间的最大水头（水位高度差）为400m。

有时建造上下两座不在任何水道上的人工水库更为合适。不过，由于水库中的水会持续损失，因此需要水源来为水库补水。许多废弃矿山和挖掘场已被用来改造成抽水蓄能发电系统的配套水库。这类的发电站通常将水在上、下水库之间循环，可以作为蓄能式水电站运行，一般又被称为闭式循环抽水蓄能水电站。

确定上下水库的建造位置是抽水蓄能电站建设过程中最具挑战性的任务之一，上下两座水库需要分开建造，且两者之间必须拥有足够的水位差，才能为抽水蓄能发电站的高效运行提供条件。两个水库之间保持高水位差是更为理想的，因为与低水位差系统相比，拥有高水位差的抽水蓄能发电系统能提供更多的能量。另一个被考虑过但几乎从未被采用的方案是，将海洋水域作为抽水蓄能发电系统中的下水库。而要有效地利用这种技术，岸边须较高的悬崖，并且悬崖顶部要有适合形成湖泊的场地。

在地下建造第二个水库（下水库）是另一种备选方案。这种替代方案很有吸引力，因为与在地面上建造一个新的水库相比，它对环境的影响可以忽略不计，但是，这种方案通常受到地下开发条件的限制。地下采矿场最具备改造成地下水库的开发潜力且大量存在。这些潜在的可改造成地下水库的结构必须是不渗水的，否则下水库中储存的水会在泵注回上水库之前发生漏失，截至目前尚未真正建成过这类发电系统。

水库的大小是在系统设计时应考虑的另一个因素，尤其是在水库正式开建前应重点考虑。抽水蓄能发电站的发电容量是由上水库所能容纳的水量决定的。上水库的蓄水容量越大，抽水蓄能发电站储存的能量就越大，连续供电时间就越长。抽水蓄能发电站在日常运行过程中的往返效率能够达到70%~80%。

6.4.2 水轮机的类型

水轮机可分为冲击式水轮机和反击式水轮机这两大类，进一步的详细分类如下：

（1）冲击式水轮机：佩尔顿式（Pelton）水轮机、双击式（Cross-flow）水轮机；

（2）反击式水轮机：卡布兰式（Kaplan）水轮机、弗朗西斯（Francis）式水轮机（又称混流式水轮机）。

6.4.2.1 冲击式水轮机

冲击式水轮机通常借助常压下自由射流的速度和动能来使转轮旋转。在这类水轮机中，水流所具有的全部可利用能量在水流经收缩喷嘴后将被转化为速度水头或动能，之后，高速射流将与转轮水斗发生冲击，促使转轮转动。被推动的转轮将在空气中旋转，而其特定部分将始终与水保持接触。

冲击式水轮机中通常安装有一根引水套管来避免水飞溅出水斗。从原理上讲，冲击式水轮机是一种主要适用于具有较高水头应用场景的低速涡轮机。佩尔顿式水轮机和双击式水轮机是冲击式水轮机的两种主要类型。

A 佩尔顿式水轮机

佩尔顿式水轮机系统内通常设置有一个或多个自由射流装置，以此将水流排放到转轮水斗及充气的空间内。对于冲击式水轮机，由于转轮必须安装在尾水水面的上方暴露于空气中，并在常压下运转，所以不需要设置尾水管。在佩尔顿水轮机中，水流沿切线方向冲击转轮。

B 双击式水轮机

双击式水轮机通常是滚筒形的，其系统内设置有一个矩形截面的细长喷嘴，与圆柱形转轮上的弯曲叶片相对放置。这种类型的水轮机允许水前后两次流过叶片。水流在第一次流过叶片的过程中，水从叶片的外侧流向内侧；而在第二次流过叶片时，水从叶片的内侧流向外侧。设置在水轮机入口附近的导向叶片将水流引导至相应的转轮部分。与佩尔顿式水轮机相比，这种双击式水轮机可以适用于水流更大、水头更低的情形。

6.4.2.2 反击式水轮机

反击式水轮机利用水的流动和压力的共同作用产生动力。转轮直接安装在水流中，水流直接通过叶片推动转轮转动，而不是水流单独撞击每个转轮水斗。这种类型的水轮机通常适合安装在水流量高且水头较低的地方，在这些地方冲击式水轮机通常不适用，因为它们需要高水头才能产生最大功率。

在反击式水轮机中，一部分可获得的势能被利用，并在转轮进水口处转化为速度水头。与出口压力相比，水轮机入口的压力要高得多。水压在水流经过水轮机的整个流道上波动。一般来说，动力主要是通过转轮叶片前后的作用压力差来提供的，而一小部分动力则源于水流速度的动能作用。在经过对系统加压之后，水流从头部到尾水道的完整流动均发生在一个封闭的系统中。卡布兰式水轮机和弗朗西斯式水轮机是反击式水轮机中的两种主要类型。

A　卡布兰式水轮机

从原理上讲，卡布兰式水轮机是一种转桨式的水轮机，其具有形态可变的扇叶。这种水轮机的导叶和叶片都是可调节的，因此其有更大的运行范围。卡布兰式水轮机实质上是一种轴流式涡轮机，这意味着水流在穿过转轮时其流向不会发生改变。在卡布兰式和螺旋桨式水轮机中，水流总是与水轮机轴平行或沿其轴向流动。用来评估合适水轮机类型的选择标准主要取决于可用水头情况及对发电用水浪费量的量化。

入水口处允许进水的活动导叶可以关闭或打开，以调节和控制通过水轮机的流量。在电力需求为零的时段，水将完全停止流入水轮机，水轮机进入静止状态。入口处活动导叶方位的变化不仅会让流入水轮机的水流量发生变化，还能使水流以最大的有效角度撞击转轮，从而获得最大的效率。转轮叶片的桨距同样能够以类似方式进行调节，调节范围包括从用于低水流的扁平形态到适应高水流量的大开形态。转轮叶片和入口导叶的可调节能力意味着转轮的可工作流量范围非常广，效率曲线平坦，水轮机效率很高。效率曲线很好地体现了可调节的转轮叶片功能的优越性，即通过调节使转轮叶片能够准确地对准迎面而来的水流。

B　弗朗西斯式水轮机

弗朗西斯式水轮机通常利用一个转轮及固定在其上的 9 个或更多水斗工作。水从转轮上方引入，覆盖并落在整个转轮上，使转轮旋转。其他重要部件包括导叶、蜗壳及转轮后方的尾水管。弗朗西斯式水轮机能够利用向内的径向水流。在高级弗朗西斯式水轮机中，水流从四周沿径向向内流入，但以轴向平行方向流出，因而被称为混流。

弗朗西斯式水轮机是当今最常用的水轮机之一。这种类型的水轮机应用水头范围很广，在 40~600m 的水头范围内均可使用，主要用于发电。与该类型水轮机配套使用的发电机的输出功率通常从数千瓦到 800MW 不等。但是，采用这种类型水轮机的微型水电站的装机容量可能会较低。与该系统配套的压力管道的直径范围为 0.9~10.1m（3~33ft），涡轮机转速范围在 75~1000r/min 之间。在水轮机外部、转轮的四周安装有导水机构，以控制进入水轮机的水流量，来实现不同的发电率。实际上在任何时候这种涡轮机都通过竖轴与发电机跨接，实现了水与发电机的分离，有利于系统的维修和安装。

6.5 水电制氢

用于制氢的水力发电厂的分类如图 6.8 所示，其中任何一类水力发电厂所产生的电力都可以直接用于水电解过程来制取氢气。水力发电厂的具体分类如下：

（1）根据泄流情况划分：水库发电厂、无蓄水池的径流式发电厂、有蓄水池的径流式发电厂；

（2）根据可利用的水头高度划分：高水头发电厂、中水头发电厂、低水头发电厂；

（3）根据发电负载类型划分：用于调峰的抽水蓄能发电厂、用于满足基本电力负载需求的发电厂、用于满足峰值电力负载需求的发电厂。

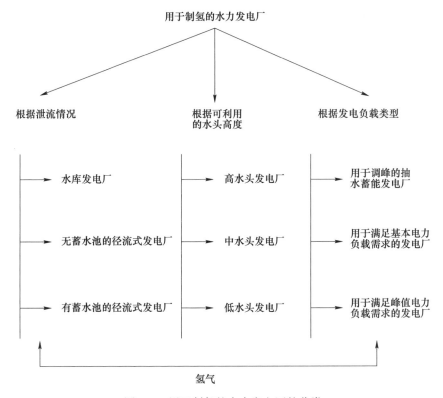

图 6.8　用于制氢的水力发电厂的分类

水电制氢系统的原理图如图 6.9 所示。大坝通常建造得较为高大，以增加水库的蓄水能力。大量的水储集在上部水库中，可直接用于水轮机发电。大坝中的水能还可以通过抽水蓄能或飞轮蓄能等方式储存起来，以满足用电高峰时的需求。

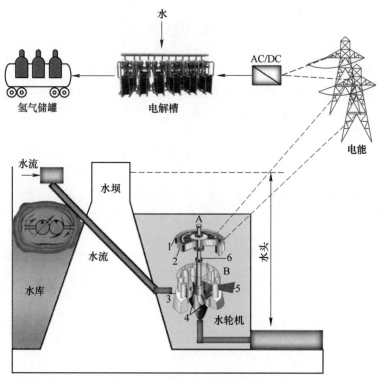

图 6.9 水电制氢系统的原理图

在水库已经建成的条件下，在现有大坝和水库发电厂的基础上建造抽水蓄能水电厂往往更为合适。采用这种设计理念建造的发电厂既可以作为常规发电厂运行，也可以作为抽水蓄能发电厂运行。选择建造水库所需的地点是最具挑战性的任务之一，因为上下水库需要彼此分开才能为抽水蓄能发电厂的高效运行提供足够的水头。在建造的两个水库之间最好有一个较高的水头差，因为与低水头系统相比，高水头系统所具有的发电潜力更大。

水从水库自上而下流过水轮机，水轮机从水中提取能量以产生机械能。水轮机的主轴上连接着配套的发电机，可将机械能转换为电能。从水轮机出口处流出的水流将最终流入位于低地势处的下水库，产生的电力供应给电网。之后水将流回到河流中，如此循环往复，不断地产生电能，而电能又可以用来生产氢气。水力发电厂产生的电能通过 AC/DC 转换器转换为直流电，然后将这些电能应用于水电解过程即可产生氢气。这种系统可产生清洁且对环境无害的氢气，实现零碳排放。

由水轮机产生的机械功率 P_T 可以根据可用水轮机水头 h、水轮机流量 q、水密度 ρ、重力加速度 g 及水轮机的效率 η 等参数通过式（6.1）计算得到。效率因数导致了由涡轮机产生的总机械功率的降低，也是造成功率损失的主要原因。在预期的水头和速度条件下，在从空载到预期负载的过程中，水轮机的扭矩与导叶位置大致呈线性关系。水轮机模型基于稳态运行方程，将输出功率与水流量和水轮机水头相关联[109]：

$$P_T = \eta \rho g h \tag{6.1}$$

对于水轮机的效率因数，必须考虑到水轮机的效率不可能达到 100%，因此，可以从净流量中减去空载流量 q_{nl} 以估算得到实际流量，该实际流量乘以水轮机水头即可求得机械功率。水轮机阻尼效应是关于导叶开度的函数，在机械功率的计算中也需要考虑到。因此，水轮机单机功率可以表示如下（水轮机估计 MW 用作基础功率）：

$$\overline{P_T} = A_T \bar{h} (\bar{q} - \overline{q_{nl}}) - D_n \overline{G} \Delta \bar{n} \tag{6.2}$$

式中，D_n 在 $0.5 \leqslant D_n \leqslant 2.0$ 范围内，反映了转速变化 Δn 对涡轮效率的影响。

水轮机增益表示为 A_t，并在以下等式中表示为有效闸门位置与实际闸门位置之比：

$$A_t = \frac{1}{G_{fl} - G_{nl}} \times \frac{\text{水轮机 } MW \text{ 额定}}{\text{发电机 } MW \text{ 额定}} \tag{6.3}$$

式中，G_{fl} 为满负载时的导叶位置；G_{nl} 为空载时的导叶位置，这两个因素均由水头和额定转速决定。

对于水轮机，可以使用流量 q、水头 h 和导叶位置 G 之间的关系来解释基础流量。在采用基础流量 q_{base} 并假设基础水头 h_{base} 等于静水头 h_0 的条件下，水轮机的单位流量由阀门的特性代表，表示如下：

$$\bar{q} = \overline{G} \sqrt{\bar{h}} \tag{6.4}$$

水轮机可以使用以下线性泰勒级数近似值来表示，以确定在工况点位置扭矩、水头、导叶位置和速度等参数存在的微小差异：

$$\Delta q = a_{11} \Delta h + a_{12} \Delta n + a_{13} \Delta g \tag{6.5}$$
$$\Delta m = a_{21} \Delta h + a_{22} \Delta n + a_{23} \Delta g \tag{6.6}$$

参数 a_{ij} 表示扭矩和流量关于导叶位置、水头及速度的偏导数。对于在额定水头和额定转速下理想水轮机，假定其对负载的偏导数为：

$$a_{11} = 0.5, \ a_{12} = 0, \ a_{13} = 1, \ a_{21} = 1.5, \ a_{22} = -1, \ a_{23} = \frac{\mathrm{d}m}{\mathrm{d}g} \tag{6.7}$$

需要注意的是，水轮机的表征主要取决于系数 a_{23}。

6.5.1 单个压力管道的建模

水电站通常设置有一个单独的用以促动水轮机-发电机机组工作的水流隧道，

在此，基础研究模型仅限于隧道内水柱为非弹性水柱的情况。通过关于压力管道中的水流速度、重力影响下的水柱加速度及水轮机的机械功率等三个基本方程，可以对水轮机和压力管道的特性进行评价。首先，须建立一个适当的非线性表达式来考虑功率和速度的巨大变化。

基本水柱模型描述的是一根没有水流波动或调压井的压力管道。在压力管道建模中，假定水为不可压缩流体，忽略水锤冲击效应。假设某刚性管道的横截面积为 A，长度为 l，则在这种管道中，水对管道壁的摩擦力引起的压力管道水头损失 h_f 与流量 q 的平方成正比，表达式如下：

$$h_f = f_p q^2 \tag{6.8}$$

式中，f_p 为压力管道中由摩擦引起的水头损失系数。

假设压力管道内的水为固体，则压力管道内水的流速变化可以根据牛顿第二运动定律与水头关联起来。对水体的作用力可以表示如下：

$$(h_0 - h - h_f)\rho g_a A = \rho A l \frac{dv}{dt} \tag{6.9}$$

式中，h_0 为水柱静水头；h 为涡轮机入口处的水头；h_f 为摩擦水头损失；v 为水流速度。

压力管道内的流量变化率可以表示为：

$$\frac{dv}{dt} = (h_0 - h - h_f)\frac{g_a A}{l} \tag{6.10}$$

为了使系统表示形式标准化，这个方程也可以用单位形式表示。以单位形式表示的方程式具体如下：

$$\frac{d\bar{q}}{dt} = (\bar{l} - \bar{h} - \overline{h_f})\frac{h_{base} g_a A}{l q_{base}} \tag{6.11}$$

$$\frac{d\bar{q}}{dt} = \frac{\bar{l} - \bar{h} - \overline{h_f}}{T_w} \tag{6.12}$$

式中，q_{base} 为涡轮机流量，导叶完全打开（导叶位置为 1）；h_{base} 为 h_0 液柱的静压头；T_w 为水流的惯性时间常数，$T_w = \dfrac{l q_{base}}{h_{base} g_a A} = \dfrac{l v_{base}}{h_{base} g_a}$。

水的启动时间或惯性时间常数表示基准水头 h_{base} 加速压力管道中的水自静止至基准速度 v_{base} 所需的时间，基准速度是在调压井或前池和涡轮机入口之间测定的，具体取决于是否存在大型调压井。假定一个露天水库安装有一根简单的压力管道，其一端开口暴露于大气中，导叶开启时间 Δt 使压力管道内的水流速度增大 Δv，水轮机水头下降 Δh。

用牛顿第二定律表征的水轮机水头变化引起的水加速度可表示为：

$$\rho Al \frac{\mathrm{d}v}{\mathrm{d}t} = -\rho g_a A \Delta h \tag{6.13}$$

加速度方程可以通过基准速度 v_{base} 除以基准水头 h_{base} 以单位形式进行表示：

$$\frac{l v_{\mathrm{base}}}{g_a h_{\mathrm{base}}} \frac{\mathrm{d}\Delta \bar{v}}{\mathrm{d}t} = -\Delta \bar{h} \tag{6.14}$$

$$T_w \frac{\mathrm{d}\Delta \bar{v}}{\mathrm{d}t} = -\Delta \bar{h} \tag{6.15}$$

式（6.15）显示了水力发电厂的一个显著特征。对该方程式的检验表明，如果导叶关闭，则会出现背压并导致水减速。显然地，在压力变化为正的情况下，将出现负的加速度变化。同样，在压力变化为负的情况下，会出现正的加速度变化。最大加速度在导叶打开后立即出现，因为此时压力差完全用于产生水的加速度。具有不同截面积的非均匀压力管道的水惯性时间常数可以表示如下：

$$T_w = \frac{\sum lv}{g_a h} \tag{6.16}$$

式中，$\sum lv$ 为长度总和；v 为速度。

6.5.2 调压井的建模

通过使用调压井可以测量和控制液压的变化和瞬变。调压井作为一个开放式的储液罐，位于竖井的正上方。尽管它的尺寸较大，但为方便建模，我们仍将之视为一种大尺寸的导管。因此，该系统主要由三通复合管道，即低压隧道、高压隧道、调压井及节流孔口组成。调压井的模型来源于 *Modelling and Controlling Hydropower Plant* 一书[109]：

沿上隧道向下流的流量可表示为：

$$q_t = q_{st}(流入调压井) + q_t(流向水轮机) \tag{6.17}$$

流入调压井的流量取决于调压井的面积 A_s，以及调压井的液位变化率 h_s：

$$q_s = A_s \frac{\mathrm{d}h_s}{\mathrm{d}t} \tag{6.18}$$

调压井中的每单位水位表示如下：

$$h_s = \frac{q_s}{C_s s} \tag{6.19}$$

这里 C_s 表示调压井的存储常数，其计算表达式如下：

$$C_s = \frac{A_s h_{\mathrm{base}}}{q_{\mathrm{base}}} s \tag{6.20}$$

调压井节流孔处的水头损失与流量倍数系数 f_0 乘以维持水头损失方向所需的绝对流量值的乘积成正比。由此，下部压力管道水头的计算方法是从调压井液位水头中减去孔口水头损耗。调压井的水位描述了穿过下部压力管道的水头。在使用几分钟的实时时间模拟动态性能的情况下，可以接受包含调压井效应。

调压井的增加使水库和调压井之间的低阻尼振荡激增。这些振荡通常相对较缓慢，可以忽略这些振荡，对每个循环次序的负载频率进行几分钟的控制。在刚性柱集总系统理论中，如果忽略孔口和隧道中的水头损失，调压井振荡会消耗一个周期 T_{st}，即最大喘振发生和涡轮机负载变化之间的时间间隔。计算表达式可以表示为：

$$T_{st} = 2\pi \sqrt{\frac{lA_s}{gA}} \qquad (6.21)$$

式中，l 为水库和调压井之间的隧道长度；A_s 为调压井横截面积；A 为隧道横截面积。

6.5.3 波浪的传播时间

波浪的传播时间 T_w 取决于隧道长度和水中声速，可以用以下相关关系来确定：

$$T_w = \frac{l}{a} \qquad (6.22)$$

Bergant 等人[115]给出了确定压力波在管道中传播速度的相关关系，其表达式如下：

$$a = \sqrt{\frac{l}{\rho\left(\dfrac{l}{k} - \dfrac{d}{eE}\right)}} \qquad (6.23)$$

式中，ρ 为水的密度，$\rho = 10^3 \text{kg/m}^3$；$d$ 为压力管直径；k 为水的体积模量；e 为压力管壁厚；E 为弹性模量。

对于完全刚性的管道，波在液体中的传播速度与在体积无限的液体中的声速相同。因此，刚性管道的相关性关系可以表示为：

$$a = \sqrt{\frac{k}{\rho}} \qquad (6.24)$$

水体积模量为 $2.05 \times 10^9 \text{N/m}^2$，则刚性管道的波速可以表示为：

$$a = \sqrt{\frac{2.05 \times 10^9}{10^3}} = 1432 \text{m/s} \qquad (6.25)$$

隧道完美衬砌在岩石中，隧道壁厚远大于隧道直径。因此，可以应用刚性管近似波速来估计水力系统中的波传播时间。

6.5.4 水头损失系数

压力管道中的水流通常处于紊流状态，因此非常复杂。水流过压力管道会导致其在水流方向的压力降低。整个压力管道长度方向上的压降可以表示为水头损

失 (h_f)，如下所示：

$$h_f = f_r \frac{1}{d} \frac{v^2}{2g_a} \tag{6.26}$$

式中，f_r 为摩擦系数；d 为压力管道直径。

式（6.26）中呈现的这种相关性被称为 D′Arcye-Weisbach 公式，$v^2/(2g)$ 因子被称为速度水头。水头损失取决于压力管道中的水流速度，因此取决于运行机组的数量。前文水柱建模中所采用的水头损失系数 f_p 由式（6.8）确定。

表 6.1 为 Dinorwig 液压系统的水头损失，该系统描述了单台机组满负荷运行时，在 65m^3/s 水流作用下的发电厂液压损失。摩擦系数 f 是管道的相对粗糙度和以图形方式确定的雷诺数的函数。

表 6.1 Dinorwig 水力系统的水头损失[109]

类型	直径/m	长度/m	h_f/m	f_r	$f_p \left(\dfrac{m}{\left(\dfrac{m^3}{s}\right)^2} \right)$
低压隧道	10.5	1695	0.05	0.0151	1.65×e^{-5}
高压隧道	9.5	446	0.031	0.0154	7.33×e^{-6}
高压竖井	10	412	0.0277	0.0147	4.9×e^{-6}
混凝土压力管道	3.8	50	0.416	0.0189	9.85×e^{-5}
管汇	9.5	77	0.0053	0.0154	1.25×e^{-6}

6.6 结 论

水力发电是指利用流动的水能发电。由于水循环可以在太阳的作用下不断周而复始地进行，因此通过这种方式生产出来的电力被归类为可再生能源。水电是生产清洁、可持续、稳定且对环境无害的氢气的极具有前景的全球性能源资源之一，而且该制氢路线不会向环境排放温室气体。水力发电驱动的制氢技术在全球向 100% 可再生能源过渡的过程中，将能够发挥至关重要的作用。水力发电是水能的一种重要应用形式。水力发电厂的运转通常需要建造一个水库，用于提取下落的流水所具备的动能。水是地球上最古老的资源之一，利用流动的水推动水轮或涡轮机转动，可以进行发电。历史上，古希腊农民就基于这一技术原理来完成诸如研磨谷物在内的各种机械作业。利用水力发出的电可直接用于水的电解过程，不会产生有毒的副产品和空气污染。水在自身质量和重力作用下会不断下落或向下流动，而水电技术就是利用水在这一过程中的动能进行发电。从原理上来讲，水轮机与其他旋转的机器类似，都是通过旋转运动来发挥作用，利用水轮机可以实现从动能到机械能的能量转换，而配套的发电机则可将机械能转化为电能输出。这种可再生能源可以用来生产清洁、可持续、对环境无害的氢气，因而具有很大的发展潜力。

尽管风能和太阳能等其他可再生能源正日益受到科学界的关注，但是相较于其他可再生能源而言，水力发电依然占据着全球最大的电力份额。不仅如此，水力发电的效率通常更高、更稳定，因为它不像其他可再生能源那样具有间歇性。水电资源产生的电力可直接用于水电解工艺，将水分解制取清洁的氢气，得到的氢气可以应用于多种用途，例如混合动力和燃料电池汽车、燃烧、氨和甲醇合成、供热、作为能源载体，以及用储氢系统将氢气存储起来，并在需要时用于上述用途。这一制氢路线可以生产清洁、稳定、可持续的氢气，且整个过程十分环保，不会产生碳排放，因而具有广阔的发展前景，可以在减少甚至取代基于化石燃料的传统发电方式和基于天然气重整的制氢方法方面发挥重要作用。水力发电还可以通过蓄能措施（飞轮蓄能）来进行调峰填谷。除此之外，还可以采用多种其他方法来生产清洁的氢气，并按需用于多种应用场景。

7 海洋能法制氢

海洋是地球上蕴藏量最大但开发程度最低的可再生能源之一。海洋能具有巨大的潜力，可在全球范围内不间断地提供大量可再生能源。1799 年，Girard 在巴黎发布了第一项利用海浪能的专利。1910 年，Bochaux-Praceique 建造了一个一级波浪动力应用装置，该装置发出的电用来给住宅提供照明。

海洋能源可以产生两种形式的能，即通过太阳热力产生的热能和通过波浪和潮汐产生的机械能。闭式循环系统利用海洋表面的温水来蒸发工作流体，所选择的工作流体（如氨）沸点很低，工作流体变成蒸气膨胀推动涡轮机转动。海洋能包括了所有可以从海洋获得的可再生能源形式，目前有潮汐能、波浪能、海洋热能三种主要的海洋能技术。

各种形式的海洋能在商业化和应用方面都受到了关注。目前已经明确：在成本方面，潮汐能和海洋热能转换技术比波浪能技术更具有竞争力。与其他形式的可再生能源相比，海洋能可以不间断提供可再生的能源及较高的能量密度。潮汐涡轮机的效率大约为 80%，这比风能和太阳能高出许多。防潮堤可以蓄积那些对陆地具有破坏力的大型潮涌。

波浪能的主要形式就是利用波浪来发电。吹过海面的风将能量传递给波浪。波浪越大，它们所携带的发电能力就越强。从波浪中提取的能量可用于发电，向发电厂供电或供给水泵使用。

海浪在拍岸前蕴含着巨大的能量。从单个波浪中提取的能量就可以驱动电动汽车行驶数百千米。科研人员正致力于开发相关技术来提取这种能量，并把它转换为可靠且性价比高的电力。由于美国有 50% 的人口居住在距海岸线 80km（50mile）的范围内，因此美国可以利用这一稳定且可预测的清洁能源来满足其巨大的能源需求，从而站在新能源产业发展的前沿。

7.1 海洋能法制氢步骤

海浪能转换为电能的过程如下：

（1）海面在风力驱动下产生波浪。来自太阳的太阳热对不同地方的空气进行加热产生了风，风从海面吹过，在海面产生大小不等的波浪（小的如涟漪，大的如约 30.48m（100ft）高的巨浪），这些波浪在到达陆地之前能够行进数百千米甚至数千千米，而能量损失却几乎为零。

（2）海浪接近陆地。与普通的光波或无线电波不同，海浪没有恒定的振幅和频率，而是与环境和天气相互作用。需要研究在海浪到达陆地时如何收集到这些海浪能。

（3）海浪遇到能量转换装置。波浪能转换装置用于把海浪所携带的能量转换为电力。研究人员预计，这种独特的全尺寸波浪能转换装置将安装在离岸数千米的深海中，那里的波浪能最强。由于转换装置需要从来自各方向、各种大小的波浪中提取能量，因此目前面临的一个重大挑战就是识别出发电最有效的设备类型。AquaHarmonic 团队赢得了波浪能竞赛的大奖，该竞赛旨在提升波浪能转换装置的能量捕集潜力，并促进技术发展的多样性。该团队设计了一台点吸收装置，该装置由两部分组成，可使能量捕获潜力提高 5 倍。该装置的一部分在海面以下以近乎静态的方式缓慢移动，另一部分在海面之上随波浪移动。海面之上的装置部分比海面之下的装置部分移动得快，波浪能转换装置则是把这两部分之间的相对运动转换为电力。

（4）能量转换装置把波浪转换为电力。海浪推动一台波浪能转换装置运动，从而带动发电机发电。能量转换装置可以将高能、低速的海浪运动转换为发电机所必需的高速运动，但在其经济性和可靠性方面仍有待进一步探索，因为它需要经受恶劣海洋条件的考验。

（5）向电网供电。海浪能可以为海边的住宅和其他设施供电。波浪能发电装置极有可能，并且也能够建在靠近负荷中心的位置，以缩短输电距离并方便并网供电。此外，波浪能可以为远离聚集区的用户提供电力，例如为海水淡化厂供电，后者服务于缺水的聚居地和军事基地。

（6）发出的电力用于制氢。波浪能在很大程度上是可预测的，波浪电可以输送到负荷中心附近。为了消除输电需求并满足并网要求，利用波浪发出的电力可以直接用于水电解工艺清洁制氢。制取的氢可以储存在存储装置中，也可以有多种用途，例如使用燃料电池发电，用于电动和混合动力汽车、燃烧、加热，用作能量载体，以及制取氨、甲醇和其他化合物。

海水是可再生能源的重要来源。不同技术采用不同的方法来获取能量。下面列出了一些潜在的海洋能源形式：潮汐流、潮差（涨潮和落潮）、洋流、海洋热能、波浪、盐度梯度。

海水中蕴含着大量的能量，图 7.1 为海洋能源的潜能。潮汐能、波浪能、海洋热能转换和盐度梯度的理论潜能分别为 26280TW·h/a、32000TW·h/a、44000TW·h/a 和 1650TW·h/a。按照潮汐能、波浪能、海洋热能转换和盐度梯度的分类，其在海洋能源潜能中的百分比分别为 25%、31%、42% 和 2%。

洋流和潮汐流可提供可靠的、环境友好的、就地产生的可再生能源。与其他

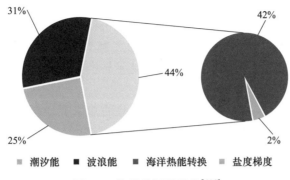

图 7.1　海洋能源的潜能[116]

可再生能源相比，它们拥有许多巨大的优势。

（1）海洋能提供了一种不间断、可预测的发电能源。不同于风能和太阳能等其他可再生能源的不可预测性，波浪能、潮汐能和海洋热能等海洋能源几乎是100%可预测的。无休止的流动使未来能源的供应具有连续稳定性。

（2）洋流和潮汐流遍布全球各大洲。

（3）由于流动的海水密度比流动的空气密度高832倍，这为实现高效的能量转换创造了条件，因此海水可提供能源密集型解决方案。

（4）在许多地区，土地资源往往较为紧缺。因此，采用太阳能和风能等陆上解决方案时需要与其他用户争夺土地，但海洋能源需要占用的土地面积最少，并且对景观没有影响。海洋能源技术隐藏在海洋深处，不争夺陆地空间。

（5）巨大的洋流和潮汐流资源可以在产生较小环境相互影响的前提下进行开发，因此，它们提供了一种最友好的大规模发电方法。

随着对发展其他清洁能源来补充太阳能和风能的需求不断增长，对开发新技术的要求也变得日益迫切。其中的一个例子就是海洋能源技术，采用该技术的设备可以与太阳能和风能利用装置一起安装，为电网或者环境友好的制氢系统增添更多的可再生能源利用方式，并减少温室气体排放。

波浪能蕴含着巨大的资源潜力，但开发出能承受恶劣海洋环境并能利用海洋能源高效发电的系统仍然是一项具有挑战性的任务，还有待进一步探索。为了促进技术发展，不仅需要设计、探索和形成能够利用不同海洋条件高效捕集能量的技术，还需要开发出一种可在极端海洋条件下持续、可靠地运行的设计。目前可以预见的是，与风能或太阳能相比，能够应对这些挑战的先进波浪能捕集系统可以提供更加连续、稳定的能源供应。

波浪技术开发企业在工程模拟软件和计算能力方面有了最新进展。例如，Oscilla Power 公司一直在不断地研究，现在它已能够进行更精确的模型模拟，并确定出可在实际海况和极端海况下做出响应的设备。借助这些技术进步，他们得以在不同海洋条件下快速分析、评估、改进和优化不同的设计，开发创新和高效的波浪能技术解决方案。经过长期的研究、分析、测试和建模，该公司确信已经找到一个高效且价格合理的解决方案，并称之为 Triton 系统，这是一种波浪能转换装置，专为在不同波浪条件下实现最佳能量转换而设计，而且还可以在极其恶劣的天气条件下运行。

为了理解 Triton 系统，了解一些关于海浪的知识十分必要。研究发现，海洋表面集中了巨大的海洋能量，它们会随着水体深度的增加而显著减小。这意味着，这种现象对波浪技术具有双重影响：（1）波浪技术装置在海洋表面产生的能量最大，但这些设备在极端条件下易受损坏；（2）如果运行中的浮式装置淹没在海面以下，那么它们将不会受到极端波浪的影响。

Oscilla 公司确定了可以适应上述条件的 Triton 系统的形状、结构及能量转换系统，并设计建造了该系统。其设计包括一个可在所有波浪条件下移动的大型浮式海面装置，以及一个浸没在海面下的巨大混凝土环。处于不断运动中的浮式海面装置和稳定的混凝土环可以在各种条件下有效地捕集能量。然而，当浮式海面装置极有可能在风暴或龙卷风等极端天气条件下遭到破坏时，Oscilla 公司可以远程操控该系统，使它完全或部分浸没在海面以下，防止海浪对浮式海面装置造成破坏。即使在这样的恶劣作业条件下，该系统仍然能发电，只不过它潜在了海面之下。

图 7.2 为潮汐流技术的发展情况。图 7.2（a）为按照设备类型划分的四种技术类别：水平轴（轴流）系统、横流系统、往复系统和其他系统。其中水平轴（轴流）技术占 76%，横流技术占 12%，往复系统技术占 8%，其他技术占 4%。总的来说，68%的技术采用单涡轮，另外 32%的技术在每个浮式平台上都采用多个转子。

图 7.2（b）为按照支撑结构类型划分的四种技术类别：刚性连接、系绳/系泊、单桩和其他。采用非单桩基础系统的刚性海底连接技术占 56%，采用浮式系统的系绳/系泊技术占 36%，单桩基础系统技术占 4%，其他未明确说明的技术占 4%。总的来说，48%的技术采用变速箱和发电机，44%的技术采用直接驱动式永磁发电机，剩余 8%的技术未做说明。

海洋可再生能源利用海水中提取的动力以多种方式发电。能源生产与最大瞬时势能密切相关，具有最大瞬时势能的资源有波浪（利用波浪能转换装置发电）和潮汐（利用防潮堤和涡轮机发电）。

全球范围内目前有多种波浪能转换装置、潮汐流装置和潮汐涡轮机正处于开发阶段。潮汐、水流和波浪都可以用来发电。较有前景的海洋技术如下：

（1）波浪能：转换装置把海浪所蕴藏的能量提取出来进行发电。波浪能转换装置主要包括振荡水柱转换器、振荡浮子转换器和越浪式转换器。振荡水柱转

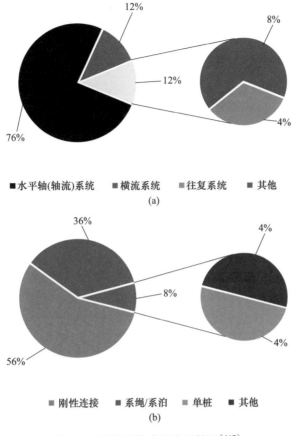

图 7.2 潮汐流技术的发展情况[117]

（a）设备类型；（b）支撑结构类型

换器通过水柱推动气室里的空气来使涡轮机运转，振荡浮子转换器利用波浪运动发电，越浪式转换器则利用高度差进行发电。

（2）潮汐能：由潮流技术、潮差技术或混合技术应用构成，利用防潮堤或防潮坝内涨潮和落潮之间的水位差发电。

（3）盐度梯度能：由不同的盐浓度所产生，存在于任何河流的入海口。一示范项目采用水脱盐系统来处理通过膜的流动水，从而提高盐水罐的压力，并采用反向电渗析使盐离子通过盐水和淡水交替罐。

（4）海洋热能转换：利用海洋深层冷水与海洋表层温水之间的温差来发电。

7.2 海洋能转换

海洋覆盖了地球表面70%以上的面积，这使得它成为了全球最大的太阳能集热器。太阳热使海洋表层的水温比深层海水的温度高出许多，温差产生热能。只需要海洋所蕴藏热量中的很小一部分就可以为全世界提供动力。

7.2.1　海洋热能转换系统的类型

海洋热能转换可用于发电等多种用途。一般来说，有如下三种电力转换系统：闭式循环系统、开式循环系统和混合循环系统。

闭式循环系统从海洋表面的温水中提取热量，来蒸发氨等低沸点工作流体。工作流体变成蒸气膨胀后使涡轮机转动，带动配套的发电机发电。开式循环系统通过在低压下运行使海水沸腾，形成蒸汽驱动涡轮机和发电机，而混合循环系统则由开式循环系统和闭式循环系统组合而成。

海洋机械能不同于海洋热能。虽然太阳对海洋的活动有着一定的影响，但波浪主要还是由风驱动，潮汐主要由引力驱动。因此，波浪和潮汐是间歇性的能源，而海洋热能却是相对连续、不间断的能源。同样地，不同于热能转换，基于波浪能和潮汐能的电力转换包括了机械装置。

这种转换的特点是采用堤坝，通过引导水流通过与发电机相连的涡轮机而把潮汐能转换为电能。有三个基本类型的波浪能转换系统：驱动液压泵的浮式系统、将波浪导入水库的通道式系统，以及振荡水柱系统。这些系统产生的机械动力直接驱动发电机，或者传递给水或空气等工作流体，通过工作流体来使涡轮机和发电机运转。

海洋能可能是未来的发展趋势，波浪能发电也可能会成为清洁、可再生能源领域备受青睐的一流发电技术。波浪能系统利用海水的运动来发电。一些此类装置主要提取破碎波的动力，而另一些装置则主要利用涌浪。到目前为止，所有此类装置的目标都是把波浪能转化为电力，这些电力既可以用于制取清洁的氢气，也可以为电网供电。电网是指把电力传输到建筑物和住宅的电缆网络，制氢可通过水电解工艺完成。

7.2.2　波浪发电

波浪发电只能局限于海洋附近的应用。研究团体正在测试不同类型的发电机，寻找可以把海洋能高效转换为电能的方式，以最大限度发挥波浪发电的潜力。同时，研究人员也试图在技术上取得某些突破，以使海洋生物在此过程中不会受到伤害。实现波浪发电涉及许多工作，具体步骤如下：

（1）找出安装能源转换装置的最佳地点。并非所有的沿海地区都适合波浪发电，不同的海底地形会导致波浪在形状和大小上有所差别。而且，波浪能转换装置的价格也非常之高。因此，最佳地点必须有足够多的能起到有效作用的波浪，但又不能多到在风暴到来时会破坏转换装置。为了寻找最适合的装置安装地点，研究人员利用了计算机模型，目前这些研究还在进行当中。海洋蕴藏着巨大的自然能量，但最具挑战性的是如何提取这部分能量并将其有效地转换为电能。挑战之一就是恶劣条件下的海况。硬件必须经受极端天气条件的考验。巨大的风浪可能会损坏转换装置，而且咸海水也会腐蚀或分解金属部件。

（2）海毯。为了应对上述挑战，科学家和工程师们正在开展大量研究并带来了许多不同形式的设计。其中一种新的设计是：转换装置漂浮在海面上，用波浪发电机固定在海底。另一种设计是一端与海底相连，另一端可以在波浪的作用下自由翻转，而其他形式的设计则利用水压或气压来发电。

其中一个先进的系统看起来像一块平坦的毯子。加利福尼亚大学设计了一个转换装置，用来模拟泥泞的海底。有大量泥浆的场地适合于吸收涌来的波浪。在天气恶劣时，渔民们会在浅海中寻找泥泞的场所来躲避海浪的破坏和伤害。该转换装置的海毯部分采用光滑的橡胶板制成。它安装在靠近海底、可以随波浪弯曲摆动的地方。当它向上和向下摆动时，会将活塞柱推入和拉出活塞泵。活塞泵利用活塞的运动来发电，发出的电力通过电缆输送到电网中或者用于水电解工艺制氢。

（3）环境友好。由于可再生能源对环境造成的污染更少，产生的温室气体排放也更少，因此寻找新的可再生能源对环境有利。风能利用会导致鸟类的迁徙，例如，根据相关人士的估计，每年可能会有数千只鸟类因为与旋转中的巨大叶片相撞而死亡。波浪能转换装置的高度都不大，这就减少了该类装置对迁徙动物可能产生的干扰。然而，研究人员仍然需要考虑这类装置与海洋环境之间的相互作用。

一个令人担忧的因素是装置吸收波浪能后可能产生的生态影响。吸收海浪的能量后会导致剩余能量减弱，使海浪停留在海岸附近。较小的海浪可能会导致较少的营养物质在水体（海底和海面之间的水）内部混合。这可能会影响现存物种，但有利的方面是，因为波浪能转换装置可以减少波浪对海岸的侵蚀而对海岸提供保护。

发电机也会影响野生动物之间的互动。许多鸟类和海洋动物会在波浪转换装置的理想安装场所追逐鱼类。如果较小的生物在转换装置处安家，可能会吸引鱼类的到来，进而吸引饥饿的捕食者。这会有助于提高附近海域的海洋生物数量。然而，在海面上浮动着的能量转换装置系着长缆，鱼类和其他动物可能会被这些长缆缠绕束缚。因此，研究人员必须调查这些转换装置适合在哪里安装，确认它们不会对当地生态系统造成破坏。

这些转换装置发出的噪声也是一个问题。这些噪声可能会给鱼类和其他依靠声音寻找食物并进行交流的动物带来麻烦。无底船的隆隆声和巨大的声纳声就给海洋物种造成了一定影响，这些生物可能会难以找到食物或迷失方向。尽管如此，波浪转换装置产生的噪声级别不可能太高。最大的噪声主要来自这些转换装置在某些地点安装时发出的，一旦这些装置开始运行，它们就会变得安静。

在丰富的海洋资源中，波浪能蕴藏着巨大的潜能，可以为满足人类未来对清洁能源的需求作出巨大贡献。但在实现这一目标的过程中必须以可持续的方式与海洋环境保持和谐。

海洋能是一种人类尚未开发和利用的潜力巨大、清洁、持续、可预测的可再生能源。但问题是，这种能源能否帮助人类完成全球向清洁和可持续能源解决方案的过渡。图 7.3 为 2010—2017 年的海洋发电量和装机容量趋势，从图中可以看出，这期间的海洋发电量和装机容量都在稳步上升：发电量从 514.6GW·h 上升至 1041.4GW·h，装机容量从 249.6MW 上升至 527.6MW。

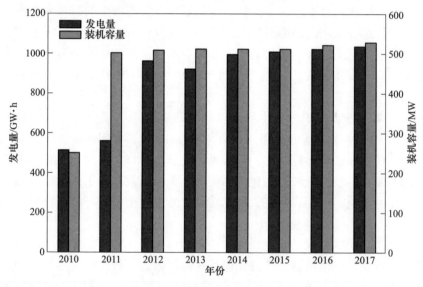

图 7.3　2010—2017 年海洋发电量和装机容量趋势[118]

一篇论文对利用三维海洋模型进行潮汐能提取的研究做了介绍[119]。高性能计算接入为潮汐能资源的评估提供了三维建模，虽然三维建模法的计算成本比传统的二维建模法高，但数值建模代码和计算资源的进步有助于高分辨率三维海洋模型在盆地尺度上的应用。该研究已开始对用于潮汐能提取的二维建模技术和三维建模技术进行对比分析，并通过影响评估和资源的角度审视这两种方法之间的差异。Pentland Firth 地区的海域是全球潮汐-洋流能开发的顶级区域之一，经过几次数值试验，研究人员最终确定：可以结合利用三维潮汐能捕集建模来对该海域进行分析。他们证明了三维流动解析对于减少环境资源评估的不确定性具有重要意义。此外，他们还表示，潮汐能提取的二维法可能会导致速度剖面的错误显示，而这种情况在使用三维法时就不会出现，这表明了确定潮汐能发电机组附近三维流动情况的重要性。

在最近开展的一项研究中，研究人员提出建设一个低成本的水动力涡轮场，用于在不使用增压室的情况下捕集海面的波浪能，并提供了可行性研究成果[120]。去除增压室和复杂的阀门系统使波浪能转换费用降低了23%。可行性研究针对低频和高频条件开展，对于低频波浪来说，研究人员选择300r/min的角速度作为进一步研究的最佳参数，同时他们还使用在高频条件下验证过的方法制定了一种持续分析方案。分析结果表明，采用直径为60cm的威尔斯涡轮机在高频波浪中大约可以发电1600W。虽然高频条件下的功率系数和效率值均小于低频波浪的情况，然而，小型装置的广泛使用及增压室的取消降低了整体转换成本。海面丰富的高频波浪为使用水动力威尔斯涡轮系统以较低成本提取清洁能源创造了有利条件。

另一项研究对用于海洋热能转换（OTEC）循环的径向流入式涡轮机进行了初步设计和性能评估[121]。OTEC循环利用海洋表层海水与深层海水之间的温差发电。海洋热能的潜能巨大，基于海洋热能可以构建对环境十分友好的发电系统。但由于表层海水和深层海水之间的温差较低，它所提供的热效率非常低。因此，开发高效的涡轮机对提高OTEC循环的热效率具有重要意义。这篇研究论文提出了一种新方法来选择合适的负荷系数和流量系数。为了验证非设计条件和设计条件下的预测方法，研究人员对其设计的涡轮机开展了三维黏性模拟和平均线分析。结果表明，使用他们提出的模型可以获得设计条件下的最佳径向流入式涡轮机。

还有一项研究考虑了海浪能的大规模整合[122]。研究人员发表的论文评估了在美国西北太平洋地区进行大规模海浪能开发的实际影响，为空间上沿海岸区域分布的波浪能机组创建了预测的高精度波浪能数据。地理分布上的差异性可以大大限制装机发电量的变化频率，从几分钟限制到几小时。如此小的变化率支持了对短期波浪发电的精确预测。一旦对该区域内的运行结构完成建模，就可以建立大规模的波浪能发电设施，提供比风能高的容量率，并把整合成本降至低于风能的水平。从1799年法国工程师Pierre-Simon Girard的尝试开始，数百年来人们一直在努力提取海洋能。电力研究机构估计，海岸线沿线的波浪每年可以发电2640TW·h。然而，由于航运、海上军事行动、渔业或环境顾虑在某些地区占主导地位，因此每年可回收的电量估计为1170TW·h，这实际上相当于美国每年用电量的1/3。

能量是海浪运动、海洋深层冷水和表层温水之间的温差、咸水和淡水之间的盐度不均衡现象，以及海洋潮汐和洋流所固有的。据国际能源署估计，利用波浪能每年可发电8000~80000TW·h，利用海洋热能转换每年可发电10000TW·h，利用盐度差产生的渗透能每年可发电2000TW·h，利用洋流和潮汐流每年可发电

1100TW·h。海洋热能转换、洋流、渗透能和其他一些形式的波浪能可用于满足基本电力负荷需求或制氢需求。

7.3 海洋能装置与设计

阿拉斯加和太平洋西北部是美国海浪能潜能最大的地区。经过韩国、中国和欧洲部分海岸的潮汐驱动海浪是获得海洋热能的最佳选择。研究人员已经开发出多种多样的海洋能利用装置和设计，具体如下：

（1）点式波浪能吸收浮标。浮标连接在海底的基座上，当浮标随着波浪上下移动时，会使连接着浮标与基座的发电机轴旋转从而发电，发出的电力供应给陆上电网。

（2）水面衰减器。水面衰减器装置包括多个悬停在水面上的机械臂。波浪的拍打使机械臂与液压泵的连接处产生了弯曲运动，与此同时，液压泵又带动发电机发电。电力通过海底电缆输送到海岸上，或者用于水电解工艺制氢。

（3）振荡水柱。该装置采用混凝土结构，它建有一个封闭的气室，气室有一个低于海平面的开口。当波浪抵达并经过开口上方时，气室内的水位升高，迫使顶部空气从与上部气室开口相连的涡轮机通过。气流使涡轮机旋转，带动发电机发电。在海浪退去期间，空气回流到下部气室中，使涡轮机反方向旋转，同样带动发电机发电。

（4）越浪式发电装置。这种结构和总成可以采用离岸浮动式设计，也可以建在岸上。波浪沿坡道爬高越过顶部落入储水池。而后，水池中的水在流经涡轮机返回大海时，带动涡轮机发电。

（5）波浪毯。这种装置采用一层柔韧的膜，呈伸展状架设在海床上，波浪在膜上方经过，引起其上下运动，从而把海水推向连接在膜下方的立式泵的排放管。来自排放管的高压水驱动岸上的涡轮机发电。波浪毯可提取大约90%的能量，转换效率非常高。

（6）振荡波浪涌转换装置。振荡波浪涌转换装置的一端固定在总成上，另一端在波浪的作用下移动，从而推动活塞的进、出运动，并驱动带压的水通过配管流向陆地上的涡轮机进而发电。

7.4 海洋能的类型

海洋能的主要类型有：海洋热能、渗透能、潮汐流和洋流。

7.4.1 海洋热能

大约70%的太阳能可以到达地球上的海洋，其中大部分太阳能以热量的形式被海洋表层捕获。OTEC正是利用海洋表层温水与深层冷水之间的温差（通常至少为20℃）来发电。

　　海洋热能转换系统的工作原理为：利用海洋表层温水与深层冷水之间的温差来发电。图7.4为用于发电的海洋热能转换系统。冷海水和温海水都被送入换热器中，不同的流体在换热器中是彼此分开的。由于氨的沸点较低，因此工作流体通常都使用氨。来自海面的热水被送入换热器中靠近氨的位置，温暖的海水利用换热器使氨沸腾并产生蒸气。然后，这些带压蒸气驱动涡轮机，通过涡轮机配套的发电机发电。氨蒸气一离开涡轮机就进入系统腔室内由冷海水管包围的管道中。氨蒸气在管内获得冷却，并再次转化为液体，然后流回换热器中，继续该循环。

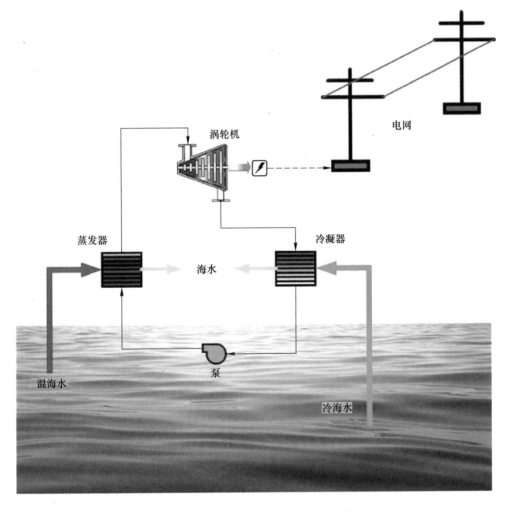

图7.4　用于发电的海洋热能转换系统

7.4.2　渗透能

渗透能技术是基于低浓度盐水自发向高浓度盐水中渗透这一自然现象形成的。一旦不同盐度的水在河口汇合后混合在一起，盐度就变得均匀了，能量由此获得释放。渗透能发电站使用渗透作用来模拟这种现象，即使用半透膜将淡水罐与盐水罐分隔开，半透膜允许淡水通过但却不允许盐水通过。淡水被滤入盐水的一侧来平衡海水的盐度，并提高盐水罐的压力。该压力用于驱动涡轮机转动发电。

7.4.3　潮汐流和洋流

（1）防潮堤。防潮堤是一种类似于大坝的结构，靠近潟湖、海湾或河流建造。涨潮时，防潮堤会松开阻挡。一旦通道闸门打开允许水流通过，通道闸门处的涡轮机就会在水流通过时发电。当潮水注满海湾时，这个过程会发生逆转，进一步发电。

（2）动态潮汐能。在垂直于海岸的方向建造一座至少 30km 的大坝，并配备许多涡轮机。大坝远端与海岸线平行的围栏进一步提高大坝两侧的水压，安装在大坝内的涡轮机将利用这些高压的水来发电。一座 40km 长的大坝可以容纳大约 2000 台涡轮机，每台涡轮机可发电 5MW，那么就可以产生 10GW 的净电力来为数百万的家庭供电，或者也可以用于清洁制氢。

（3）潮汐流涡轮机。一台类似于风力涡轮机的高大涡轮机安装在基座上，基座固定在海底。潮汐流流经转子即可发电，当潮汐向相反方向流经转子时，转子会反向旋转，继续发电。发出的电力通过电缆供给陆上电网，或者供给水电解工艺装置制氢。

作为一种可再生能源，海洋能蕴藏着巨大的潜能。然而，由于海洋能的利用尚面临着诸多挑战，因此与其他可再生能源相比，其利用还处于落后状态。而且钢结构或混凝土结构的设备需要经得起连续的海浪冲击和海水腐蚀。

为了扩大海洋电力行业的规模，设备的建造不应选用太复杂或者难以获取的材料。建造材料应该是容易获取、经济且易于维护的。海洋能利用所面临的重大技术挑战不仅与发电有关，还与机械系统、持久性和可靠性、系泊和锚定技术、可预测性（术语称为波浪预报）及发出的电力如何并入现有电网等息息相关。如果把发出的电力用于水电解工艺制氢，那么就可以应对把发出的电力与现有电网并网的挑战。

图 7.5 直观地列出了各种海洋能技术的合格衡量标准及用技术就绪指数表示的技术成熟度等级。技术就绪指数评估的是正在不断发展完善中技术在其发展和主要应用过程中的成熟度，需要注意的是，技术就绪指数的各标度都有一定的界

限，其价值在于它为许多技术提供了一个指示性成熟度值。

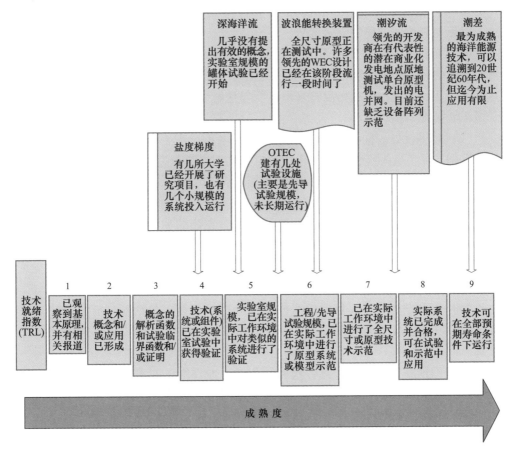

图 7.5 海洋能技术的技术就绪指数[117]

为了探索不同海洋能技术的技术就绪指数之外的其他方面，其他一些影响短期发展预测的重要参数值得注意，例如制造和经济效益等。重要的海洋能技术包括：深海洋流、潮汐流、波浪能转换装置、潮差、海洋热能转换（OTEC）、盐度梯度。

7.5 优势和劣势

海洋能是一种蕴藏量巨大的、清洁的、持续的可再生能源，沿海地区可提取这种能量来发电。从海洋中提取的这种能量看起来是无害且可无限供给的，问题是虽然这种能源的优势显著，但它是否也存在一些劣势？为此，本节对于海洋能的优势和劣势进行了详细探讨。

7.5.1　海洋能的优势

以下是利用海洋能的显著优势：

（1）可再生。海洋能的最大优势在于其连续性和持续性。海浪总是会冲击沿海地区的海岸，即使波浪退回大海，也总会再次回来。海水利用太阳能来吸收热量，一些海洋能技术利用温差来发电。与化石燃料不同，利用海洋能不存在对于海洋能枯竭的担忧。

（2）环境友好。同样地，利用海洋能发电不会产生废弃物、气体和污染物等有害副产品，这一点也不同于化石燃料。利用海浪，海洋能可以直接作用于涡轮机为配套的发电机提供动力，把机械能转化为电能。在当今能源驱动的世界中，随着能源需求不断增长，找到一种真正清洁的能源并不容易。

（3）蕴藏丰富、分布广泛、容易获得。海洋能的另一个优势在于其蕴藏丰富、分布广泛、容易获得。海洋周边有大量港口和大城市，利用海洋能提取的能量既可以供给电网用来满足电力需求，也可以用于水电解工艺制氢，制取的氢可以储存起来，供给燃料电池按需发电。

（4）提取方法多样。目前的海洋能提取技术繁多，包括安装有水轮机的发电设施，以及包含有置于海洋中用来提取海洋能并发电的巨型结构的远洋船只等。

（5）可预测。与所有其他替代能源相比，海洋能的主要优势在于容易对其发电量进行预测。海洋能源是可靠且不间断，与依靠太阳照射或风力的其他能源相比，其预测性要好得多。

（6）对进口原油的依赖度降低。如果可以通过波浪发电高效地提取海洋能，那么对从国外进口化石燃料的依赖度将会降低。这不仅有助于降低空气污染，还将创造绿色就业岗位。

（7）不会破坏土地。获取化石燃料需要进行挖掘和开采，因此会对土地造成巨大破坏。与之不同的是，利用海洋能和海浪，不会对土地造成任何破坏。它是最安全、最清洁的发电方式之一。

（8）持续可靠。由于海浪几乎一直处于运动之中，因此海洋能是一种非常可靠、稳定的能源。即使有潮起潮落的情况，这种有规律的运动也始终在持续，因此可以连续地提取海洋波浪能。尽管通过海水波浪产生和传输的能量在数量上随季节的变化而有所不同，但能量的产生是连续的。

（9）可以产生巨大的能量。海浪可以产生巨大的能量。沿海岸产生的巨大波浪能的密度为 $30 \sim 40kW/m$。随着向海洋深处的深入，波浪能的密度会增加到大约 $100kW/m$，的确十分巨大。

（10）海上波浪能利用。波浪能的捕集也可以在海上进行，发电站也可以建造在海上。这种方案有助于解决发电站靠近陆地所产生的问题。当发电站位于海上时，波浪的势能也会增加。海上发电站选址具有很高的灵活性，它所产生的不良环境影响也相应减少。采用海上发电站方案可能面临的唯一问题是经济因素，因为海上发电站的建造成本很高。然而，该方案比较适合生产清洁电力的环境。

7.5.2 海洋能的劣势

以下是利用海洋能的劣势及其所面临的挑战：

（1）位置的适宜性。利用海浪提取能量的主要劣势是位置的适宜性。只有沿海或附近的城市和发电站才能直接受益，内陆国家、非沿海国家及远离海洋的城市需要探索使用替代能源，或者把利用波浪能发出的电供应给电网。

（2）对生态系统的影响。虽然海洋能或波浪能是一种清洁能源，但它仍然会对附近的生物产生一些危害。为了提取波浪能，需要把巨大的机器安置在近岸海域。这些设备扰乱了海底环境，给海星和螃蟹等近岸栖息地生物的生存环境带来了改变，并且产生的噪声会干扰附近的海洋生物。同样，波浪能平台也存在有毒化学品，溢出后会污染附近水域。

（3）干扰源。海洋能发电装置的另外一个劣势是它会干扰私人船只和商用船只。海浪能发电站需要建在海岸线附近才能发挥作用，而且需要建在人口密集区和城市的外围，以便服务于周边社区。

（4）波长等相关因素。波长、波速和水密度等波浪相关因素对风力的依赖性极强。大规模波浪能的产生有赖于持续而强大的波浪流。有些区域的波浪特性反复无常，导致无法精确地预测波浪能。

（5）恶劣天气下的性能较差。恶劣天气下，波浪发电的效果急剧下降，但产生波浪能的装置必须经受恶劣天气的考验。

（6）视觉污染和噪声污染。对于沿海附近社区的居民来说，他们可能会不喜欢波浪能发电装置。这些装置易造成视觉污染，还会产生噪声污染，但波浪的噪声要比设备的噪声大得多，因而通常会掩盖设备的噪声。

（7）发电成本。虽然波浪能有诸多优势，但是高昂的发电成本是其主要劣势之一。利用波浪能发电需要部署巨大的装置，同样，由于海浪的不可预测性很大，因此设备使用寿命是非常不确定的。

图7.6为波浪能技术的设备类型划分情况。图7.6（a）中的波浪能应用分为近岸、海上、近岸和海上及陆上四个类别。总的来说，64%的技术和设计完全用于海上应用，19%的技术和设计用于近岸应用，11%既用于海上也用于近岸应用，6%用于海岸线结构应用。图7.6（b）中的波浪能装置分为浮式、完全浸没式和坐底式三个类别。其中，67%的技术设计为浮式装置，19%为坐底式装置，14%为完全浸没式装置。图7.6（c）中的波浪能技术方向分为点吸收器、衰减

器和终结器三个类别。其中，53%的技术设计为点吸收器，33%为终结器，14%为衰减器。图7.6（d）中的波浪能动力输出装置分为液压、直接驱动、气动、水力和其他五个类别。其中，42%的技术设计使用液压，30%使用直接驱动，11%使用气动，另外11%的技术设计使用水力机械，6%使用其他类。

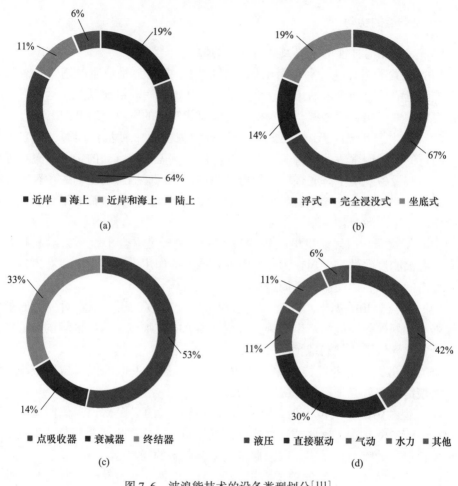

图 7.6　波浪能技术的设备类型划分[111]
（a）应用；（b）装置；（c）方向；（d）动力输出

7.6　案例研究6

海洋热能转换法制氢的一个设计案例如图7.7所示。到达地球的太阳能中有大约70%抵达了海洋，其中大部分太阳能以热量的形式被海洋表层吸收。OTEC正是利用海洋表层温水与深层冷水之间的温差（通常至少为20℃）来发电。

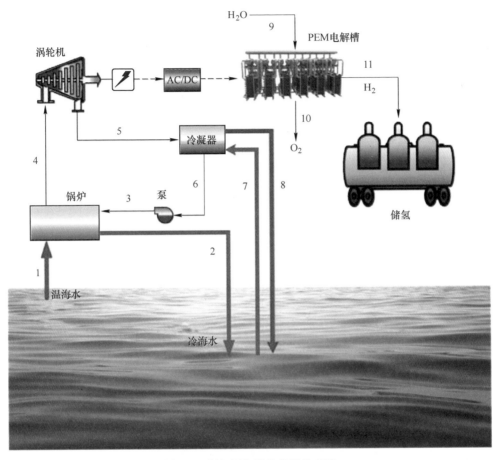

图 7.7　制氢用海洋热能转换系统

7.6.1　系统描述

　　海洋的表层温水和工作流体流经蒸发器，蒸发器的作用相当于一台换热器。由于氨的沸点较低，因此通常把氨用作工作流体。来自海面的热水被送入蒸发器中靠近氨的位置，温热海水释放的热量使氨沸腾并产生蒸气。在蒸发器中，温海水和氨这两种液体被彼此分开。温海水把热量传递给工作流体，最后工作流体再次把热量传递回海洋。在蒸发器前安装有一台泵，它的作用是在工作流体进入蒸发器前提高其压力。加压蒸气随后被用于驱动涡轮机，带动与涡轮机相连的发电机进行发电。氨蒸气一离开涡轮机，就向下流入冷凝器中。

　　海洋深层冷水进入冷凝器中，冷凝器的作用也相当于一台换热器。热量从氨传递给海洋深层冷水，冷海水的温度升高。氨蒸气在冷凝器中得到冷却并再次转化为液体，然后流入泵中，增压后的氨流回蒸发器中继续该循环。此案例研究涉及了两种不同的情形，第一种使用海洋热能转换来发电，第二种为把发出的电用于水电解工艺制氢，并对这两种情形下的效率和性能分别进行确定。

7.6.2 分析

海洋热能转换循环系统包括蒸发器、涡轮机、冷凝器、泵，以及用于清洁制氢的质子交换膜（PEM）电解槽，本节中给出了用于研究单个组件和整个系统性能所采用模型的方程式。氨利用蒸发器中温海水的热量从饱和液体转化为饱和蒸气，加压的氨蒸气被用于驱动涡轮机并带动发电机发电，同时涡轮机使氨蒸气膨胀，降低其压力和温度。深层海水流入冷凝器中吸收热量。使用一台泵对液体进行加压，然后把液体送入蒸发器中，泵还使工作流体在整个系统中循环。表7.1给出了发电和制氢案例中使用的冷水温度和温水温度的设计约束条件。

表7.1 设计的制氢和发电案例中的设计约束条件[123]

设计参数	数值
冷水温度/℃	5
温水温度/℃	28

（1）蒸发器。蒸发器的质量、能量、熵和㶲平衡方程式如下：

$$\dot{m}_1 = \dot{m}_2, \quad \dot{m}_3 = \dot{m}_4 \tag{7.1}$$

$$\dot{m}_1 h_1 + \dot{m}_3 h_3 = \dot{m}_2 h_2 + \dot{m}_4 h_4 \tag{7.2}$$

$$\dot{m}_1 s_1 + \dot{m}_3 s_3 + \dot{S}_{gen} = \dot{m}_2 s_2 + \dot{m}_4 s_4 \tag{7.3}$$

$$\dot{m}_1 ex_1 + \dot{m}_3 ex_3 = \dot{m}_2 ex_2 + \dot{m}_4 ex_4 + \dot{Ex}_d \tag{7.4}$$

（2）涡轮机。涡轮机的质量、能量、熵和㶲平衡方程式如下：

$$\dot{m}_4 = \dot{m}_5 \tag{7.5}$$

$$\dot{m}_4 h_4 = \dot{m}_5 h_5 + \dot{W}_{out} \tag{7.6}$$

$$\dot{m}_4 s_4 + \dot{S}_{gen} = \dot{m}_5 h_5 \tag{7.7}$$

$$\dot{m}_4 ex_4 = \dot{m}_5 ex_5 + \dot{W}_{out} + \dot{Ex}_d \tag{7.8}$$

（3）冷凝器。冷凝器的质量、能量、熵和㶲平衡方程式如下：

$$\dot{m}_5 = \dot{m}_6, \quad \dot{m}_7 = \dot{m}_8 \tag{7.9}$$

$$\dot{m}_5 h_5 + \dot{m}_7 h_7 = \dot{m}_6 h_6 + \dot{m}_8 h_8 \tag{7.10}$$

$$\dot{m}_5 s_5 + \dot{m}_7 s_7 + \dot{S}_{gen} = \dot{m}_6 s_6 + \dot{m}_8 s_8 \tag{7.11}$$

$$\dot{m}_5 ex_5 + \dot{m}_7 ex_7 = \dot{m}_6 ex_6 + \dot{m}_8 ex_8 + \dot{Ex}_d \tag{7.12}$$

（4）泵。泵的质量、能量、熵和㶲平衡方程式如下：

$$\dot{m}_6 = \dot{m}_3 \tag{7.13}$$

$$\dot{m}_6 h_6 + \dot{W}_{\text{in}} = \dot{m}_3 h_3 \tag{7.14}$$

$$\dot{m}_6 s_6 + \dot{S}_{\text{gen}} = \dot{m}_3 s_3 \tag{7.15}$$

$$\dot{m}_6 ex_6 + \dot{W}_{\text{in}} = \dot{m}_3 ex_3 + \dot{Ex}_{\text{d}} \tag{7.16}$$

（5）PEM 电解槽。PEM 电解槽利用电把水分解为它的两种组分。电导率表示材料传导电流的能力，使用以下方程式可以把一个导体的电阻与电导率关联起来：

$$R_{\text{c}} = \frac{l}{\sigma A} \tag{7.17}$$

式中，R_{c} 为导体的电阻；σ 为电导率；A 为面积；l 为导体的长度。

欧姆损耗可以使用具体膜的电导率方程式进行计算，并使用 Ni 等人[65]提出的如下方程式进行确定：

$$\sigma(c, T) = (0.5139c - 0.326) \exp\left[1268\left(\frac{1}{303} - \frac{1}{T}\right)\right] \tag{7.18}$$

根据电导率的定义，$\sigma = \dfrac{\mathrm{d}x}{\mathrm{d}R}$（其中 R 表示电阻），微分方程可以表示为 $\mathrm{d}R = \sigma^{-1}\mathrm{d}x$。

浓度过电位、活化过电位和交换电流密度之间的关系如下：

$$\Delta E_{\text{conc}} = J^2\left[\beta\left(\frac{J}{J_{\text{lim}}}\right)^2\right] \tag{7.19}$$

$$\Delta E_{\text{act},i} = \frac{RT}{F}\ln\left[\frac{J}{J_{0,i}} + \sqrt{\left(0.5\frac{J}{J_{0,i}}\right)^2 + 1}\right] \tag{7.20}$$

$$J_{0,i} = J_{\text{ref},i}\exp\left(-\frac{\Delta E_{\text{act},i}}{RT}\right) \tag{7.21}$$

式中，$J_{0,i}$ 为阴极和阳极交换电流密度。

（6）性能评价。本案例研究涉及了两种不同的情形。在第一种情形下，使用海洋热能转换来发电，在第二种情形下，把发出的电用于水电解工艺制氢。本节对于这两种情形下的效率和性能分别进行确定。式（7.22）给出了海洋热能转换系统的净功率输出。

$$\dot{W}_{\text{net}} = \dot{W}_{\text{turb}} - \dot{W}_{\text{pump}} \tag{7.22}$$

本案例第一种情形下发电的能量效率和㶲效率可以表示如下：

$$\eta_{\text{en},\dot{W}} = \frac{\dot{W}_{\text{net}}}{\dot{m}_1 h_1 - \dot{m}_2 h_2} \tag{7.23}$$

$$\psi_{\text{ex},\dot{W}} = \frac{\dot{W}_{\text{net}}}{\dot{m}_1 ex_1 - \dot{m}_2 ex_2} \tag{7.24}$$

本案例第二种情形下制氢的能量效率和㶲效率可以表示如下：

$$\eta_{\mathrm{en_{H_2}}} = \frac{\dot{m}_{\mathrm{H_2}} LHV_{\mathrm{H_2}}}{\dot{m}_1 h_1 + \dot{m}_2 h_2} \tag{7.25}$$

$$\psi_{\mathrm{ex_{H_2}}} = \frac{\dot{m}_{\mathrm{H_2}} ex_{\mathrm{H_2}}}{\dot{m}_1 ex_1 - \dot{m}_2 ex_2} \tag{7.26}$$

7.6.3　结果和讨论

　　为了探索单个组件和整个系统的性能，本节对设计的案例研究进行了详细分析和调研。作者使用参数研究法来评估发电和制氢这两种设计情形下的效率，采用涡轮机输入压力、海水流量、泵效和环境温度等重要输入参数来研究系统性能。

　　图 7.8 为涡轮机进口压力对涡轮机和制氢的功率和㶲损率的影响。参数研究中使用的涡轮机进口压力为 800~1000kPa，涡轮机进口压力的升高导致涡轮的功率从 826.3kW 升高到 1376kW，㶲损率从 218.9kW 升高到 364.7kW，制氢速率从 5.661g/s 升高到 9.412g/s。

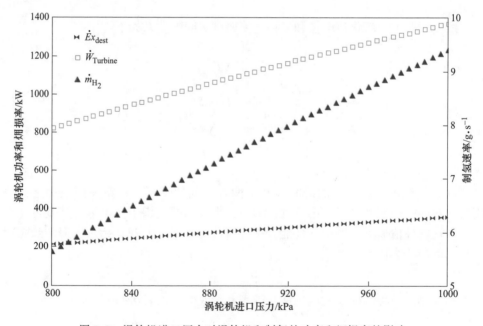

图 7.8　涡轮机进口压力对涡轮机和制氢的功率和㶲损率的影响

　　研究涡轮机进口压力对重要系统参数的影响对于探索设计参数的可变性非常重要。图 7.9 为涡轮机进口压力对涡轮机、泵和总体功率的影响。涡轮机进口压力的升高导致泵的功率从 11.2kW 升高到 21.16kW，涡轮机的功率从 826.3kW 升高到 1376kW，总体功率从 815.1kW 升高到 1355kW。

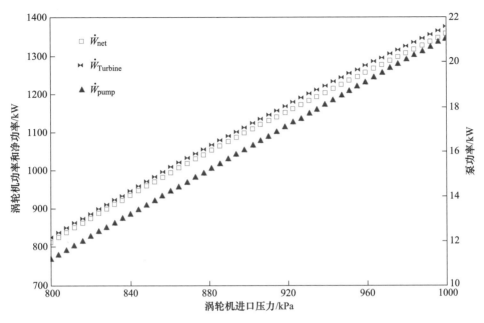

图 7.9 涡轮机进口压力对涡轮机、泵和总体功率的影响

从案例研究所设计的两种不同情形下的能量效率和㶲效率角度研究系统性能，对于探索设计参数的可变性具有重要意义，图 7.10 为涡轮机进口压力对发电

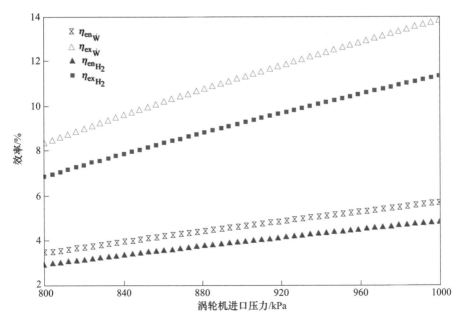

图 7.10 涡轮机进口压力对发电情形和制氢情形下效率的影响

情形和制氢情形下效率的影响。涡轮机进口压力的升高导致发电系统和制氢系统的能量效率分别从3.45%和2.92%升高到5.714%和4.841%，发电系统和制氢系统的㶲效率分别从8.355%和6.847%升高到13.84%和11.34%。

　　研究泵效率对所设计案例中重要参数的影响也是必要的，图7.11为泵效率对涡轮机功率和㶲损率、总功率及制氢速率的影响。参数研究中采用的泵效率为75%~85%，泵效率的提高导致涡轮机的功率从1173kW升高到1329kW，涡轮机的㶲损率从414.2kW降低到248.5kW，涡轮机的总功率从1153kW升高到1311kW，制氢速率从8.005g/s提高到9.107g/s。

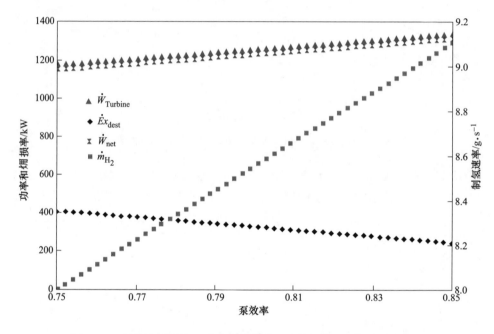

图7.11　泵效率对涡轮机功率和㶲损率、总体功率及制氢速率的影响

　　从能量效率和㶲效率角度，了解在两种不同情形下环境温度对系统性能的影响对于探索设计参数的可变性具有重要意义，因而十分有必要对此进行研究，图7.12为环境温度对发电情形和制氢情形下效率的影响。参数研究中采用的环境温度为0~40℃。环境温度的升高对发电系统和制氢系统的能量效率没有影响，但却使发电系统的㶲效率从6.426%开始升高，在16.33℃时达到最大值22.53%，然后又下降到3.821%；制氢系统的㶲效率从5.266%开始升高，在16.33℃时达到最大值18.46%，然后又下降到3.131%，此时压力达到最大值，温度为40℃。

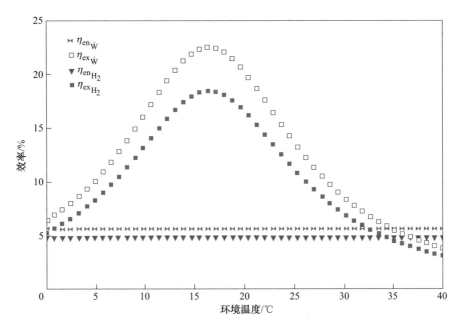

图 7.12　环境温度对发电情形和制氢情形下效率的影响

7.7　结　　论

海洋蕴藏着地球上规模最大但开发利用程度最低的可再生能源之一。海洋能源是一种有着巨大潜力、可在全球范围内进行持续和大规模利用的可再生能源。海洋能以两种形式的能（即通过太阳热产生的海洋热能及通过波浪和潮汐产生的机械能）进行发电。由于海水循环持续不断、永不停息，因而利用海洋能发电被归类为可再生能源。在制取清洁、可持续和环境友好的氢方面，海洋能是极具前景的全球性能源之一，而且这一制氢路线不会向环境排放温室气体。在全球向100%可再生能源过渡的过程中，海洋能驱动的制氢技术将发挥重要作用。闭式循环系统利用海洋表面的温水来蒸发工作流体，选择的工作流体（如氨）沸点很低。蒸气膨胀推动涡轮机转动，带动发电机发电。发出的电可用于水电解工艺制氢。海洋能包括所有来源于海洋的、各种形式的可再生能源。三种重要的海洋能技术类型是潮汐能、波浪能和海洋热能转换。目前所有形式的海洋能都仍处于商业化早期阶段。潮汐能和海洋热能转换技术比波浪能技术更具有成本竞争力。

虽然风能和太阳能目前吸引了众多科研团体的关注，但是与它们及其他形式的可再生能源相比，海洋能具备连续、稳定及较高的能量密度等特点。不同于其他可再生能源，它没有间歇性，因此可以更为连续、高效地进行发电。潮汐涡轮机的效率大约是 80%，这比风能和太阳能要高得多。海洋热能潜力巨大，可以用来构建环境友好的发电系统。然而，由于海洋表层温水和深层冷水之间的温差不大，它所提供的热效率非常低。因此，开发高效的涡轮机对提高 OTEC 循环的热效率具有重要意义。本章围绕海洋热能转换循环设计了一项案例研究，其中涉及发电和制氢两种不同情形。OTEC 循环利用海洋深层冷水和表层温水之间的温差，通过有机朗肯循环发电。发出的电力可用于水电解工艺，该工艺把水分解为它的两种组分，从而实现清洁制氢。制取的氢可以储存起来，用于多种用途，如混合动力和燃料电池汽车、氨合成、加热、甲醇合成，以及使用氢燃料电池发电。这条清洁、稳定、环境友好的制氢路线可实现零碳排放，在减少甚至取代采用化石燃料的常规发电方法，以及天然气重整制氢方法方面起着至关重要的作用，因而极具发展前景。

8 基于生物质能的制氢

生物质通常被称作生物材料，来源于包括现存物种在内的多种资源。生物质资源大体上可分为五类，即农作物和残留物、林业作物和残留物、动物残体、工业废渣和化学成分可能发生剧烈变化的污水。

生物质主要由特定的能量构成，这些能量主要通过太阳获得，即植物通过光合作用吸收太阳能，而光合作用又能把水和二氧化碳转化为葡萄糖和碳水化合物。燃烧生物质产生热量（热能），进而又转化为电能或处理成生物燃料。

生物质被归为可再生能源的一种，因为它的内在能量来自太阳，且能在较短时间内再生。树木吸收大气中的二氧化碳并将其转化为生物质，树木死亡时，二氧化碳又排入大气。并且人们总能种植更多的农作物和树木，而废物会一直存在。农作物、木材和肥料是较为常见的生物材料，可以通过燃烧释放热能的方式获得与生物质有关的化学能。

垃圾和木材等固体生物质原料可以直接燃烧产生热量，同样，生物材料也可以用于生产液体生物燃料，即生物柴油和乙醇，或转化成沼气。动物脂肪和植物油则可用来生产生物柴油，用作取暖用油或车用油。生物质提供了一种清洁的可再生能源，具有改善经济、环境和能源安全的潜力。与化石燃料相比，基于生物质能的系统产生的排放较少，可减少直接运往垃圾填埋场的废物量，同时降低了对国外石油的依赖度。

目前常用的生物质类型共有四类，即农产品和木制品、沼气和垃圾填埋气体、固体废物及酒精燃料，如生物柴油和乙醇。就生物质的使用量而言，自产能源占比最大。原木、树皮、木屑和锯末约占生物质能的44%。

生物质的数量由特定土地区域内所有有机体干质量总和决定，并按照指定范围进行统计，例如，每个地块、每个生物群落和每个生态系统的生物质数量。为了比较不同地区的生物质，研究人员会将单位面积的生物质进行标准化处理。大多数生物材料作为一次能源被用于加热。

值得注意的是，一种由生物质燃烧形成的污染物似乎也很危险，那就是被称为煤烟的颗粒污染。生物质燃烧还会释放一氧化碳，导致恶心、头痛和眩晕。而工业界人士则表示，燃烧生物质是碳中性的。他们声称，新生植物捕获二氧化碳抵消了木材燃烧所产生的排放。

生物质能是一种生态友好型备选能源，可以用来替代化石燃料，虽然后者使用较为普遍的，但会引发气候变化。生物能源作为一种可再生能源，可将碳足迹缩减80%以上。生物质是一种有机物质，可以作为能量载体（包括存活或死亡的形式）。生物质包括木材、海藻、农作物和动物粪便。生物质能是一种可再生能源，其能量来自太阳。

生物能可由废物和植物等可再生资源生成，因此是一种可以替代化石燃料的可持续能源，可以源源不断地进行补给，从而减少对汽油的需求，确保国家能源安全。

生物质能是一种相对清洁的可再生能源，其利用有机物从太阳中获取能量，并在有机物存活期间产生化学能。同时，随着生物质总量的不断增加及持续不断吸收太阳能，它已成为可再生能源的一个来源，而种植生物质作物的地区将是生物质能的主要供献者。占比最大的生物质能来自通过光合作用收集太阳能的植物。自通过燃烧木材取暖以来，人类利用这种能源已有数千年的历史。技术的进步则拓展了生物质能源的应用领域，其可以作为生物燃料与燃气和燃油一起驱动交通工具。图8.1为1900—2017年英国、美国、日本、中国、印度和加拿大的年人均二氧化碳排放量。

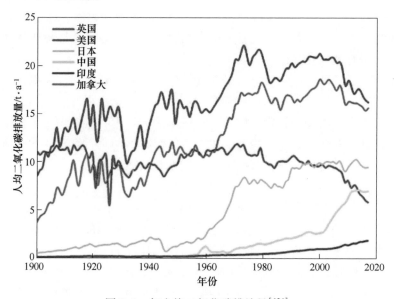

图 8.1　年人均二氧化碳排放量[124]

8.1　生物质能的优势和劣势

生物质能源在全球范围内正在崛起。许多有机产品都可以用来生产这种能源，从而提供相对清洁的、可替代传统交通燃油和电力的能源。尽管如此，生物质能也存在一些缺点。

8.1.1 优势

与化石燃料相比，生物质能具有许多优势，一个显著的优势是可以减少有害温室气体（GHG）的排放。随着在化石燃料替代品方面的探索不断深入，生物质能源因最有希望代替化石燃料而越来越受到关注。

（1）可再生性。可再生能源通常定义为使用后能够被重新供给和补充的能源。一般情况下，生物质能被归类为可再生能源，因为植物和木材可以再生，人们通常会对植物和木材进行补充和再种植，以维持这些可再生能源，从而持续收获生物质能。因此，生物质能燃料能够提供清洁能源解决方案，同时，与传统化石燃料相比，生物质的使用寿命更长。生物质与其他可再生能源（如水和太阳）的显著区别在于其维护需求。尽管植物的总量较为庞大，但在使用过程中，如果未能及时进行补充，仍可能造成大量浪费，例如森林的滥伐。

（2）碳中和性。排放到环境中的碳是引发气候变化的主要因素。与煤、石油及其他化石燃料不同，生物质可大大减少碳排放量，因为生物质能的利用过程是碳循环的自然组成部分。在利用生物质能的整个过程中，唯一将碳排放至环境的环节是植物在其整个生命周期中进行的食物合成过程。随着这类植物的"库存"得到补充，新生长的植物的碳捕获量与之前植物的碳排放量相近，因此可实现碳中和，这一点体现了生物质的清洁性。

（3）减少对化石燃料的依赖。研究表明，对生物质的利用越多，对化石燃料的依赖就越少。化石燃料是目前造成环境变化和其他环境问题的重要因素。生物质原料是一种较易获得的燃料来源，其丰富的来源也在一定程度上弥补了化石燃料的短缺。

（4）用途广泛。生物质能也是应用最为广泛的可替代能源之一，可用于生产多种用途迥异的燃料。例如，可将生物质转化为汽车用生物柴油，同时，也可将生物质转化为多种其他生物燃料和甲烷气体。此外，还可以从木材中提取热能，部分生物质产生的蒸汽也可用于涡轮机发电。

（5）可利用性。自然界存在大量生物质原料，这意味着在其使用过程中无需考虑消耗和衰竭问题，而这却是使用化石燃料所面临的问题。生物质能源几乎遍布地球的各个角落，如同水能和太阳能。然而，保持生物质的丰富性依旧至关重要。尽管生物质原料随着地球的自然演化而产生，资源量极为庞大，但仍然不能被滥用。

（6）与化石燃料相比成本较低。与化石燃料相比，生物质能的成本较低。与天然气或原油管道的搭建相比，收集生物质原料的成本非常低。当消费者不再依赖或受制于能源公司的供应时，自然也会享受到这种低成本的优势。生物质能的低成本同样也会引起生产商的注意，因为这能够使他们减小支出、增加利润。

（7）减少废弃物。生物质产生的废物主要形成于植物种植过程，具有生物降解性，可通过其他方式进一步有效利用。获取生物质能还可以大量利用垃圾填埋场的垃圾，从而降低垃圾填埋对自然环境的负面影响，如危害野生动物和污染当地栖息地等。通过这一方法，不仅能够减少废弃物，还能够减少对空间的占用——大大减小建造垃圾填埋场所需的空地。

（8）自给自足。生物质能的出现打破了大型能源公司对能源的垄断，这意味着人们不再必须向电力公司支付费用。生物质的性质使得任何人都可以在家里自行发电并使用。尽管稍微烦琐，但通过燃烧木材获取能源，可以替代集中供暖系统，同时节省资金、保护环境。

8.1.2 劣势

尽管生物质能具有许多优点，但仍需了解它的缺点。这对正确应用生物质能，使其能够惠及大众至关重要。

部分缺点与燃料的使用过程相关，其次是生物质能发电或应用的辅助或间接成本；当然，在探索生物质能的实际用途时，清楚其所有的直接或间接影响非常重要。

（1）非完全清洁性。尽管生物质是一种碳中和燃料，但它的使用过程并非是完全清洁的。当燃烧木材或其他植物时，在碳积累过程中将产生一些排放物，从而污染当地环境，尽管造成的后果并不像化石燃料那样明显。政策一体化合作机构等组织将生物质原料的燃烧列为空气污染源。与水能等其他可再生能源相比，生物质的清洁排放程度不足是其主要缺点。

（2）比较成本较高。与大多数化石能源相比，生物质原料的提取成本更低，但仍然超过了许多可再生能源。在某些情况下，生物质能提取项目的收益低于成本投入，特别是与风能、水和太阳能等可替代能源相比，这一成本包括维护生物质能源产生的费用及重新种植可提取生物质的植物产生的费用。此外，用于提取生物质的设备成本和生物质的运输成本也是重要的考虑因素。

（3）可能导致滥伐森林。尽管生物质能提取自可再生燃料，但仍然需要维护，一旦缺少措施，就可能发生大面积的森林滥伐现象，这会造成重要的环境问题。森林滥伐现象将极大影响数十种野生动物的栖息环境，并导致物种灭绝。这一问题阻碍了生物质原料的大规模使用，因为再植植物量可能无法满足供能所需的燃料量。

（4）空间。种植园往往需要较大的空间来种植作物或植物，从而提取生物质能。然而，许多地区往往无法提供大面积的土地，尤其是建筑密集区。空间因素还限制了生物质能电厂的建设，因为电厂需要靠近燃料源，以降低运输成本。与太阳能相比，空间限制因素使得生物质能的应用前景略显黯淡。太阳能设施的占地面积较小，可以方便地安装在人口稠密的地区和城市。同时，部署了太阳能发电设施的土地也可用于种植作物，这对于人口众多的国家来说尤为重要。

（5）需水量。生物质能的用水量是一个常常被忽视的缺点，因为所有的植物都需要水资源维持生存。这一限制因素将提高灌溉成本，同时，大量利用水资源灌溉植物可能导致人类和野生动物出现水资源短缺。此外，水资源本身也是一种替代能源，而且与生物质能相比更加清洁，从这个角度而言，有多此一举之嫌。

（6）低效。尽管生物质原料是自然界的产物，但与经过加工处理的化石燃料（如汽油和石油）相比，其能效并不高。人们通常将生物燃料或与之相似的生物柴油与少量化石燃料结合使用，从而提升其能效。但这一做法与利用生物质燃料降低化石燃料使用率的初衷背道而驰。

（7）尚在发展之中。目前仍然需要开展进一步的研究工作来发掘生物质能的潜力。然而，由于上述的一些缺点，生物质燃料尚无法替代当前的燃料来源。与太阳能、水能和风能相比，生物质能源的效率较低，仍需进一步探索和研究。科学家们正在研究进一步提高生物质能效率的方法。在跨越这一障碍之前，尚无法将生物质能作为一种可行的替代能源进行大规模推广应用。

图 8.2 为全球范围内不同地区生物质燃料的产量情况，图中包括非洲、亚太地区、中国、欧洲、中东、北美、南美洲和中美洲、英国和美国的统计数据。1990~2018 年，非洲地区生物质燃料产量从 0.73TW·h 增加到 50.77TW·h，亚

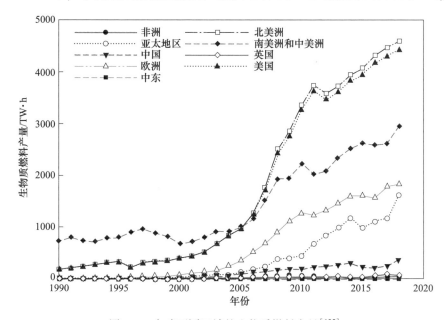

图 8.2　全球不同区域的生物质燃料产量[125]

太地区的生物质燃料产量从0TW·h增加到1620.96TW·h，中国地区的生物质燃料产量从0TW·h增加到360.46TW·h，欧洲地区的生物质燃料产量从0.73TW·h增加到1854.87TW·h，中东地区的生物质燃料产量从0TW·h增加到1.87TW·h，北美洲的生物质燃料产量从176.69TW·h增加到4598.07TW·h，南美洲和中美洲的生物质燃料产量从727.49TW·h增加到2963.06TW·h，英国的生物质燃料产量从0TW·h增加到82.32TW·h，美国的生物质燃料产量从177TW·h增加到4429.6TW·h。

使用生物质能是可行的，且便于利用。生物质是一种碳中和燃料来源，其成本低于化石燃料，并能提供多种解决方案。然而，在大规模应用生物质能之前，仍有一些问题需要解决，例如，需要研究燃料的能效问题，以提高工艺效率，同时还需要考虑成本和空间等问题。

在上述问题得以解决之前，还无法大规模利用生物质能，将其作为可行的替代品来取代化石燃料。然而，可将生物质能用于其他用途。特别是，在局部区域和家庭层面使用生物质能可以减少能源支出。以下是部分用于获取生物质能的重要生物质原料类型：废旧木料和边角废料、薪柴、煤球和煤块、沼气、生物成因的城市固体废物（MSW）、废液、其他液体生物燃料、其他固体生物质和生物柴油。

8.2 生物质可再生能源

生物质是一种可再生能源，由动物和植物原料组成，如动物和人类活动的废弃物、有机工业、森林中的木材及林业和农业生产过程中产生的剩余材料。生物质赋存的能量主要来自太阳能，因为在有太阳光照的情况下，植物能够通过光合作用利用大气中的二氧化碳合成含碳分子，如淀粉、糖和纤维素，当生物质燃烧时，可将二氧化碳重新释放到环境中。通常情况下，将以植物或其他动植物为食的动物或其粪便中储存的化学能称为生物能或生物质能。

生物质的来源多种多样，其中包括：林地和天然林中的木材、林业残留物、林业种植园、工农业废弃物（如稻壳和甘蔗渣）、农业残留物（如稻草、甘蔗垃圾、秸秆和农业废弃物）、动物粪便（如牛粪和家禽粪便）、污水、造纸黑液等工业废物、食品加工废物、城市固体废物。

图8.3为多种生物质来源。生物质能源具有可再生性，要么直接作为燃料加以利用，要么转化为能源产品，或者作为原料加以应用。

8.2.1 生物质原料

生物质原料包括专用能源作物、林业废弃物、农业作物废弃物、动物废弃

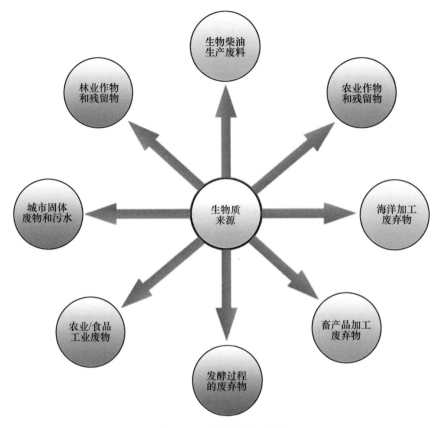

图 8.3　不同生物质来源

物、藻类、城市生活垃圾、木材加工废弃物和湿废弃物（木材废弃物、城市固体
废弃物、污水和工业废弃物）。

（1）专用能源作物。专用能源作物也被称为非粮食作物，能够种植在不适
宜大豆和玉米等常规作物的边缘土地上，来提供生物质能源。这些植物可分为草
本和木质两大类。能源草本作物是多年生禾本科植物，在引进约 2 年后需每年种
植一次，以达到最大产量。这些植物包括柳枝稷、竹子、芒属植物、甜高粱、高
羊茅、麦草、地肤和其他植物。短期轮作木材作物是快速生长的硬木树种，种植
期为 5～8 年。这些树种包括杂交柳树、杂交杨树、银枫、洋白蜡树、东部杨木、
黑胡桃、梧桐树和枫香植物。其中一些树种有助于改善土壤和水质，与一年生作
物相比，这些树种能够改善野生动物栖息地，实现能量来源的多样化，提高农业
生态包容性和生产力。

（2）林业残留物。森林生物质原料可分为两大类：伐木后剩余的森林残留
物（包括树枝、淘汰的树木、树梢和枝叶等不可出售的部分）和专门用来收集
生物质的整棵树木。在采伐后，人们通常将枯死的、形状不符合要求的、患病及

无法出售的树木留在树林中。这些林业残余物可用于提取生物质能源，进而为野生动物栖息提供足够的空间，并保持当地水文特征和保留适当的养分。此外，还可以对森林中大片土地上的多余生物质加以利用。通过大量收集木质生物质，可以减少害虫和火灾的危害，有助于森林恢复生态、焕发生机、提高活力。在收集和提取生物质的过程中，不会对森林功能和生态结构的稳定性与健康造成破坏性影响。

（3）农业残留物。农作物残留物包括所有农业废弃物，即甘蔗渣、茎、稻草、秆、外皮、叶、壳、果肉、果皮和残茬。在世界范围内，每年都会有大量的农作物残留物被大规模处理，但目前尚未对其加以充分利用。稻谷加工后留下的稻壳和稻草可以在加工厂进行收集，并十分便捷地转化为能源。

当玉米被收完之后，大量的生物质仍然以玉米秆的形式留在农田中，它们都可以用来产生能量。甘蔗收割完后进行加工，加工过程中所产生的富含纤维的甘蔗渣是一种很好的能源。在椰子的收获和加工过程中，可以产生大量纤维和果壳。

目前，在实际农业生产中，通常会将这些残留物埋入土壤、烧掉、作为畜牧饲料或任其腐烂。通过热化学过程或液体燃料对这些残留物进行处理可以产生热量和电能。农业残留物具有不同于其他固体燃料（如木材、煤焦和木炭）的特点和季节性，因此需对其进行分类应用。农业残留物与其他固体燃料的关键区别在于其挥发物含量高，燃烧时间和密度较低。

图8.4对不同类型生物质的一次能源情况进行了分类，其中木材废弃物和残留物占33%，煤球和煤块占6%，薪柴占30%，生物源MSW占4%，沼气占3%，废液占12%，生物柴油占5%，其他固体生物质占3%，其他液体生物燃料占生物质一次能源消耗的4%。

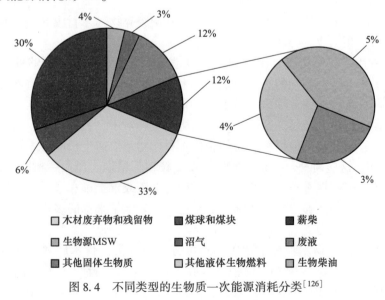

图8.4 不同类型的生物质—次能源消耗分类[126]

（4）动物废料。许多动物废料都可作为生物质能源来加以利用，其中占比最大的公共来源是家禽和动物粪便。在过去，可将这些废物回收、交易和出售，将其制成化肥，或者直接散布在农田上。然而，目前人们对水污染和气味污染实行了更为严格的环境控制，因此必须对动物粪便实施废弃物管理。这也在某种程度上促进了将畜牧业废弃物转化为能源这一做法的普及。

其中应用最为广泛的转化技术是厌氧消化技术。通过应用该技术可产生沼气。沼气可作为内燃机的燃料供应给小型燃气轮机进行发电，也可直接燃烧用于烹饪，还可以用于水暖和空间供暖。

（5）藻类。可作为生物质能源原料的藻类是由高产有机生物组成的，其中包括微藻、蓝藻和大型藻类（海藻）。这些藻类利用养分和阳光来生产生物质，其中包含诸如蛋白质、脂质和碳水化合物等关键成分，这些成分可以转化并衍生多种产物和生物燃料。根据菌株的不同，藻类的生长过程可能消耗来自地下水、地表水或海水中的淡水、微咸水和咸水。此外，藻类的生长过程也可能消耗二次利用的水资源，如处理过的工业废水，市政、水产养殖或农业废水，以及天然气和石油钻井作业产生的废水。

（6）分类的城市垃圾。城市固体废物资源包括住宅和商业垃圾的混合物，如庭院剪枝、塑料、纸屑和纸板、橡胶制品、食品垃圾、纺织品和皮革。在利用城市固体废物提取生物能源的过程中，大量垃圾从填埋场转移至精炼厂，从而减少了商业和住宅垃圾。

（7）木材加工残留物。木材加工过程中产生的废物流和副产品被统称为木材加工残留物，其中蕴含了大量能源。例如，纸浆或其他产品的加工过程会产生未经利用的锯末、树枝、树皮和树叶。这些残留物可以转化为生物产品或生物燃料。这些残留物多集中于加工点，因此从中提取的生物质能源的相对成本较低。

（8）湿垃圾。湿垃圾原料包括商业、住宅和公共机构食品垃圾（主要在垃圾填埋场进行处置），牲畜集中化养殖过程中产生的粪肥淤泥，富含有机物的生物固体（如处理城市污水后产生的污泥），沼气（无氧条件下产生的气态有机分解产物），以及上述任一原料流的工业生产过程中产生的有机废物。通过将这些废物流转化为能源，既可以解决废物处理问题，又能为农村经济创造额外收入。

1）木材废料。木材加工行业主要包括锯木业、木板、胶合板、家具、地板、建筑构件、刨花板、拼接、成型和工艺行业。通常情况下，木材废料集中于加工厂，例如锯木厂和胶合板厂。不同木材加工行业产生的废物数量因行业而异，取决于原材料类型和成品。

木材行业产生的废物有木皮、胶合板和铣刨废料、其他锯末、边角余料、切屑和刨花。锯末产生于切割、重锯、上浆、磨边、刨花等过程，而边角余料是修边、打磨和修整木材所产生的废料。在家具行业中，加工1000kg的木材总共可以产生约 45% 的木材制品。同样，在锯木厂加工 1000kg 的木材可获得约 52% 的木材制品。

2）城市固体废物和污水。每年都会产生大量的生活垃圾，其中绝大多数在露天场地进行处理。城市固体废物中的生物质能源包括易腐烂垃圾、塑料和纸张，几乎 80% 的城市固体废物都被收集起来。从城市生活垃圾中提取生物质能源的方法包括自然厌氧消化和在垃圾填埋场直接燃烧。

城市固体废物在填埋场自然分解产生的气体被称为填埋气体，其中包含近 50% 的二氧化碳和 50% 的甲烷，通过贮料可对其进行收集、净化和清洁，然后送入内燃机或燃气轮机来产生电力和热量。城市固体废物的有机部分可在高速消解池中进行稳定厌氧处理，生成的沼气可用于产生蒸汽或发电。

粪肥是一种生物质能源，其资源量与其他动物废料相当。利用厌氧消化，可以通过生成沼气来从生活污水中提取能量。也可对剩余的粪便污泥进行焚烧或热解，以进一步生成沼气。

3）工业废弃物。食品工业的生产过程会产生大量的副产品和残渣，可作为生物质能的来源。这些废料产生于所有食品工业部门，其中包括大量肉类产品及可作为能源来源的糖果废料。固体废物包括不符合质量控制标准的蔬菜和水果的残渣和果皮、淀粉及糖分提取物中的纤维和纸浆、过滤咖啡渣和污泥。这类废物通常被弃置于垃圾填埋场。

液体废物产生于肉类、鱼类和家禽的清洗，蔬菜和水果的热烫，肉类的预煮及清洗和加工过程。这种废水含有淀粉、糖和其他固体有机物及溶解物。可通过厌氧消化产生沼气或发酵生成乙醇的方式对这些工业废物进行处理，此外也有不少传统方法可将这些废物转化为能源。

造纸和纸浆行业是污染极为严重的行业，在众多的工序中均消耗大量能源和水。这些行业排放的废水多种多样，因为其加工过程需要用到木材和其他原材料及经过处理的化学品。通过利用厌氧 UASB 技术，可使黑液产生沼气。

图 8.5 为 2010—2017 年沼气发电量和装机容量变化趋势。从图中可以看出，沼气的发电量和装机容量稳步增长。2010—2017 年，发电量从 46129GW·h 稳步增长至 87935GW·h，同时，装机容量从 9518MW 增至 17268MW。

图 8.6 为 2010—2017 年液体生物燃料发电量和装机容量的变化趋势。从图中可以看出，液体生物燃料发电量和装机容量稳步增长。2010—2017 年，发电量从 5296GW·h 稳步增长至 6507GW·h，同时，装机容量从 1857MW 增至 3233MW。图 8.7 为 2010—2017 年固体生物燃料的发电量和装机容量变化趋势。从图中可以看出，固体生物燃料的发电量和装机容量稳步增长。2010—2017 年，发电量从 225933GW·h 稳步增长至 343863GW·h，同时，装机容量从 47572MW 增至 78285MW。

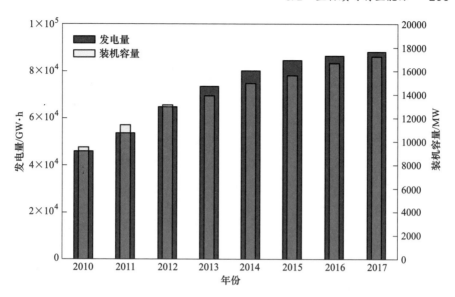

图 8.5 2010—2017 年沼气发电量和装机容量变化趋势[127]

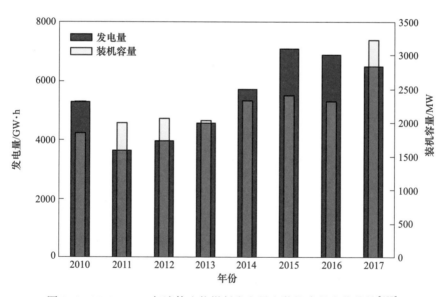

图 8.6 2010—2017 年液体生物燃料发电量和装机容量变化趋势[127]

8.2.2 生物质制氢方法

图 8.8 为多种生物质制氢的方法,主要分为生物法和热化学法。其中,生物法包括暗发酵、光发酵、微生物电解池、直接/间接生物光解;热化学法包括气化、高压水溶液、热解。

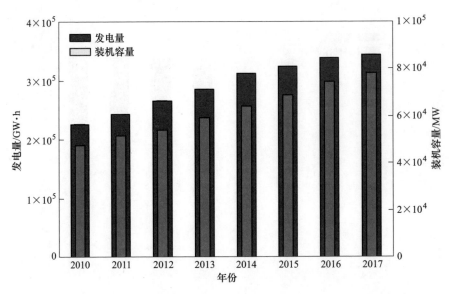

图 8.7 2010—2017 年固体生物燃料的发电量和装机容量变化趋势[127]

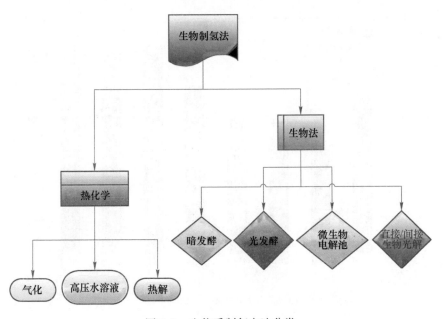

图 8.8 生物质制氢方法分类

8.3 热 解

热解是一种热化学处理方法，可以应用于所有有机产品，同时也可以应用于纯材料和混合物。进行热解处理时,将材料暴露在高温环境中,并在缺氧条件下通过物理和化学方法将其分解成不同的分子,较高的工作温度将会导致水量减少。热解过程产生的气体可以用作燃料,以减少外部燃料的供应。然而,热解工艺较为复杂,且投资和运营成本较高。

热解是固体燃料在完全缺氧(氧气作为氧化剂)或存在少量氧气的条件下发生热转化的过程。在转化过程中,不会发生明显的气化反应。在传统的热解应用中,要么生成焦炭,要么生成液体产物,即生物油。后者是一种高效的燃料油替代品,也是生产柴油或合成汽油的原料。图 8.9 为通过快速热解和串联蒸汽重整技术进行生物质制氢的基本示意图。

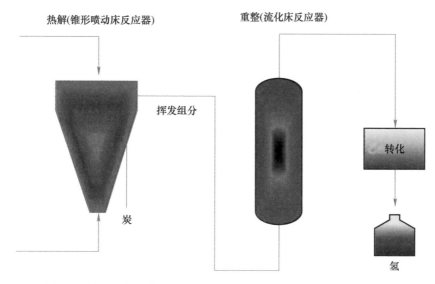

图 8.9 快速热解和串联蒸汽重整技术进行生物质制氢的基本示意图

在热解过程中,当温度处于 400~800℃时,大多数半纤维素和纤维素及部分木质素发生分解,生成更轻、更小的分子,这些分子是热解反应释放气体的组成部分。当这些气体稍稍冷却时,部分蒸汽发生冷凝,生成液体,即生物油。剩余的生物质主要为木质素,可形成焦炭。在一定程度上,木质素可能对混合物产生影响,从而促进气体、固体焦炭或可冷凝蒸汽的形成。热解产物的分布情况与停留时间、升温速率和极端反应温度呈函数关系。

热解作用通常可将碳基材料转化为碳及灰分组成的固体残渣,并含有少量气体和液体。另外,超高温热解将产生主要成分为碳的残渣,这个过程被称为碳化。与燃烧和水解等其他高温操作相比,热解过程中不存在与氧气、水或其他试剂的反应。然而,实际应用中不太可能建立无氧条件,因此在任何热解装置中均存在轻微的氧化反应。

8.3.1 热解反应类型

由于工艺温度和工艺时间的不同，存在慢速热解、闪速热解、快速热解三种重要的热解反应类型。

(1) 慢速热解。慢速热解的特点是较长的气体和固体停留时间、较慢的生物质加热速率及较低的反应温度。在这一反应中，加热温度的变化速率为 $0.1 \sim 2℃/s$，主体温度接近 $500℃$，气体停留时间约为 $5s$，而生物质的停留时间可能在几分钟到几天之间。在整个慢速热解过程中，生物质发生缓慢液化，主要生成焦炭和焦油。在初级反应后，会发生再聚合或重组反应。

(2) 闪速热解。闪速热解的反应条件包括中等温度（$400 \sim 600℃$）和较高的加热速率。然而，过程蒸汽的停留时间小于 $2s$。与慢速热解相比，闪速热解过程中产生的焦油和气体较少。

(3) 快速热解。快速热解过程的主要产物是天然气和生物油。在这个过程中，将生物质迅速加热到 $650 \sim 1000℃$，具体温度取决于所需的气体或生物油产物的所需数量。反应过程中会产生大量煤焦，需要定期清理。这一过程展现了微波加热的优势。生物质能有效捕捉微波辐射，使材料加热像微波食品加热一样高效，微波加热还可以缩短启动热解反应所需的时间，同时显著降低工艺能源需求。通过微波加热，可以在相对较低的温度（$200 \sim 300℃$）下启动热解反应，因此反应过程中得到的生物油包含高浓度的高价值化学品，且具有热不稳定性，这意味着可以利用微波生物油替代某些化学工艺的原油原料。

8.3.2 优点

热解工艺的优点包括：

(1) 热解是一种简单且廉价的加工技术，可应用于多种原料；

(2) 可减少温室气体排放和垃圾填埋；

(3) 可降低水污染风险；

(4) 可利用国内资源生产能源，减少对进口能源的依赖；

(5) 与填埋处理相比，借助先进的热解技术，可有效降低废弃物管理成本；

(6) 热解电站的建设过程相对较快；

(7) 热解还为当地民众提供了大量就业机会，这取决于该地区的废弃物产生量，通过清理废弃物还可维护公共卫生。

8.3.3 热解的应用

热解反应的一些重要应用如下：

(1) 在化学工业中，利用木材生成焦炭、活性炭、甲醇和其他材料的过程广泛应用了热解反应；

（2）利用了热解反应的废弃物转化工艺可生成合成气，用于蒸汽或燃气轮机发电；

（3）从热解工艺的废弃物中可提取包含石头、玻璃、土壤和陶瓷的混合物，并用于多种用途，如施工渣料、建筑材料和填埋场盖层填料；

（4）热解工艺在质谱分析和碳-14年代测定中起着重要作用；

（5）该过程也发生在多种烹饪工艺中，如焦糖化、油炸、烧烤和烘焙。

8.4　生物质气化

8.4.1　概述

生物质气化是将有机含碳物质转化为二氧化碳、一氧化碳和氢的过程，这一过程可通过在有限供应氧气和/或蒸汽的条件下进行不完全燃烧及高温（超过700℃）材料反应来实现，且无需燃烧定量氧气和/或蒸汽。热分解过程具体表现为：挥发性有机组分在200~760℃的高温下发生热分解，并在无氧条件下生成合成气，而气化过程中则需加入材料燃烧所需的定量氧气。

生物质气化是一项成熟的技术，它在定量的蒸汽、热量和氧气参与的情况下，利用生物质不完全燃烧生成氢气和其他产物。随着生物质的增加，大气中的二氧化碳将逐渐减少，因此这项技术，特别是将该技术与碳捕获、利用和长期储存技术相结合后更是如此，总体碳排放量将会降低。基于生物质燃料的气化厂正在建设和运行中，将为制氢工艺提供最优经验和实践。美国能源部预测，生物质气化技术可能会在不远的将来大放异彩。

近期的一项研究探讨了基于生物质气化的制氢技术[128]，该研究旨在探索流化床中的生物质通过气化作用生成合成气和生物氢的过程。研究人员在高温环境下（600~1000℃）对不同当量的α-纤维素和其他农业废弃物进行气化，并对蒸汽与生物质的比例进行了研究。研究提出了一个动力学模型，能够控制反应级数和活化能。结果表明，在不存在蒸汽的情况下，当量比为0.2，温度为1000℃时，生物氢和一氧化碳的最大产率分别为29.5%和23.6%，二氧化碳的浓度为10.9%。另一项研究对在加入CaO的情况下通过生物质蒸气气化生成富氢气体的情况进行了调研[129]。生物质蒸气气化能够持续生产氢气。生物质被视为碳中和燃料，而如果将生成的二氧化碳进行捕集，而非排放至环境中，则可以将其称为负碳燃料。因此，该研究进行了一项实验，以探索存在CaO吸附剂的情况下，生物质蒸气气化的制氢潜力，以及不同的运行参数（如蒸汽/生物质比、CaO/生物质比和温度）带来的影响。结果表明，当CaO/生物质比为2，蒸汽/生物质比为0.83，温度为670℃时，产气中氢气浓度为54.43%。

一项研究对通过生物质热化学及气化生成生物电、生物燃料和化学品的工艺进行了综述，以探索当时的技术现状[130]。上游气化工艺与其他生物质处理方法类似。然而，在实现下游加工和气化工艺商业化方面仍存在挑战。气化的关键在于明确运行条件对气化反应的影响，从而持续预测和优化产物组成，以达到最高效率。可以将生成的气体转化为化学品和生物燃料，例如费托燃料、氢气、绿色汽油、二甲醚、甲醇、乙醇和高级醇。该研究还总结了上述转换过程及面临的挑战。在另外一项研究中，对一体化生物质气化制氢和制氨技术的经济性进行了分析[131]。该研究的核心目标是对在现有造纸厂和纸浆厂内通过生物质气化制氨进行技术经济评估。结果表明，与独立生产相比，一体化生产的能源性能和工艺经济性更高。

另一项研究对太阳能辅助生物质气化炉进行了综合性能评估[132]。其中对利用实时高通量集中式太阳能辐照作为热源的持续太阳能辅助生物质气化炉的实验性能进行了评估。通过大量参数研究，探索了不同木质纤维素的生物质原料、蒸汽/生物质比、生物质进料速率、载气流速和反应温度，以达到合成气的最高产率。研究发现，根据化学计量，少量多余水分有利于生物质气化，能够增加氢气和一氧化碳，减少甲烷和二氧化碳。通过增加气体停留时间，提高了合成气的质量和产量。通过升高工作温度，可显著提升生产速率和合成气产量，其中活化能为 24~29kJ/mol。生物质进料速率的增加提升了气化速率和合成气产量，从而将太阳能有效储存到合成气中，并将能量升级系数提升至 1.20 以上，将太阳能到燃料的转换效率提升至 29% 以上，将热化学反应器效率提升至 27% 以上。

2019 年生物质燃料的产能分布在非洲、亚洲、欧洲、美洲[133]。

生物质气化是将有机含碳材料转化为二氧化碳、一氧化碳和氢气的过程，这一过程在有限供应氧气和/或蒸汽的前提下，通过高温（700℃以上）材料反应实现。之后将一氧化碳送入水煤气变换反应器，与水反应生成更多的氢气和二氧化碳。最后可通过不同的吸附器、特种膜或变压吸附装置将生成的氢气从气流中分离出来。该反应可简化为：

$$C_6H_{12}O_6 + O_2 + H_2O \longrightarrow CO + CO_2 + H_2 + 其他产物$$

水煤气变换反应（WGSR）可表示为：

$$CO + H_2O \longrightarrow CO_2 + H_2 + Q$$

图 8.10 为生物质气化制氢的步骤，其中将无氧条件下生物质的气化过程称为热解。与煤相比，生物质不易发生气化，离开气化炉的气体混合物中的生物质会产生一些其他碳氢化合物。因此，应采取一些额外的步骤来重整此类碳氢化合物气体，例如使用催化剂生成清洁的合成气混合物（包含一氧化碳、氢气和二氧化碳）。在该反应之后，还发生 WGSR 变换反应，通过蒸汽将一氧化碳转化为氢气和二氧化碳。

8.4.2　生物质发电制氢

生物质气化过程是将固体生物质转化为气态可燃气（也称发生炉气体）的

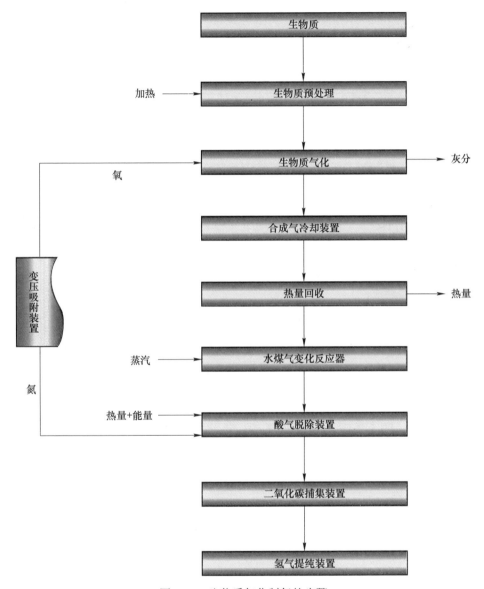

图 8.10 生物质气化制氢的步骤

过程,该反应不属于热化学反应。发生炉气体是低热值燃料,热值为 4185 ~ 8372kJ/m³ (1000 ~ 1200kcal/m³)。

　　生物质气化作用能够生成合成气。合成气可以利用不同的技术进行发电,即布雷顿循环、余热锅炉、蒸汽朗肯循环和蒸汽涡轮机。图 8.11 是生物质发电制氢技术的示意图。生物质气化生成的电力可用于电解槽制氢,该过程也称为生物质发电制氢。

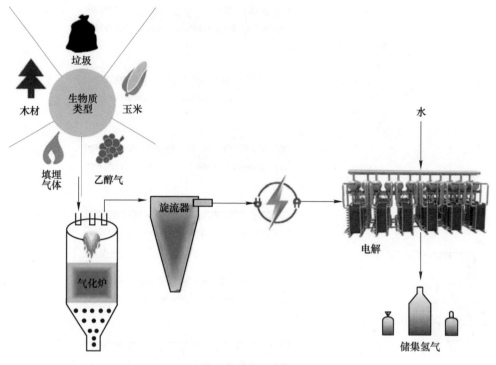

图 8.11 生物质发电制氢示意图

8.5 气化炉的类型

气化炉可分为上吸式气化炉、下吸式气化炉、流化床气化炉、交叉吸附气化炉。

8.5.1 上吸式气化炉

在上吸式(或逆流式)气化炉中,进气口设计在气化炉底部,气体从顶部排出。燃烧反应发生在底部炉排附近,其后方发生了还原反应,反应范围是气化炉上部及周围区域。气化炉下部区域的辐射传热和发生的强制对流使上部的原料被加热,并发生热解。这一过程形成了挥发物和焦油,通过气流对其进行搬运,同时还从气化炉底部分离了灰分。在这种气化炉中,最显著的优点是焦炭燃尽率高、结构简单、内部热交换导致设备效率高、出口气体温度低,同时在操作过程中可以使用多种原料(如谷壳和锯末)。

气体净化过程要处理含焦油凝析液,这会导致一些复杂情况的产生。除了需要应对这些复杂情况,设备中还存在导致氧气窜流、爆炸和其他危险的可能性,同时还需安装自动移动炉排,这是其主要缺点。不过对于直接加热的情形,在燃烧焦油的区域无需进行气体净化。

8.5.2 下吸式气化炉

下吸式或并流式气化炉的设计解决了气流中夹带焦油的问题，其中在气化炉的氧化区可引入气化空气。发生炉气体沿气化炉底部流动，使气体和燃料朝相同方向运动。在流向焦油和精馏产物的过程中，燃料需流经炽热的炭床，从而转化为二氧化碳、氢气、甲烷和一氧化碳等永久性气体。焦油分解的相对完整程度取决于焦油蒸气的停留时间和热区温度。

下吸式气化炉的核心优势在于其可以产出无焦油气体，该气体可用于发动机。然而，在设备的整个运行范围内，几乎从未产出过无焦油气体。通常认为标准的无焦油运行调节比为 3，而在理想情况下，该比率应为 5~6。与上吸式气化炉相比，下吸式或并流式气化炉面临的环境问题较少，因为冷凝液中的有机组分含量较低。

并流式气化炉有一个小缺点，即除了气体的低热值（LHV）外，其效率较低，因为炉内缺少内部热量交换。除此之外，需在规定的横截面积内保持均匀的高温环境，因此当功率范围必须大于 350kW 时，将无法使用下吸式气化炉。此外，一个明显的缺点是无法使用各种未经处理的燃料进行工作。更具体地说，低密度材料会造成明显的压降和流动性问题，因此在使用前，需要对固体燃料进行压块或球粒化。与上吸式气化炉相比，下吸式气化炉在处理大量灰分时也存在问题。

8.5.3 流化床气化炉

上吸式和下吸式气化炉的作业过程都受到燃料的化学性质、物理性质和形态特性的影响。通常会遇到以下复杂情况：料仓流量不足、通过气化炉时产生巨大压降及结渣现象。为解决上述问题，人们设计了流化床气化炉。

首先以适宜的速率通入空气，吹扫固体颗粒床，使固体颗粒保持悬浮状态。提前加热床层外部，在达到足够高的温度后立即引入进料。从反应堆底部输入燃料颗粒，将其与床料迅速混合，并加热至床温。这种处理使得燃料迅速发生热解，燃料组分与相对质量较大的气体物质混合。同时在气相物质中还发生了焦油转化和气化反应。将大多数系统与内部旋流器一同使用，以最大限度地减少煤焦喷射。如果在工程应用中使用这种气体，灰粒也将流经反应器顶部，因此需要从气流中去除灰粒。

流化床气化炉的主要优势在于对原料的灵活适应性，由于稻壳的熔点特性，流化床气化炉的温度易于控制，同时该装置还能够处理细粒和蓬松的材料（如锯末），而无需预处理。而当某些生物质燃料通过气体通道时，可能会出现进料失稳、床层失稳和粉煤灰烧结等问题。

流化床气化炉的另一缺点是产物气体中焦油含量高，对负荷变化的响应较差，以及碳燃烧不完全。因此需要在该气化炉中安装控制设备，以解决碳燃烧不完全的问题。然而，在这一措施的影响下，将无法对规模非常小的流化床气化炉的生产过程进行预测，同时必须将轴功率提升至 500kW 以上。

8.5.4 交叉吸附式气化炉

交叉吸附式气化炉适用于焦炭。焦炭气化反应发生在氧化区，其温度为 1500℃甚至更高，这可能会破坏原料。在交叉吸附式气化炉中，焦炭燃料本身可以提供隔热层，来隔离这种高温。

交叉吸附式气化炉的系统规模非常小，便于操作。在某些条件下，轴功率约为 10kW 的小型机组的经济性较高，原因在于其采用了一个简单的气体净化装置，包含热过滤器和旋流器，在同时使用交叉吸附式气化炉和小型发动机的过程中，旋流器可以与过滤器一并使用。这种气化炉的另一个缺点是焦油转化能力很低，而后续的转化对于挥发组分含量较低的优质焦炭而言至关重要。

为了克服焦炭质量的不确定性，许多焦炭气化炉使用下吸原理来维持最小的焦油裂解能力。

8.5.5 气流床气化炉

在气流床气化炉中，将生物质粉碎细化处理，氧化剂和蒸汽从气化炉顶部进入。当生物质流经气化炉时，蒸汽和氧化剂将包裹或夹带燃料颗粒。气流床气化炉可在非常高的温度下运行，将生物质灰分熔化成惰性炉渣。超细的生物质进料和较高的操作温度能够极大增加气化反应的速率，将停留时间缩短为仅仅几秒，并将碳转化率提升至 98% ~ 99.5%。在气流床气化炉内，生物质脱挥形成焦油、酚类、油和其他液体，之后被分解成氢气、一氧化碳和少量烃类气体。气流床气化炉实际上可以处理任何生物质原料，并产生清洁无焦油的合成气。可以将细粒生物质进料以干燥或浆液的形式加入气流床气化炉，前者需采用料斗系统，而后者则利用高压泥浆泵。浆液进料是一个简单的过程，在该过程中，将水与需要蒸发的浆液一并引入反应器。通过增加水含量，能够将合成气产物的 H_2/CO 比提高，但同时也会降低气化炉的热效率。作为其他工艺设计的替代品，进料的制备系统也需要针对具体应用进行评估。气流式气化炉的特点如下：燃料适应性；氧化剂需求量大；可以使用空气或氧气作为氧化剂；反应器内部温度均匀；造渣操作；停留时间短；碳转化率较高；为了提高效率，必须对产物气体和余热锅炉中的热量设定较高的敏感度。

8.6 案例研究 7

本案例设计了一个基于生物质能的制氢系统。在加入蒸汽和氧气的情况下，气流床气化炉可对输入的生物质进行气化。在该案例中，利用 Aspen Plus 建模软件进行了建模，其中使用的物性方法是 RK-SOAVE，能够处理真实的流体和气体。

8.6.1 系统描述

生物质被认为是一种碳中和能源，而其利用过程中产生的二氧化碳如果能够被捕集，而非排放到环境中，那么生物质将被称为负碳燃料。图 8.12 为生物质气

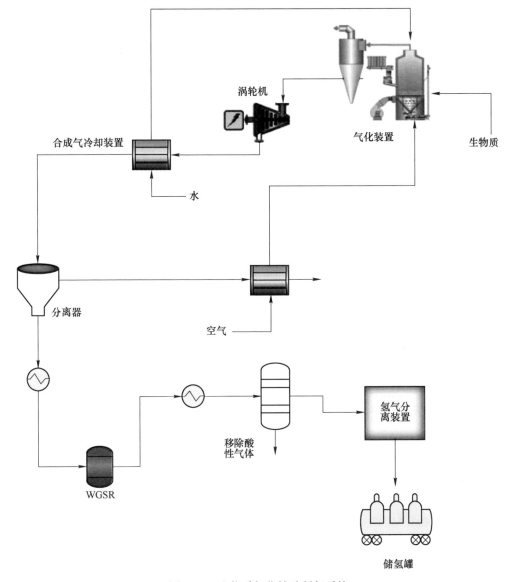

图 8.12 生物质气化辅助制氢系统

化辅助制氢系统，而图 8.13 展示了生物质气化辅助制氢系统的 Aspen Plus 模拟流程图。系统采用气流床气化炉进行生物质气化，并从高温合成气中回收余热，用于将水转化为蒸汽，并对输入的空气进行加热。设计的案例研究采用 Aspen Plus 模拟软件并通过 RK-SOAVE 物性方法进行模拟，该方法能够处理真实的流体和气体。

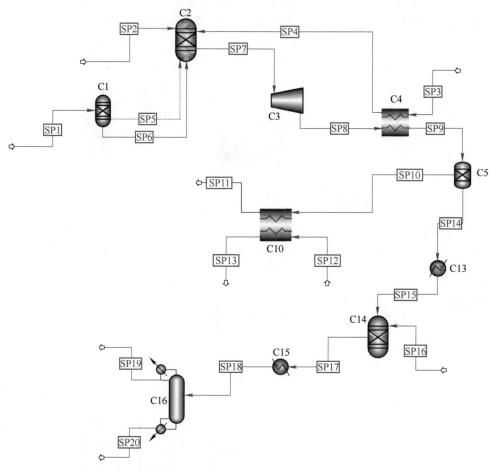

图 8.13　生物质气化辅助制氢系统的 Aspen Plus 模拟流程图

　　生物质气化装置 C2 产生合成气，之后合成气流经涡轮机 C3，并在其中发生膨胀，生成高温高压合成气，从而进行发电。膨胀的合成气流经换热器 C4，换热器 C4 从合成气中回收了额外的余热，将水转化为蒸汽，并通过流路 SP4 将其输送至气化反应器。表 8.1 列出了竹材生物质气化系统的元素和近似分析约束条件。获得高品位的合成气要求生物质气化炉在适宜的工作温度下运行，其中化学成分完全基于生物质组分平衡。

表 8.1 生物质气化系统的元素和近似分析约束条件[134] （%）

组分		数值
生物质类型		竹材（质量以干基计）
热解分析	水分	0.0
	挥发性物质	86.8
	固定碳	11.24
	灰分	1.95
元素分析	C	48.8
	H	6.32
	N	0.2
	O	42.77
	S	0.0
	灰分	1.95
	高热值/MJ·kg^{-1}	20.55

焦炭分解、挥发组分燃烧和化学物质分解的化学反应可分别表示为：

生物质 $\longrightarrow$ 焦炭 $+ C_6H_6 + CO + CO_2 + H_2 + N_2 + H_2O + CH_4 + H_2S$

焦炭 $\longrightarrow$ C $+ O_2 + N_2 + H_2 + S +$ 灰分

$$H_2 + \frac{1}{2}O_2 \longrightarrow H_2O$$

$$CO + \frac{1}{2}O_2 \longrightarrow CO_2$$

$$CO + H_2O \longrightarrow CO_2 + H_2$$

$$CH_4 + 2O_2 \longrightarrow 2H_2O + CO_2$$

$$C_6H_6 + \frac{15}{2}O_2 \longrightarrow 3H_2O + 6CO_2$$

$$CH_4 + 2H_2O \longrightarrow CO_2 + 4H_2$$

$$C + O_2 \longrightarrow CO_2$$

$$C + H_2O \longrightarrow CO + H_2$$

$$C + \frac{1}{2}O_2 \longrightarrow CO$$

$$C + 2H_2 \longrightarrow CH_4$$

$$C + CO_2 \longrightarrow 2CO$$

$$S + H_2 \longrightarrow H_2S$$

换热器 C4 产生的大部分二氧化碳、氢气和一氧化碳可通过分离器 C5 进行分离，剩余的合成气通过流路 SP10 输送至换热器 C10。该换热器可回收低品位余热，用于空间供暖。包括二氧化碳、氢气和一氧化碳在内的大部分合成气流经加热器

C13，该加热器用于保持压力。之后将合成气输出，并输送至水煤气变换反应器 C14。

在水煤气变换反应器中，合成气与蒸汽发生反应，将一氧化碳转化为二氧化碳，并生成氢气。之后蒸汽通过流路 SP16 进入水煤气变换反应器 C14，其化学反应如下：

$$CO + H_2O \longrightarrow CO_2 + H_2 + Q$$

水煤气变换反应器输出合成气，之后流经分离装置 C16，该分离装置将合成气中的氢气与其他气体组分分离。合成气组分是一个重要参数，可用于研究合成气中各种气体的百分比。

8.6.2   分析和评估

气流床气化炉使用的生物质类型通常是竹材，表 8.1 列出了竹材生物质气化系统的元素和近似分析约束条件，本节介绍了各个部件性能的模型设计方程。

（1）生物质气化装置。用于评估生物质化学㶲的相关性[135]可表示为：

$$ex_{ch}^f = [(LHV + \omega h_{fg}) \times \beta + 9.417S] \tag{8.1}$$

低热值（LHV）取决于生物质的化学组分，计算 β 的表达式[136]如下：

$$\beta = 0.1882 \frac{w(H)}{w(C)} + 0.061 \frac{w(O)}{w(C)} + 0.0404 \frac{w(N)}{w(C)} + 1.0437 \tag{8.2}$$

设计系统各部件的质量、能量、熵和㶲平衡方程如本节所述。

（2）产率反应器 C1。产率反应器的质量、能量、熵和㶲平衡方程如下：

$$\dot{m}_{SP1} = \dot{m}_{SP6} \tag{8.3}$$

$$\dot{m}_{SP1}LHV_{SP1} + \dot{Q}_{Decomp} = \dot{m}_{SP6}LHV_{SP6} \tag{8.4}$$

$$\dot{m}_{SP1}s_{SP1} + \frac{\dot{Q}_{Decomp}}{T} + \dot{S}_{gen} = \dot{m}_{SP6}s_{SP6} \tag{8.5}$$

$$\dot{m}_{SP1}ex_{SP1} + \dot{Q}_{Decomp}\left(1 - \frac{T_0}{T}\right) = \dot{m}_{SP6}ex_{SP6} + \dot{Ex}_d \tag{8.6}$$

（3）气化反应器 C2。气化反应器的质量、能量、熵和㶲平衡方程如下：

$$\dot{m}_{SP2} + \dot{m}_{SP4} + \dot{m}_{SP6} = \dot{m}_{SP7} \tag{8.7}$$

$$\dot{m}_{SP2}h_{SP2} + \dot{m}_{SP4}h_{SP4} + \dot{m}_{SP6}LHV_{SP6} - \dot{Q}_{Decomp} = \dot{m}_{SP7}h_{SP7} \tag{8.8}$$

$$\dot{m}_{SP2}s_{SP2} + \dot{m}_{SP4}s_{SP4} + \dot{m}_{SP6}s_{SP6} - \frac{\dot{Q}_{Decomp}}{T} + \dot{S}_{gen} = \dot{m}_{SP7}s_{SP7} \tag{8.9}$$

$$\dot{m}_{SP2}h_{SP2} + \dot{m}_{SP4}h_{SP4} + \dot{m}_{SP6}ex_{SP6} - \dot{Q}_{Decomp}\left(1 - \frac{T_0}{T}\right) = \dot{m}_{BG7}ex_{BG7} + \dot{Ex}_d \tag{8.10}$$

（4）涡轮机 C3。涡轮机的质量、能量、熵和㶲平衡方程如下：

$$\dot{m}_{SP7} = \dot{m}_{SP8} \tag{8.11}$$

$$\dot{m}_{SP7}h_{SP7} = \dot{m}_{SP8}h_{SP8} + \dot{W}_{out} \tag{8.12}$$

$$\dot{m}_{SP7}s_{SP7} + \dot{S}_{gen} = \dot{m}_{SP8}s_{SP8} \tag{8.13}$$

$$\dot{m}_{SP7}ex_{SP7} = \dot{m}_{SP8}ex_{SP8} + \dot{W}_{out} + \dot{Ex}_d \tag{8.14}$$

（5）换热器 C4。换热器的质量、能量、熵和㶲平衡方程如下：

$$\dot{m}_{SP3} = \dot{m}_{SP4} \qquad \dot{m}_{SP8} = \dot{m}_{SP9} \tag{8.15}$$

$$\dot{m}_{SP3}h_{SP3} + \dot{m}_{SP8}h_{SP8} = \dot{m}_{SP4}h_{SP4} + \dot{m}_{SP9}h_{SP9} \tag{8.16}$$

$$\dot{m}_{SP3}s_{SP3} + \dot{m}_{SP8}s_{SP8} + \dot{S}_{gen} = \dot{m}_{SP4}s_{SP4} + \dot{m}_{SP9}s_{SP9} \tag{8.17}$$

$$\dot{m}_{SP3}ex_{SP3} + \dot{m}_{SP8}ex_{SP8} = \dot{m}_{SP4}ex_{SP4} + \dot{m}_{SP9}ex_{SP9} + \dot{Ex}_d \tag{8.18}$$

（6）分离器 C5。分离器的质量、能量、熵和㶲平衡方程如下：

$$\dot{m}_{SP9} = \dot{m}_{SP10} + \dot{m}_{SP14} \tag{8.19}$$

$$\dot{m}_{SP9}h_{SP9} = \dot{m}_{SP10}h_{SP10} + \dot{m}_{SP14}h_{SP14} \tag{8.20}$$

$$\dot{m}_{SP9}s_{SP9} + \dot{S}_{gen} = \dot{m}_{SP10}s_{SP10} + \dot{m}_{SP14}s_{SP14} \tag{8.21}$$

$$\dot{m}_{SP9}ex_{SP9} = \dot{m}_{SP10}ex_{SP10} + \dot{m}_{SP14}ex_{SP14} + \dot{Ex}_d \tag{8.22}$$

（7）换热器 C10。换热器的质量、能量、熵和㶲平衡方程如下：

$$\dot{m}_{SP10} = \dot{m}_{SP11} \qquad \dot{m}_{SP12} = \dot{m}_{SP13} \tag{8.23}$$

$$\dot{m}_{SP10}h_{SP10} + \dot{m}_{SP12}h_{SP12} = \dot{m}_{SP11}h_{SP11} + \dot{m}_{SP13}h_{SP13} \tag{8.24}$$

$$\dot{m}_{SP10}s_{SP10} + \dot{m}_{SP12}s_{SP12} + \dot{S}_{gen} = \dot{m}_{SP11}s_{SP11} + \dot{m}_{SP13}s_{SP13} \tag{8.25}$$

$$\dot{m}_{SP10}ex_{SP10} + \dot{m}_{SP12}s_{SP12} = \dot{m}_{SP11}ex_{SP11} + \dot{m}_{SP13}ex_{SP13} + \dot{Ex}_d \tag{8.26}$$

（8）加热器 C13。加热器的质量、能量、熵和㶲平衡方程如下：

$$\dot{m}_{SP14} = \dot{m}_{SP15} \tag{8.27}$$

$$\dot{m}_{SP14}h_{SP14} = \dot{m}_{SP15}h_{SP15} + \dot{Q}_{out} \tag{8.28}$$

$$\dot{m}_{SP14}s_{SP14} + \dot{S}_{gen} = \dot{m}_{SP15}s_{SP15} + \frac{\dot{Q}_{out}}{T} \tag{8.29}$$

$$\dot{m}_{SP14}ex_{SP14} = \dot{m}_{SP15}ex_{SP15} + \dot{Q}_{out}\left(1 - \frac{T_0}{T}\right) + \dot{Ex}_d \tag{8.30}$$

（9）水煤气变换反应 C14。WGSR 的质量、能量、熵和㶲平衡方程如下：

$$\dot{m}_{SP14} + \dot{m}_{SP16} = \dot{m}_{SP17} \tag{8.31}$$

$$\dot{m}_{SP15}h_{SP15} + \dot{m}_{SP16}h_{SP16} = \dot{m}_{SP17}h_{SP17} + \dot{Q}_{out} \tag{8.32}$$

$$\dot{m}_{SP15}s_{SP15} + \dot{m}_{SP16}s_{SP16} + \dot{S}_{gen} = \dot{m}_{SP17}s_{SP17} + \frac{\dot{Q}_{out}}{T} \tag{8.33}$$

$$\dot{m}_{SP15}ex_{SP15} + \dot{m}_{SP16}ex_{SP16} = \dot{m}_{SP17}ex_{SP17} + \dot{Q}_{out}\left(1 - \frac{T_0}{T}\right) + \dot{Ex}_d \tag{8.34}$$

（10）分离器 C15。分离器的质量、能量、熵和㶲平衡方程如下：

$$\dot{m}_{SP18} = \dot{m}_{SP19} + \dot{m}_{SP20} \tag{8.35}$$

$$\dot{m}_{SP18}h_{SP18} = \dot{m}_{SP19}h_{SP19} + \dot{m}_{SP20}h_{SP20} \tag{8.36}$$

$$\dot{m}_{SP18}s_{SP18} + \dot{S}_{gen} = \dot{m}_{SP19}s_{SP19} + \dot{m}_{SP20}s_{SP20} \tag{8.37}$$

$$\dot{m}_{SP18}ex_{SP18} = \dot{m}_{SP19}ex_{SP19} + \dot{m}_{SP20}ex_{SP20} + \dot{Ex}_{d} \tag{8.38}$$

（11）性能指标。本案例研究的能量和（㶲）效率方程可以表示如下：

$$\eta_{OV} = \frac{\dot{m}_{H_2}LHV_{H_2} + \dot{m}_{SP12}(h_{SP13} - h_{SP12}) + \dot{W}_{C3}}{\dot{m}_{biomass}LHV_{biomass}} \tag{8.39}$$

$$\psi_{OV} = \frac{\dot{m}_{H_2}ex_{H_2} + \dot{m}_{SP12}(ex_{SP13} - ex_{SP12}) + \dot{W}_{C3}}{\dot{m}_{biomass}ex_{biomass}} \tag{8.40}$$

8.6.3 结果与讨论

本案例研究旨在研究生物质辅助制氢系统的性能。合成气的组分是生物质气化的一个重要参数，该参数体现了合成气中各种气体组分的重要性。合成气的组分可根据二氧化碳、甲烷、氧气、一氧化碳、蒸汽和氢气的流量测定。

生物质和蒸汽流量对合成气组分具有较大影响，可根据二氧化碳、甲烷、氧气、一氧化碳、蒸汽和氢气的流量对其进行测定。图8.14为生物质和蒸汽流量

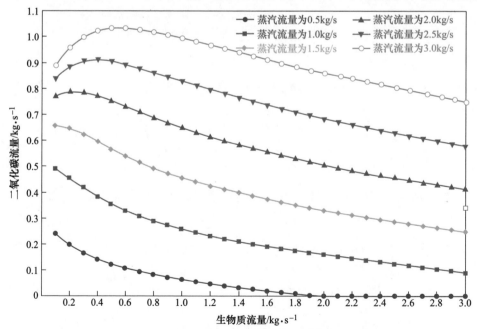

图 8.14 生物质和蒸汽流量对二氧化碳流量的影响

对二氧化碳流量的影响，图 8.15 为生物质和蒸汽流量对输出蒸汽流量的影响，图 8.16 为生物质和蒸汽流量对氧气流量的影响，图 8.17 为生物质和蒸汽流量对氢气流量的影响，图 8.18 为生物质和蒸汽流量对甲烷流量的影响，图 8.19 为生物质和蒸汽流量对一氧化碳流量的影响。

图 8.14 为生物质和蒸汽流量对二氧化碳流量的影响，其中生物质流量为 0.1~3kg/s，蒸汽流量为 0.5~3.0kg/s。每条线均代表不同生物质流量（参见 x 轴）下的二氧化碳流量和特定蒸汽流量（参见图例）。可以看到，在生物质气化的早期阶段，二氧化碳流量逐渐增加，随着生物质和蒸汽输入流量的持续增加，二氧化碳流量逐渐减少。

图 8.15 为生物质和蒸汽流量对输出蒸汽流量的影响。结果表明，随着生物质和蒸汽输入流量不断增加，输出蒸汽流量逐渐减小，因为蒸汽在生物质气化反应中被消耗。

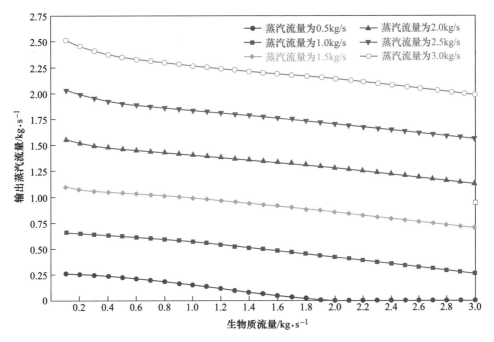

图 8.15　生物质和蒸汽流量对输出蒸汽流量的影响

生物质和蒸汽流量对输出氧气流量的影响如图 8.16 所示。结果表明，在反应早期，生物质气化装置已消耗了所有的供应氧气，随着生物质和蒸汽输入流量的不断增加，氧气流量开始逐渐增加，因为反应过程需要更多的生物质和蒸汽流量。

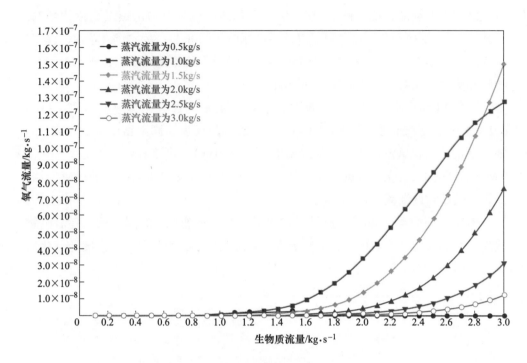

图 8.16　生物质和蒸汽流量对氧气流量的影响

图 8.17 为生物质和蒸汽流量对氢气流量的影响。随着生物质和蒸汽输入流量的持续增加，氢气流量逐渐增加，因为生物质气化反应可生成氢气，同时水煤气变换反应也产生了额外的氢气。

生物质和蒸汽流量对甲烷气体流量的影响如图 8.18 所示。结果表明，所有的甲烷气体均生成于生物质反应早期阶段，随着生物质和蒸汽输入流量的不断增加，合成气中的甲烷发生裂解，含量降为零。

生物质和蒸汽流量对一氧化碳流量的影响如图 8.19 所示。很明显，生物质气化反应产生了一氧化碳，随着生物质和蒸汽输入流量的持续增加，一氧化碳流量逐渐增加，一氧化碳进一步转化为二氧化碳，同时在水煤气变换反应中产生了额外的氢气。

表 8.2 为生物质辅助系统设计的显著性结果。该表包括多个显著性结果，如发电量、水煤气变换反应前后的制氢率、能量效率和㶲效率。在该案例研究中，产生了 6.28MW 的电力，水煤气变换反应前后的制氢速率分别为 129.5mol/s 和 169.7mol/s，能量效率和㶲效率分别为 48.55% 和 45.08%。

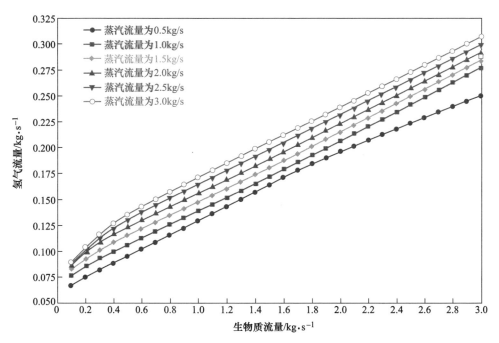

图 8.17 生物质和蒸汽流量对氢气流量的影响

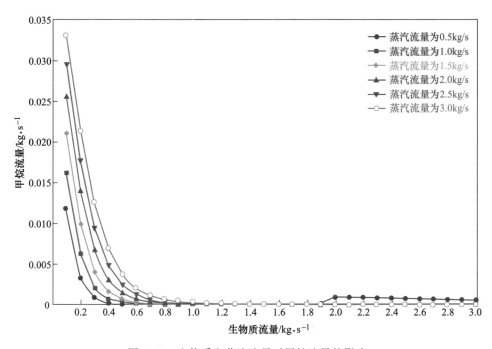

图 8.18 生物质和蒸汽流量对甲烷流量的影响

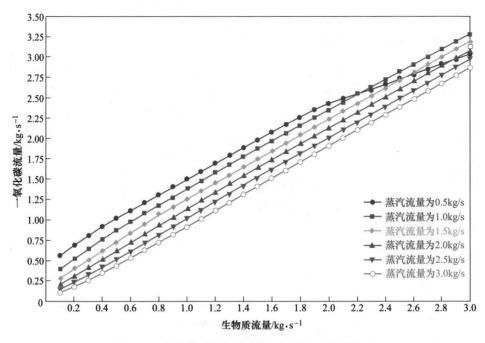

图 8.19　生物质和蒸汽流量对一氧化碳流量的影响

表 8.2　生物质辅助系统设计的显著性结果

组分	结果
涡轮机 C3 的发电量/MW	6.289
WGSR 之前的制氢率/mol·s^{-1}	129.5
WGSR 之后的制氢率/mol·s^{-1}	169.7
整体能量效率/%	48.55
整体㶲效率/%	45.08

表 8.3 为水煤气变换反应前后的制氢速率。水煤气变换反应器与蒸汽发生化学反应，将一氧化碳转化为二氧化碳，并进一步产生氧气，从而提高了水煤气变换反应后的制氢流速。表中显示，WGSR 前的产氢速率从 37.73mol/s 增加至 128.8mol/s，而 WGSR 后的产氢速率从 40.83mol/s 增加至 169.7mol/s。

表 8.3　水煤气变换反应前后的制氢速率

生物质输入流量/kg·s^{-1}	流路 SP15 中 WGSR 前的 制氢速率/mol·s^{-1}	流路 SP17 中 WGSR 前的 制氢速率/mol·s^{-1}
0.1	37.73	40.83
0.2	43.08	47.57

续表8.3

生物质输入流量/kg · s⁻¹	流路 SP15 中 WGSR 前的 制氢速率/mol · s⁻¹	流路 SP17 中 WGSR 前的 制氢速率/mol · s⁻¹
0.3	47.23	53.15
0.4	50.56	57.93
0.5	53.53	62.32
0.6	56.38	66.58
0.7	59.21	70.79
0.8	62.04	75.00
0.9	64.90	79.21
1	67.78	83.44
1.1	70.68	87.68
1.2	73.61	91.93
1.3	76.56	96.19
1.4	79.52	100.47
1.5	82.51	104.75
1.6	85.50	109.04
1.7	88.51	113.34
1.8	91.54	117.65
1.9	94.57	121.96
2	97.61	126.28
2.1	100.66	130.60
2.2	103.72	134.93
2.3	106.79	139.26
2.4	109.86	143.60
2.5	112.94	147.94
2.6	116.02	152.28
2.7	119.11	156.62
2.8	122.20	160.97
2.9	125.30	165.32
3	128.40	169.67

8.7 结 论

生物质又称动物或植物物质，可用于能源生产或作为多种工业过程的原料生成多种产品。生物质包含多种形式，如可种植的能源作物、森林或木材残留物、污水处理厂或动物养殖业产生的废弃物、园艺和粮食作物废弃物、食品加工产物。生物质包含的能量主要来自太阳能，植物通过光合作用将水和二氧化碳转化为葡萄糖和碳水化合物，而这一过程需要依赖阳光才能进行。燃烧生物质可产生热能，并将其转化为电能，或经过处理生成生物燃料。生物质能是一种可再生能源，因为它的内能来源于太阳，可以在较短的时间内再生。树木吸收大气中的二氧化碳，并将其转化为生物质，当树木死亡时，二氧化碳将被重新释放至大气。固体生物质原料，如垃圾和木材可通过直接燃烧产生热量。生物质同样可以生产液体生物燃料，即生物柴油、乙醇和沼气。动物脂肪和植物油可生产生物柴油，它可以作为取暖用，也可以用于汽车。生物质是一种清洁、稳定、可再生的能源，可提升经济、环境和能源安全。

气化过程是将有机含碳物质转化为二氧化碳、一氧化碳和氢气的过程。该过程可以通过在有限供应一定量的氧气和/或蒸汽的前提下进行不完全燃烧及高温（700℃以上）材料反应来实现。热解过程是指挥发性有机组分在高温条件下发生热分解，同时在无氧条件下形成合成气的过程。本章针对生物质气化辅助制氢系统设计了案例研究。案例中安装了气流床气化炉，在供应适量氧气和蒸汽的情况下对加入的生物质进行气化。设计案例使用 Aspen Plus 模拟软件，并利用 RK-SOAVE 物性方法进行模拟，该方法能够处理真实的流体和气体。合成气的组分是一个重要的约束条件，可根据合成气中每种气体的流速对该约束条件进行研究和确定。在该案例研究中，制氢速率为 169.7mol/s，发电量为 6.28MW。能量效率和㶲效率分别为 48.55% 和 45.08%。生物质被认为是一种碳中和燃料，而生物质利用过程产生的二氧化碳如果能被捕获，而非排放到环境中，那么它将成为负碳燃料。生物质能制氢工艺有望达到一定的商业规模，并在全球从传统能源向可再生能源的转变过程中发挥引领作用。

9 综合能源制氢系统

能源系统集成旨在将能量载体（如热通路、电能和燃料）与通信、交通、水、氢及冷暖联供系统等基础设施相结合，最大程度提高可再生能源的利用效率。实现能源组件和子系统的可兼容集成，对于新技术的优化利用和全面推广具有重要意义。

在工程领域，所谓系统集成是指将组件和多个子系统组合成为一个整体系统（将多个子系统集成后，它们可以协同工作来发挥更大的作用），使子系统通过相互配合来发挥整体功能。在能源系统中，对再生能源系统的集成，需要有一个强大而稳定的电网体系来应对风电和光伏发电的不稳定性。涵盖加热和制冷、电能、氢能、水资源及交通等诸多方面的能源系统集成已被证明是一种十分高效的模式。这种集成模式可以提高整个能源系统的灵活性，并有助于经济有效地降低可再生能源的不稳定性。

能源系统集成通过将分布式的发电技术或现场发电和热能利用技术相结合，来实现储能、制冷、湿度控制、供热和/或一些在电力/发电领域尚未发掘的其他应用。能源系统集成通过热电联产的方式，实现将燃料中80%及以上的能量转化为有效能源。能源系统集成可以更好地迎合消费者的选择、显著提高能源效率和能源安全性。同时它还可以降低商用建筑物和工业厂房的碳排放，提高能源使用效率。

关于可再生能源及其在可持续发展领域和降低对环境影响方面所起的作用，在一篇文章中有详细论述，该文的研究主要着眼于清洁能源，寻求更好的可持续发展解决方案[37]。文章从不同的视角，例如社会、能源、经济、环境影响等多个方面，探讨了清洁能源的前景和面临的挑战，同时还评价了该领域的现状，并介绍了一些清洁能源系统的可能应用。此外，文章也进一步讨论了可再生能源辅助系统在能源利用、系统成本、大气排放等方面所具有的优势。事实上，民用领域占据了全球能源消费的1/3。

由于受限于对供热量的需求（例如在夏季，产热最多但供热需求却最小），用于公共机构和商用楼宇的分散式能源装置和集中热电联供装置的容量实际上都受到了限制。近年来，定制系统的采用促进了对来自热能增产领域的一些技术（例如湿度控制和制冷技术）的集成，并使这些技术重放异彩。这些热能增产技术设备可以整合到热电联产系统中，以更有效地利用热能，实现建筑物的湿度控制和制冷。因此，能源系统集成可以使热力设备发挥更大作用，换言之就是将传统的热电联产技术，应用于那些独立供热和供电的建筑物中。如今，这种集供热、制冷和湿度控制于一体的系统不仅能够实现建筑物能源的有效利用，同时还可以前所未有地降低碳排放。

图 9.1 显示了在 2011 年度发电、CO_2 排放、一次能源总供给的全球燃料份额。图 9.1（a）显示了全球用于发电的燃料份额，其中石油/煤占 41%，天然气占 22%，核能占 12%，水电占 16%，燃油占 5%，其他（包括风电、太阳能、地热、废热和废弃物）占 4%。图 9.1（b）显示了燃料燃烧时产生的 CO_2 的排放量占比，其中石油/煤占 44%，天然气占 35%，燃油占 20%，其他占 1%。图 9.1（c）显示的是用于一次能源供给的燃料份额，其中燃油占 32%，石油/煤占 29%，天然气占 21%，生物质/废物占 10%，核能占 5%，水电占 2%，其他占 1%。

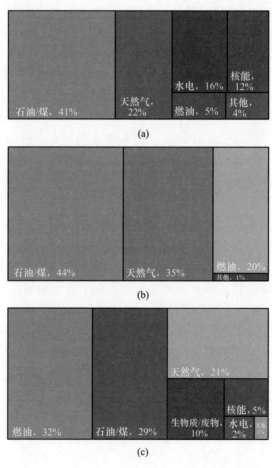

图 9.1 全球分别用于不同领域的燃料份额[137]

（a）发电；（b）CO_2 排放；（c）一次能源总供给

尽管传统的热电联产系统有了一定的发展，但是综合能源系统仍然面临许多技术上和经济上的挑战。综合能源系统领域的一项重要成就就是把制氢、供热、空调、通风、照明、水处理和供电这些子系统集成为一个系统。由热电联产系统直接或间接地提供这些负荷。热电联产技术的发展规划主要集中在对全面集成方法的研究上，其中包括：设备集成、部件集成、模块化或套装系统开发、电网并网，以及与过程负荷和建筑物的系统集成。在相关研究技术上的突破和发展，已经促使了新的国际能源体系（如 IES）的形成，也使综合能源系统发挥日益显著的作用。

9.1 综合能源系统的现状

在美国，虽然综合能源系统在建筑物中的应用仍处于早期阶段，但热电联产系统在建筑领域有限范围内的应用已有数十年历史。有关目前已经采用热电联产系统的楼宇负荷数据是相互矛盾的，公用事业数据研究所提供的数据为2600MW，而能源信息管理局发布的数据则为约 1900MW。罗彻斯特大学（University of Rochester）成立的独立能源组织——罗彻斯特地区能源库，其给出的有关热电联产系统在教育机构的安装数据则超过了上述机构提供的数字。就职于国际区域能源协会（International District Energy Association）的 Mark Spurr 准备了一份有关集成了热电联产系统的区域能源系统的报告。Spurr 对数据进行了核实，并得出结论：采用热电联产系统的楼宇负荷估计达到3500MW。包括普通楼宇和工业建筑物在内的总体热电联产系统负荷，在 1998 年已经近46000MW，其中楼宇占比为 5%~10%。

尽管采用热电联产的楼宇负荷规模并不确定，但在很大程度上，业界还是一致认为教育机构在采用规模上位于第一，医疗机构紧跟其后。采用热电联产系统为这类建筑物带来的经济方面的影响主要表现在以下几个方面：

（1）病人或学生居住的建筑物中，人员密度通常很高。这种高人员密度会造成建筑物的昼夜负荷率都很高，从而使在热电联产系统上的投资容易收回。

（2）在这种楼宇中，用电负荷和热负荷的稳定性要高于其他类型的楼宇。

（3）许多这样的楼宇都是共有产权。这些楼宇的供暖、制冷和供电负荷易集中管理。相对于一些较小的系统而言，采用集中供应系统会带来更大的经济效益。

（4）由于相邻楼宇的类型相似，楼宇间蒸汽、热水和冷水管网管线的投资，都相对较低。

（5）这些建筑物一般都是由业主拥有，并非租赁使用。因此，业主往往要求更为舒适的管理方式。

图 9.2 为 1990—2015 年 CO_2 排放量在不同燃料类型和不同领域中的占比。图 9.2 (a) 为 1990—2015 年不同种类的燃料燃烧时产生的 CO_2 排放量，其中燃煤产生的 CO_2 排放量由 8296Mt 增加到 14635Mt，燃油产生的 CO_2 排放量由 8505Mt 增加到 11150Mt，天然气产生的 CO_2 排放量由 3677Mt 增加到 6456Mt，其他燃料产生的 CO_2 排放量由 44Mt 增加到 189Mt。图 9.2 (b) 为 1990—2015 年不同领域产生的 CO_2 排放量。其中热电联产领域的排放量由 7625Mt 增加到 13405Mt，其他能源领域的排放量由 977Mt 增加到 1653Mt，交通领域的排放量由 4595Mt 增加到 7702Mt，工业领域的排放量由 3959Mt 增加到 6361Mt，住宅领域的排放量由 1832Mt 增加到 1850Mt，商业领域的排放量由 774Mt 增加到 832Mt，以及农业领域的排放量由 398Mt 增加到 413Mt。

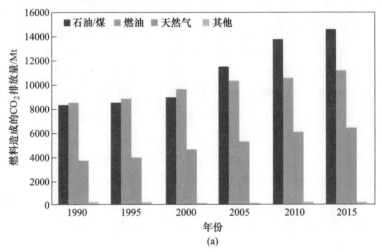

(a)

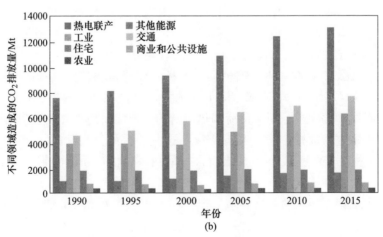

(b)

图 9.2 1990—2015 年 CO_2 的排放量占比[3]

(a) 不同燃料类型；(b) 不同领域

9.1.1 建筑综合能源系统

人们普遍认为，在建筑领域，综合能源系统是一项未得到充分利用的技术。尽管其在一定程度上受与季节性冷热负荷相关的经济回报不足的影响，但综合能源系统在建筑领域未被充分应用的原因是显而易见的，即成本对比显示，综合能源系统的成本明显高于传统系统，而业主对于系统成本往往十分敏感。此外，设计人员也倾向于使用传统系统，这样可以有效避免相关风险。因此，多数大型建筑都未使用综合能源系统。

然而，多方面因素促使综合能源系统在建筑行业逐步推广应用。电力行业的改革虽使更多的用户享受了更低的费率，但却让许多业主对电价上涨预期及电网可靠性的降低产生了担忧。此外，新的室内空气质量标准提高了通风率要求，也促使用户使用更多干燥剂除湿，从而改变了建筑湿度控制的经济性，并为热电联产系统的余热提供了用武之地。最后，如 ESCOs 等第三方独立机构与公用事业公司正在区域热电联产系统领域进行大力投入，为业主带来了无需大量投资即可实现建筑能耗降低的机会。

《京都议定书》发布之后提出的全球气候变暖问题，也促进了综合能源系统的推广应用。受《京都议定书》的限制，各地政府出台了相应的政策规定，这也促使业主考虑通过使用热电联产系统与综合能源系统来提高能源效率。对于工业领域而言，热电联产系统的使用至关重要；对于普通楼宇而言，综合能源系统也被逐步考虑应用。

9.1.2 氢能综合能源系统

尽管氢气被视作综合能源系统的潜在产物，但该方面技术尚未被充分开发利用。研究表明，利用综合能源系统可以将诸如风能、太阳能、水能、地热、海洋热能与生物质能等可再生能源转化为氢能。不同种类的可再生能源需采用不同的制氢方法，如图 9.3 所示。

太阳能可用于光伏、光电化学、光子与太阳能热等综合能源系统。综合能源系统可使用太阳能光伏（PV）板来产生电能，并通过电解过程来实现制氢。将光电化学、光子与电解水合为一体，其中电解水过程可使用电能将水分解成它的两种组分。太阳能热源可分为两类——太阳能集热器与太阳能定日镜，其可与热化学循环进一步集成，利用热能与电能生产氢气。诸如风能、水能、地热及海洋热能转换（OTEC）等其他能源所产生的电力，可直接用于电解水生产氢气。生物质制氢工艺通过气化过程生成合成气，并将氢气从其他气体中分离出来。制备的氢气可被储存起来，并用于多种用途，例如：使用燃料电池发电，充当燃料，充当能量载体，用于加热与冷却，以及用于电动与混合动力汽车。

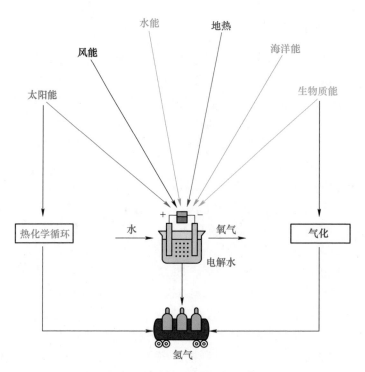

图 9.3 可再生能源制氢路线

对电力而言，氢能是一个完美的伙伴。可以使用分布式发电系统来构建一个综合能源系统。电能与氢能可以相互转换，电解槽可将电能转换为氢能，燃料电池可将氢能转化为电能。不同于碳氢燃料电与氢由一次能源所产生，故被视作能量载体。化石燃料及核能是生成电力及氢气的最重要的能源来源，但诸如太阳能、地热、风能、水能及生物质能等可再生能源，在发电与制氢方面也发挥着重要作用。在未来以氢为燃料的交通运输领域，哪种制氢技术最终胜出将由时间决定。为减少传统化石燃料制氢技术所产生的环境问题，可再生能源已成为科学界主要关注的替代能源。

9.2 综合能源系统的重要性

综合能源系统是推动全球能源转型的一项重要技术，它将独立的热、电与移动式能源系统进行了有效整合，已被证实是一种高效的可再生能源系统。综合能源系统是建立全球低碳经济的潜在途径。受益于数字化技术发展所带来的机遇，综合能源系统正引领全球能源转型。综合可再生能源系统的优势如下：低运营成本；低维护需求；减少二氧化碳排放；更长的使用寿命，出色的稳定性；促进对可再生供热的采用；更易于获得多种产物；降低环境影响；促进经济增长；更易于获得有价值的商品。

9.2.1 能源使用效率提升

较高的能源使用效率是综合能源系统受到重视的主要原因之一。可再生能源发电量占比逐年攀升。REN21 发布的全球可再生能源现状报告[138]指出，2016年可再生能源利用量约占全球能源消费量的 20%。Fraunhofer 太阳能系统研究所指出，2018 年，德国可再生能源发电量约占总发电量的 41%。光伏与风能发电系统为全球能源供应做出了重大贡献，其唯一的缺点为：受风能与太阳能不可预测性的影响，发电具有一定的波动性。

9.2.2 可持续能源供应

电力-能源载体转换技术与电池储能系统的应用可将多余的可再生电力转换成其他的能源形式（通过电池存储系统储存、转换为热量与气体等方式最常见），从而进一步提升可再生能源在交通与供暖领域的比例。

（1）电制气。现有的天然气基础设施网络能够储存和运输大量的能源。通过使用电制气技术，就有机会利用该网络实现可再生能源的储集。例如，该技术可收集沼气生产过程中产生的二氧化碳并制备甲烷，甲烷通过天然气网络实现运输，并在终端用作化学工业的原材料、飞机及车辆的燃料，或者输送至燃气发电厂进行再转化。

（2）电制热。通过相似的方式可将多余的可再生电力转化为热能（产生热水或热能）。与电制气技术相比，电制热的转换效率接近 100%。

电制热采用一种混合方案，需使用消耗天然气、木材等常规燃料的热发生器。当存在多余的电能时，可利用电能来提取热量。这些热量可进入区域或局部的供热网络，也可满足特定工业设施或建筑的供热需求。利用辅助缓冲罐来临时储存热量，并在需要时调用，形成负能源平衡。

（3）电池储能。电池储能系统能够在本地储存可再生能源产生的过剩电力。系统由可充电式化学电池组成，可吸收多余的能量，并在需要时释放。电池储能系统与风能或光伏系统搭配可用于家庭储能，提高能源利用效率，并能在停电时确保家庭正常供电。应用于兆瓦级蓄能电厂时，则可为保障电网正常运行提供后备电力。此外，电池逆变器可协助快速稳频和临时调电。这主要用于应对紧急补充用电的情况，因为满足大型设施庞大的用电负荷往往需要在短时间内调配大量电力。例如，一座足球场的照明灯系统启动时，可调用储存的后备电力，从而使电网的供电保持稳定。相比于电厂供电，使用电池逆变器具有巨大优势。传统电厂的电量中，只有一小部分可以作为后备电力输出，而电池储能系统的全部额定电量均可作为后备调用。

图9.4展示了传统能源与可再生能源的一次能源供应情况。在一次能源供应方面，传统能源中石油占首位，紧随其后的为煤炭与天然气；而在可再生能源中，水电居于首位，其次为风能与太阳能。

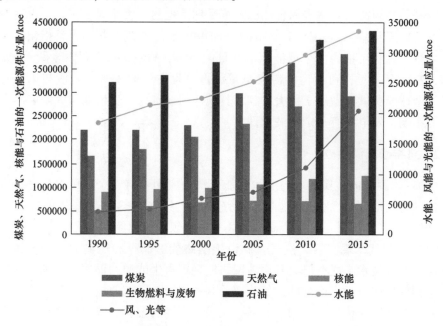

图9.4 传统能源与可再生能源的一次能源供应量[3]

9.2.3 能源独立

对于消费者而言，综合能源在促进能源转型方面也发挥了积极作用。小型风机和太阳能系统在私人建筑上或公园内随处可见，这标志着大众可再生能源意识的提升。除了财政补贴的原因，可再生能源之所以备受青睐，也源自家庭和企业用户对这一可帮助其实现电力自给自足的创新技术兴趣渐浓。通过智能能源管理系统，光伏系统经营者可有效协调电力的生产与消费，实现对可再生能源电力的最优化利用。

9.2.4 电网稳定

当然，正如可再生能源的发电量会出现波动那样，能源需求也并不是一成不变的，这就是为什么公用电网中发电和消费之间的偏差要由能源平衡市场来调节。为全天候保障电网稳定供电，电厂须确保可随时平衡用电。

当用电需求超过发电量，须迅速向电网供电（即"正能源平衡"）。但是，当用电需求小于供电量，须从电网中抽出电量（即"负能源平衡"）。参与能源平衡市场的电厂经营者将通过上网电价补贴来维持能源平衡。

9.2.5 支持全球气候保护

将能源生产和消费进行整合，其根本目标是全面实现世界经济的"无碳化"。

综合能源系统是减少二氧化碳排放，拯救全球气候的唯一途径。只有走综合性、可再生能源道路，才能成功实现能源转型。在这方面，我们要积极探索、打造灵活的系统，开发前景广阔的分布式能源技术，并用好数字化这个引擎。综合能源系统的重要性如下：

（1）通过能源的可持续利用及减少破坏气候的二氧化碳排放来实现能源转型；

（2）减少向大气中的有害物排放，从而降低相关疾病的发病率或死亡率；燃烧化石燃料不仅会产生二氧化碳，还有硫氧化物、氮氧化物、一氧化碳、颗粒物、汞、铅、镍、铜及砷等物质；

（3）可替代核电，因此降低了核风险（运行和废料）；

（4）减少水消耗；

（5）增强了能源供应的稳定性：能源生产中的原料取之不尽，可替代自然界中有限的资源；

（6）消费者可享受更低廉的电价：光伏与风电越来越便宜；

（7）供能方式更灵活；

（8）惠及电网未及地区：可再生能源技术打造稳定的能源供应，从而促进当地的经济发展。

居民住宅能源消耗量约占全球能源消耗总量的 1/3。Bocci 等人[139]对居民住宅可再生能源的整合利用进行了研究。可再生能源在提升能源效率与制氢方面发挥着重要作用，可以减少能源消耗与排放，并提升能源安全水平。这项研究对面积达 $100m^2$ 的真实住宅进行了试验，以分析可再生能源技术与能源效率，并优选确定氢能后备电源的规格。相比于传统的燃油发电机及电池，氢能后备电源虽价格昂贵，但可满足电力的所有需求，允许净电量计量，并提升了供电的安全性。此外，采用金属氢化物的低压储氢系统提升了系统的安全性。

针对可再生发电与存储技术，美国国家可再生能源实验室发布了一份专题报告[140]。在美国及世界其他地区，电网通常都会采用储能技术来满足高峰时的用电需求。抽水蓄能技术在全球储能领域占有重要地位。在美国，首座抽水蓄能电站建于 20 世纪 70 年代，主要用于应对一些市场因素对用电高峰期供电的不利影响，包括较高的天然气与石油价格、对燃油与燃气电厂的监控限制，以及蒸汽工厂的低效率等。除抽水蓄能电站外，美国于 2003 年建造了一座 110MW 的压缩空气储能设施。在过去的几十年间，受较低的天然气价格、燃气轮机的高效灵活性及储能技术高成本的影响，美国储能设施的建设发展受到一定限制。此外，政府的严格监管、审批手续烦琐且代价高昂、储能估值方面的挑战及效用风险规避等因素也限制了储能技术的发展。

加州大学伯克利分校的可再生与适宜能源实验室正致力于可再生能源技术、分布式能源技术、清洁能源技术与储能技术的研发工作[141]。同时，政府通过激励与补贴政策，也在谋取能源市场的进一步发展，而一场电池储能革命将实现清洁能源技术成本的有效降低。综合能源系统的进一步研发与新型储能技术的推广应用，为电力行业实现低碳化与低成本化创造了条件。研究人员使用一种双因子模型对新技术的研发与应用进行分析，该模型整合了材料创新投资价值与技术随时间推移的部署情况，并利用了一个涉及电池存储技术的经验数据库进行构建。电池储能技术的进一步发展，以及与可再生能源的充分结合，将有力支撑电力行业的脱碳化进程。

储能系统与电池技术的研究将为能源行业带来具有革命性的新技术。创新的能源存储中心正在改变人们对储能的认识、促进储能相关基础科学的不断发展，此外它还带来了一种全新的科学方法，并在新设备、新材料、新方法及系统领域进行探索，以实现储能在交通和公用事业领域的普及。能源存储中心应替代现有储能设计，开发功能化与可扩展的系统原型，采用全新的电化学存储方式方法，克服加工制造方面所遇到的挑战，最终降低储能成本与设备复杂性。最终目标是打破现有的储能技术限制，降低储能风险水平，并进一步研发新的储能技术，实现技术升级。

图 9.5 为可再生能源供热与发电的情况。图 9.5（a）展示了可再生能源供热的情况，在该方面，固体生物燃料居于首位，其次为地热与液体生物燃料。图 9.5（b）为可再生能源发电的情况，其中，水电居于首位，其次为风能与太阳能光伏。

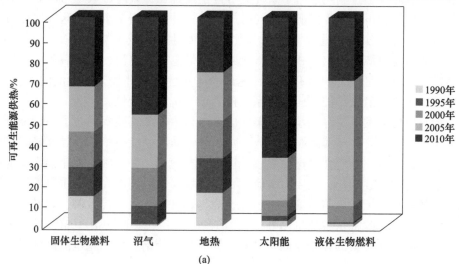

(a)

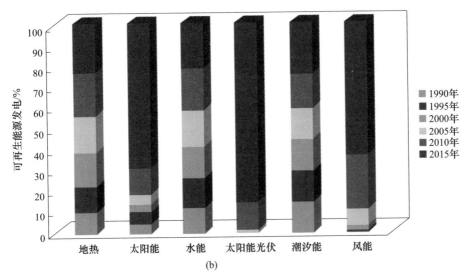

图 9.5 可再生能源供热与发电情况[3]

(a) 可再生能源供热; (b) 可再生能源发电

一个由慕尼黑工业大学与加利福尼亚大学组成的研究小组指出, 储能技术的研究与发展促使锂电池成本显著降低, 由 20 世纪 90 年代的 10000 美元/kW·h 预计将降低至 100 美元/kW·h。技术创新所带来的效果是惊人的。

特斯拉在内华达州建造大型锂电池工厂 Gigafactory, 这将成为世界上最大的电池工厂。将规模、尺寸与化学充分结合的新型储能技术正以前所未有的速度快速发展。

而特斯拉 Gigafactory 项目并不是一个个例, 如柏林这样的大型城市已开展了电网储能项目。柏林计划安装一个容量为 120MW 的地下电池, 以 15 美分/kW·h 的价格储集太阳能与风能产生的电能。加利福尼亚州是首个实现住宅电网储能的地区, 计划 2020 年的储能规模达到 1.325GW。这些里程碑式的项目表明, 储能技术的选择范围极为广泛, 小到住宅储能, 大到城市储能, 这都将有效支持公共事业规模的太阳能发电与风能发电的发展。

9.3 案例研究 8

本案例研究旨在研究利用太阳能转换系统和海洋热能转换系统制氢。太阳能转换系统采用太阳能定日镜场通过热化学 Cu-Cl 循环制氢, 同时采用朗肯循环发电, 发出的电力用于水电解工艺。海洋热能转换系统也用于发电。通过一台吸收式制冷机来回收 Cu-Cl 循环的低品位热能进行制冷。太阳能转换源和海洋热能转换源发出的电力供给电解槽制氢, 制取的氢经压缩后以高压状态储存。

9.3.1 系统描述

图 9.6 为利用太阳能转换源和海洋热能转换源的制氢系统，图 9.7 为使用 Aspen Plus 软件模拟的太阳能辅助热化学 Cu-Cl 循环流程。对于太阳能定日镜场、水电解和海洋热能转换系统等重要子系统使用工程方程求解器（EES）软件建模，而对于太阳能辅助热化学 Cu-Cl 循环则使用 Aspen Plus 软件进行模拟。太阳

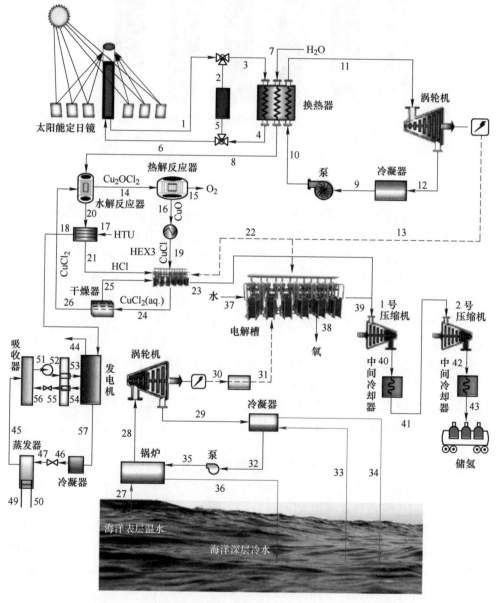

图 9.6 利用太阳能转换源和海洋热能转换源的制氢系统

能定日镜场用于提取热量，提取的部分热量用于将水转化为蒸汽，供给 Cu-Cl 循环使用，而剩余的热量则供给朗肯循环发电。太阳能辅助朗肯循环和 Cu-Cl 循环的模拟流程如图 9.7 所示。换热器 C2 的作用是进行热量管理，把熔盐的热量传

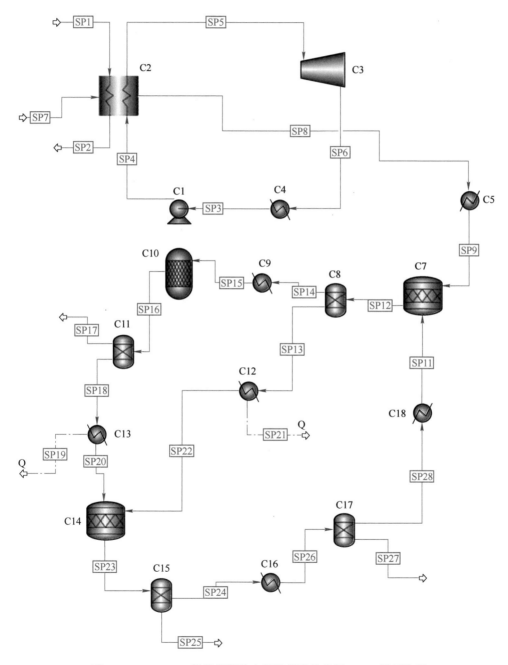

图 9.7 Aspen Plus 软件模拟的太阳能辅助热化学 Cu-Cl 循环流程

递给 Cu-Cl 循环和朗肯循环。过热蒸汽进入涡轮机 C3 膨胀做功，进而发电。由水转化而来的蒸汽通过蒸汽管线 SP8 流入 Cu-Cl 循环。热化学 Cu-Cl 循环包含四个重要步骤，这些步骤的化学方程式如下：

电解（C14）： $2CuCl(aq) + 2HCl(aq) \xrightarrow{80℃} H_2(g) + 2CuCl_2(aq)$

干燥（C16、C17）： $CuCl_2(aq) \xrightarrow{100℃} CuCl_2(s)$

水解（C7）： $2CuCl_2(s) + H_2O(g) \xrightarrow{吸热（400℃）} Cu_2OCl_2(s) + 2HCl(g)$

热解（C10）： $Cu_2OCl_2(s) \xrightarrow{吸热（500℃）} 0.5O_2(g) + 2CuCl(l)$

　　蒸汽是连续添加到 Cu-Cl 循环中的唯一输入物料，它会分解为它的两种组分，而所有其他组分则会在整个系统中循环使用。

　　该热化学 Cu-Cl 循环使用了很大一部分热量，发出的电力用于制取清洁的氢。海洋热能转换系统利用海洋表层温水和深层冷水之间的温差发电。海洋的表层温水和工作流体（氨）流经蒸发器，蒸发器的作用相当于一台换热器。来自海面的温热海水被送入蒸发器中靠近氨的位置，温热海水释放的热量使氨沸腾并产生蒸气。简而言之，温热海水把热量传递给工作流体，然后工作流体再次把热量传递回海洋。

　　在蒸发器前安装有一台泵，其作用是在工作流体进入蒸发器前提高其压力。因此，加压蒸气随后被用于驱动涡轮机，通过与涡轮机相连的发电机进行发电。氨蒸气一离开涡轮机，就向下流入冷凝器中。海洋深层冷水进入冷凝器中，冷凝器的作用也相当于一台换热器。热量从氨传递给海洋深层冷水，冷海水的温度升高。氨蒸气在冷凝器中得到冷却并再次转化为液体，然后流入泵中，增压后的氨流回蒸发器中继续该循环。

　　通过一个吸收式制冷系统来回收 Cu-Cl 循环的低品位热能，用于制冷。热化学循环系统和 OTEC 系统制取的氢被送往多级氢压缩装置。该压缩装置包含两台压缩机和两台中间冷却器，经该装置处理后的氢以高压状态储存在储氢装置中。

9.3.2 分析

　　通过太阳能定日镜场提取的太阳能利用朗肯循环发电、热化学 Cu-Cl 循环制取清洁的氢。表 9.1 给出了本案例中的运行约束条件。该系统使用熔盐作为工作流体，把从太阳能定日镜场中提取的热量用于热传递。

表 9.1　本案例中的运行约束条件

设计参数		数值
太阳能定日镜	辐照度（i_b）/kW·m^{-2}	0.8
	定日镜数量（N_{he}）	100
	工作流体	熔盐
太阳能定日镜	定日镜镜面面积/m^2	121
	定日镜效率/%	75

设计参数		数值
热化学 Cu-Cl 循环	循环系统的工作压力/kPa	100（1bar）
	水解温度/℃	400
	热解温度/℃	500
	电解温度/℃	80
	干燥温度/℃	100
水电解	法拉第数/C·mol^{-1}	96486
	阴极指前（J_c^{ref}）/A·m^{-2}	46×10
	阳极指前（J_a^{ref}）/A·m^{-2}	17×10^4
	电解槽工作压力/kPa	100
	膜厚度/μm	80
	电解槽工作温度/℃	80
OTEC 循环	冷水温度/℃	5
	温水温度/℃	28
多级压缩装置	压缩机的压力比	5
	储氢压力/kPa	2500（25bar）

9.3.2.1 太阳能定日镜场

根据定日镜效率、法向直接辐照度、定日镜面积和定日镜数量，采用以下方程式来评估太阳热输入：

$$\dot{Q}_{solar} = \eta_{he} \dot{I}_b A_{he} N_{he} \tag{9.1}$$

本书已经在前面几章描述了海洋热能转换系统、水电解装置和多级氢压缩装置的设计模型方程式。因此，本节只给出太阳能辅助朗肯循环和热化学 Cu-Cl 循环的设计模型方程式。

9.3.2.2 太阳能辅助朗肯循环

（1）泵 C1。泵 C1 的能量和㶲平衡方程式如下：

$$\dot{m}_{SP3}h_{SP3} + \dot{W}_{in} = \dot{m}_{SP4}h_{SP4} \tag{9.2}$$

$$\dot{m}_{SP3}ex_{SP3} + \dot{W}_{in} = \dot{m}_{SP4}ex_{SP4} + \dot{E}x_d \tag{9.3}$$

（2）换热器 C2。换热器 C2 的能量和㶲平衡方程式如下：

$$\dot{m}_{SP1}h_{SP1} + \dot{m}_{SP4}h_{SP4} + \dot{m}_{SP7}h_{SP7} = \dot{m}_{SP2}h_{SP2} + \dot{m}_{SP5}h_{SP5} + \dot{m}_{SP8}h_{SP8} \tag{9.4}$$

$$\dot{m}_{SP1}ex_{SP1} + \dot{m}_{SP4}ex_{SP4} + \dot{m}_{SP7}ex_{SP7} = \dot{m}_{SP2}ex_{SP2} + \dot{m}_{SP5}ex_{SP5} + \dot{m}_{SP8}ex_{SP8} + \dot{E}x_d \tag{9.5}$$

（3）蒸汽轮机 C3。蒸汽轮机 C3 的能量和㶲平衡方程式如下：

$$\dot{m}_{SP5}h_{SP5} = \dot{m}_{SP6}h_{SP6} + \dot{W}_{out} \tag{9.6}$$

$$\dot{m}_{SP5}ex_{SP5} = \dot{m}_{SP6}ex_{SP6} + \dot{W}_{out} + \dot{E}x_d \tag{9.7}$$

9.3.2.3 热化学 Cu-Cl 循环

（1）水解反应器 C7。水解反应器 C7 的能量和㶲平衡方程式如下：

$$\dot{m}_{SP9}h_{SP9} + \dot{m}_{SP11}h_{SP11} + \dot{Q}_{in} = \dot{m}_{SP12}h_{SP12} \tag{9.8}$$

$$\dot{m}_{SP9}ex_{SP9} + \dot{m}_{SP11}ex_{SP11} + \dot{Q}_{in}\left(1 - \frac{T_o}{T}\right) = \dot{m}_{SP12}ex_{SP12} + \dot{Ex}_d \tag{9.9}$$

（2）热解反应器 C10。热解反应器 C10 的能量和㶲平衡方程式如下：

$$\dot{m}_{SP15}h_{SP15} + \dot{Q}_{in} = \dot{m}_{SP17}h_{SP17} + \dot{m}_{SP18}h_{SP18} \tag{9.10}$$

$$\dot{m}_{SP15}ex_{SP15} + \dot{Q}_{in}\left(1 - \frac{T_o}{T}\right) = \dot{m}_{SP17}ex_{SP17} + \dot{m}_{SP18}ex_{SP18} + \dot{Ex}_d \tag{9.11}$$

（3）电解反应器 C14。电解反应器 C14 的能量和㶲平衡方程式如下：

$$\dot{m}_{SP20}h_{SP20} + \dot{m}_{SP22}h_{SP22} + \dot{W}_{in} = \dot{m}_{SP23}h_{SP23} \tag{9.12}$$

$$\dot{m}_{SP20}ex_{SP20} + \dot{m}_{SP22}ex_{SP22} + \dot{W}_{in} = \dot{m}_{SP23}ex_{SP23} + \dot{Ex}_d \tag{9.13}$$

（4）分离器 C15。分离器 C15 的能量和㶲平衡方程式如下：

$$\dot{m}_{SP23}h_{SP23} = \dot{m}_{SP24}h_{SP24} + \dot{m}_{SP25}h_{SP25} \tag{9.14}$$

$$\dot{m}_{SP23}ex_{SP23} = \dot{m}_{SP24}ex_{SP24} + \dot{m}_{SP25}ex_{SP25} + \dot{Ex}_d \tag{9.15}$$

（5）加热器 C16。加热器 C16 的能量和㶲平衡方程式如下：

$$\dot{m}_{SP24}h_{SP24} + \dot{Q}_{in} = \dot{m}_{SP26}h_{SP26} \tag{9.16}$$

$$\dot{m}_{SP24}ex_{SP24} + \dot{Q}_{in}\left(1 - \frac{T_o}{T}\right) = \dot{m}_{SP26}ex_{SP26} + \dot{Ex}_d \tag{9.17}$$

（6）干燥器 C17。干燥器 C17 的能量和㶲平衡方程式如下：

$$\dot{m}_{SP26}h_{SP26} + \dot{m}_{SP27}h_{SP27} = \dot{m}_{SP28}h_{SP28} \tag{9.18}$$

$$\dot{m}_{SP26}ex_{SP26} + \dot{m}_{SP27}ex_{SP27} = \dot{m}_{SP28}ex_{SP28} + \dot{Ex}_d \tag{9.19}$$

9.3.2.4 吸收式制冷系统

（1）发电机。发电机的能量和㶲平衡方程式如下：

$$\dot{m}_{53}h_{53} + \dot{Q}_{ABS} = \dot{m}_{54}h_{54} + \dot{m}_{57}h_{57} \tag{9.20}$$

$$\dot{m}_{53}ex_{53} + \dot{Q}_{ABS}\left(1 - \frac{T_0}{T_{gen}}\right) = \dot{m}_{54}ex_{54} + \dot{m}_{57}ex_{57} + \dot{Ex}_d \tag{9.21}$$

（2）冷凝器。冷凝器的能量和㶲平衡方程式如下：

$$\dot{m}_{57}h_{57} = \dot{Q}_{con} + \dot{m}_{46}h_{46} \tag{9.22}$$

$$\dot{m}_{57}ex_{57} = \dot{Q}_{con}\left(1 - \frac{T_0}{T_{con}}\right) + \dot{m}_{46}ex_{46} + \dot{Ex}_d \tag{9.23}$$

（3）节流阀。节流阀的能量和㶲平衡方程式如下：

$$\dot{m}_{46}h_{46} = \dot{m}_{47}h_{47} \tag{9.24}$$

$$\dot{m}_{46}ex_{46} = \dot{m}_{47}ex_{47} + \dot{E}x_{d} \tag{9.25}$$

（4）蒸发器。蒸发器的能量和㶲平衡方程如下：

$$\dot{m}_{47}h_{47} + \dot{Q}_{evap} = \dot{m}_{48}h_{48} \tag{9.26}$$

$$\dot{m}_{47}ex_{47} + \dot{Q}_{evap}\left(\frac{T_0}{T_{evap}} - 1\right) = \dot{m}_{48}ex_{48} + \dot{E}x_{d} \tag{9.27}$$

（5）吸收器。吸收器的能量和㶲平衡方程如下：

$$\dot{m}_{48}h_{48} + \dot{m}_{56}h_{56} = \dot{m}_{51}h_{51} + \dot{Q}_{abs} \tag{9.28}$$

$$\dot{m}_{48}ex_{48} + \dot{m}_{56}ex_{56} = \dot{m}_{51}ex_{51} + \dot{Q}_{abs}\left(1 - \frac{T_0}{T_{abs}}\right) + \dot{E}x_{d} \tag{9.29}$$

（6）泵。泵的能量和㶲平衡方程如下：

$$\dot{m}_{51}h_{51} + \dot{W}_{pump} = \dot{m}_{52}h_{52} \tag{9.30}$$

$$\dot{m}_{51}ex_{51} + \dot{W}_{pump} = \dot{m}_{52}ex_{52} + \dot{E}x_{d} \tag{9.31}$$

（7）换热器。换热器的能量和㶲平衡方程如下：

$$\dot{m}_{52}h_{52} + \dot{m}_{54}h_{54} = \dot{m}_{53}h_{53} + \dot{m}_{55}h_{55} \tag{9.32}$$

$$\dot{m}_{52}ex_{52} + \dot{m}_{54}ex_{54} = \dot{m}_{53}ex_{53} + \dot{m}_{55}ex_{55} + \dot{E}x_{d,ABS,HX} \tag{9.33}$$

9.3.2.5 性能评估

使用下面的方程式确定吸收式制冷系统的性能系数（COP）：

$$COP_{en,ABS} = \frac{\dot{Q}_{evap}}{\dot{Q}_{gen}} \tag{9.34}$$

$$COP_{ex,ABS} = \frac{\dot{Q}_{evap}\left(\dfrac{T_0}{T_{evap}} - 1\right)}{\dot{Q}_{gen}\left(1 - \dfrac{T_0}{T_{gen}}\right)} \tag{9.35}$$

本案例的能量效率方程式和㶲效率方程式如下：

$$\eta_{ov} = \frac{\dot{m}_{H_2}LHV_{H_2} + \dot{Q}_{evap}}{\dot{Q}_{solar} + (\dot{m}_{27}h_{27} - \dot{m}_{36}h_{36})} \tag{9.36}$$

$$\psi_{ov} = \frac{\dot{m}_{H_2}ex_{H_2} + \dot{Q}_{evap}\left(\dfrac{T_0}{T_{EV}} - 1\right)}{\dot{Q}_{solar} + (\dot{m}_{27}ex_{27} - \dot{m}_{36}ex_{36})} \tag{9.37}$$

9.3.3 结果和讨论

本书已经在前面的第 3 章、第 4 章和第 5 章对太阳能定日镜场、太阳辅助朗肯循环、海洋热能转换循环、水电解系统和多级压缩装置等几个重要子系统进行了综合分析。本节只给出案例研究 8 中其余几个子系统的重要分析结果。

由于蒸汽是连续添加到 Cu-Cl 循环中的唯一输入物料，而所有其他组分都在整个系统中循环，因此研究 Cu-Cl 循环中输入蒸汽流量的影响非常重要。作者研究了蒸汽输入流量对加热器 C16、水解反应器 C7 和热解反应器 C10 的热负荷这一重要输入参数的影响，以及对 Cu-Cl 循环中氯化氢、氯化铜、氯化亚铜、氢、氯氧化铜和氧的输出流量的影响。

图 9.8 为蒸汽输入流量对加热器 C16、水解反应器 C7 和热解反应器 C10 热负荷的影响。水解反应和热解反应本质上都是吸热的，也就是说这两种反应都需要吸收热量。加热器 C16 把水转化为蒸汽，这样就可以把它从循环到水解反应器中的氯化铜溶液中分离出来。显然，随着蒸汽输入流量的增大，水解反应器和热解反应器吸收的热量都增加了，加热器需要从氯化铜溶液中分离出更多的水。因此，加热器 C16、水解反应器 C7 和热解反应器 C10 的热负荷都随着蒸汽输入流量的增大而增加。

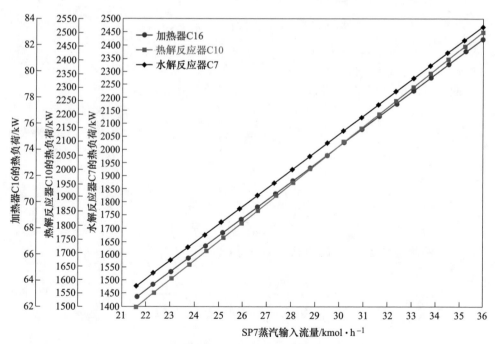

图 9.8　蒸汽输入流量对加热器 C16、水解反应器 C7 和热解反应器 C10 热负荷的影响

图 9.9 为蒸汽输入流量对 Cu-Cl 循环中氯化氢、氯化铜和氯化亚铜输出流量的影响。氯化氢气体是在水解反应器中生成的，氯化亚铜是在氯氧化铜分解为其组分的热反应中生成的，而氯化铜是在电解这一步骤中生成的。蒸汽的输入流

量为 21.5~36kmol/h。由于蒸汽是连续添加到 Cu-Cl 循环中的唯一输入物料，而且蒸汽会分解为其组分，而所有其他组分则在整个系统中循环，因此这些组分的流量应随着蒸汽输入流量的增大而增大。显然，氯化氢、氯化铜和氯化亚铜的输出流量随着蒸汽输入流量的增大而增大。

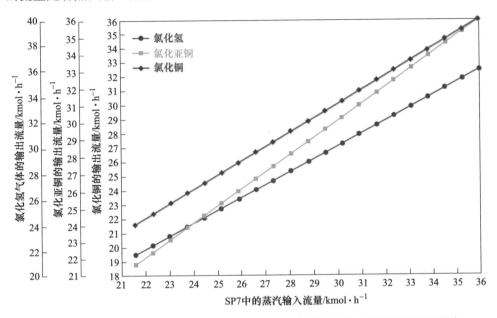

图 9.9　蒸汽输入流量对 Cu-Cl 循环中氯化氢、氯化铜和氯化亚铜输出流量的影响

图 9.10 为蒸汽输入流量对 Cu-Cl 循环中氢、氯氧化铜和氧输出流量的影响。氢气是在电解反应器中生成的，氧气是在氯氧化铜分解为其组分的热解反应中生成的，氯氧化铜是在水解这一步骤中生成的。蒸汽是连续添加到 Cu-Cl 循环中的唯一输入物料，而且蒸汽会分解为其组分，而所有其他组分则在整个系统中循环。显然，氢、氯氧化铜和氧的输出流量随着蒸汽输入流量的增大而增大。

研究范围也必须涵盖海水流量对所设计案例研究中重要参数的影响。图 9.11 为海水流量对涡轮机功率和㶲损率、总体功率和制氢速率的影响。参数研究中使用的海水流量为 15~35kg/s。海水流量的增大导致涡轮机㶲损率从 198.8kW 升高到 463.9kW，涡轮机功率从 750.4kW 升高到 1751kW，总体功率从 739.2kW 升高到 1725kW，制氢速率从 5.134g/s 升高到 11.98g/s。

从能量效率和㶲效率的角度研究两种不同情形下的系统性能，对于探索设计参数的可变性具有重要意义。图 9.12 为泵效率对发电和制氢两种情形下效率的影响。泵效率的提高导致发电系统和制氢系统的能量效率分别从 4.684% 和 4.121% 升高到 5.533% 和 4.687%，发电系统和制氢系统的㶲效率分别从 11.78% 和 9.655% 升高到 13.4% 和 10.98%。

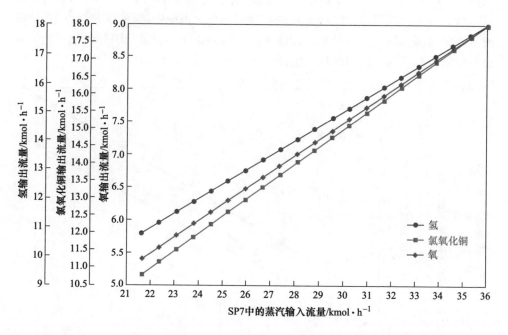

图 9.10 蒸汽输入流量对 Cu-Cl 循环中氢、氯氧化铜和氧输出流量的影响

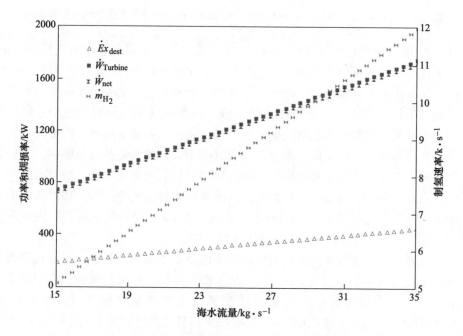

图 9.11 海水流量对涡轮机功率和㶲损率、总体功率和制氢速率的影响

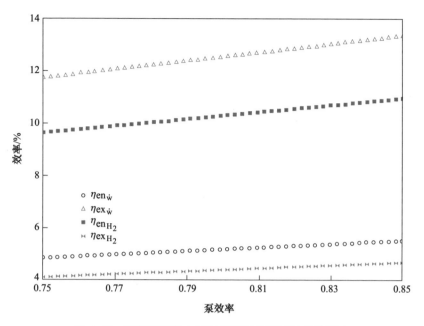

图 9.12 泵效率对发电和制氢两种情形下效率的影响

9.4 案例研究 9

本案例研究旨在对利用太阳能集热器、风能和地热能驱动系统制氢进行研究。太阳能集热器用于两级朗肯循环发电，发出的电力供给水电解工艺，而风能和地热能驱动系统也用于发电。太阳能、风能和地热能发出的电力供给电解槽制氢，经压缩后以高压状态储存。

9.4.1 系统描述

图 9.13 为太阳能集热器、风能和地热能驱动的制氢系统，图 9.14 为使用 Aspen Plus 软件模拟的太阳能集热器辅助两级朗肯循环流程。对于太阳能集热器、风能和地热能等重要子系统使用 EES 软件建模，对于太阳能辅助两级朗肯循环则使用 Aspen Plus 软件进行模拟。太阳能集热器用于提取热能，提取的热能供给两级朗肯循环发电。太阳能辅助两级朗肯循环的模拟流程如图 9.14 所示。利用太阳能集热器提取太阳热能，提取的热能供给两级朗肯循环发电。发出的电力供给水电解工艺制氢。

来自太阳能定日镜的热流 SP1 流经换热器 C1，高压泵泵送过来的水在此获得一些热量，然后转化为过热蒸汽。过热蒸汽通过高压涡轮机 C2 膨胀做功，进

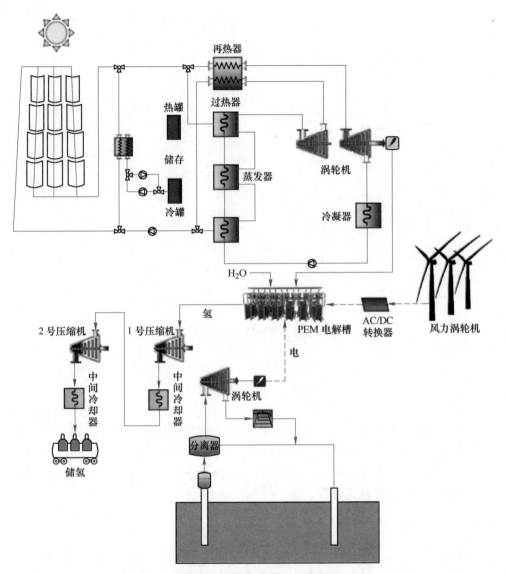

图 9.13 太阳能集热器、风能和地热能驱动制氢系统的示意图

行发电。涡轮机 C2 的出口通过管线与另一台换热器 C3 相连，热流 SP1 在离开换热器 C1 后到达这里。水流从热流 SP1 中提取剩余热量，并再次转化为过热蒸汽，供给低压涡轮机 C4 用于发电。涡轮机的出口管线通向冷凝器，冷凝器的输出流通过一台泵再次循环到换热器中，继续该过程。

　　风力涡轮机利用风速发电。涡轮机在风能的作用下旋转，产生机械能，与涡轮机配套的发电机把机械能转换为电能。一台转换器用于把交流电（AC）转换

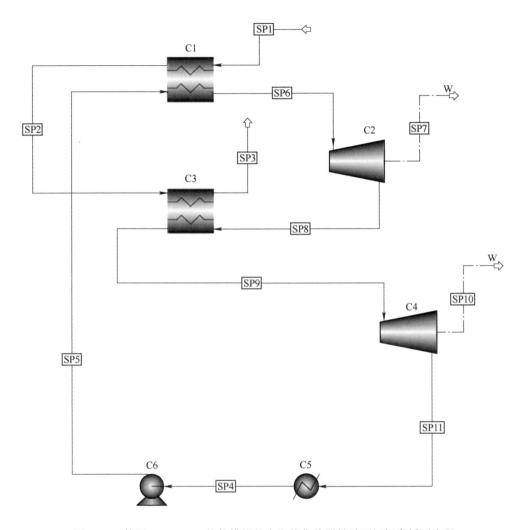

图 9.14　使用 Aspen Plus 软件模拟的太阳能集热器辅助两级朗肯循环流程

为直流电（DC），供给水电解工艺使用。

　　来自地热生产井的地热流体以饱和液态进入系统，然后通过闪蒸室闪蒸至较低的压力。闪蒸降低了水的压力，从而把水转化为饱和的气液混合物。该混合物被送入分离器中，在此把蒸汽同液态水分离开来。分离器分离出的液体被回注至回注井，而离开分离器的饱和蒸汽则供给蒸汽轮机用于发电。

　　太阳能集热器、风能和地热能驱动系统所发出的电力被供给水电解工艺制氢使用。制取的氢流经一个两级的氢压缩装置，该装置把氢压缩为高压状态，以便高压储氢。

9.4.2 分析

使用太阳能集热器提取太阳热能，然后利用两级朗肯循环发电，发出的电力随后供给水电解工艺制氢使用。表 9.2 给出了本案例中的运行约束条件。在该系统中，太阳能集热器、风力发电站、地热系统、水电解和多级氢压缩装置等所有重要子系统均使用 EES 建模，这其中不包括太阳能辅助两级朗肯循环，该循环使用 Aspen Plus 进行模拟。本节介绍了太阳能辅助两级朗肯循环、风力发电站和地热能系统的设计模型方程。

表 9.2　本案例中的运行约束条件

设计参数		数值
太阳能辅助两级朗肯循环	涡轮机 C2 的出口压力/kPa	800（8bar）
	涡轮机 C4 的出口压力/kPa	100（1bar）
风力涡轮机发电站	比热容	0.49
	风力涡轮机的效率/%	45
	面积/m²	900
	涡轮机的数量/台	5
地热能	地热流体入口条件	饱和液体
	地热井温度/℃	220
	地热流体质量流量/kg·s⁻¹	150
	地热流体入口压力/kPa	3347
	地热流体闪蒸压力/kPa	550
	涡轮机和发电机的等熵效率/%	80
水电解	电解槽工作温度/℃	80
	膜厚度/μm	100
	电解槽工作压力/kPa	100（1bar）
多级压缩装置	压缩机的压力比	5
	储氢压力/kPa	2500（25bar）

（1）换热器 C1。换热器 C1 的能量和㶲平衡方程式如下：

$$\dot{m}_{SP1}h_{SP1} + \dot{m}_{SP5}h_{SP5} = \dot{m}_{SP2}h_{SP2} + \dot{m}_{SP6}h_{SP6} \tag{9.38}$$

$$\dot{m}_{SP1}ex_{SP1} + \dot{m}_{SP5}ex_{SP5} = \dot{m}_{SP2}ex_{SP2} + \dot{m}_{SP6}ex_{SP6} + \dot{Ex}_d \tag{9.39}$$

（2）高压涡轮机 C2。高压涡轮机 C2 的能量和㶲平衡方程式如下：

$$\dot{m}_{SP6}h_{SP6} = \dot{m}_{SP8}h_{SP8} + \dot{W}_{out} \tag{9.40}$$

$$\dot{m}_{SP6}ex_{SP6} = \dot{m}_{SP8}ex_{SP8} + \dot{W}_{out} + \dot{Ex}_d \tag{9.41}$$

（3）换热器 C3。换热器 C3 的能量和㶲平衡方程式如下：

$$\dot{m}_{SP2}h_{SP2} + \dot{m}_{SP8}h_{SP8} = \dot{m}_{SP3}h_{SP3} + \dot{m}_{SP9}h_{SP9} \tag{9.42}$$

$$\dot{m}_{SP2}ex_{SP2} + \dot{m}_{SP8}ex_{SP8} = \dot{m}_{SP3}ex_{SP3} + \dot{m}_{SP9}ex_{SP9} + \dot{Ex}_d \tag{9.43}$$

（4）低压涡轮机 C4。低压涡轮机 C4 的能量和㶲平衡方程式如下：

$$\dot{m}_{SP9}h_{SP9} = \dot{m}_{SP11}h_{SP11} + \dot{W}_{out} \tag{9.44}$$

$$\dot{m}_{SP9}ex_{SP9} = \dot{m}_{SP11}ex_{SP11} + \dot{W}_{out} + \dot{Ex}_d \tag{9.45}$$

（5）加热器 C16。加热器 C16 的能量和㶲平衡方程式如下：

$$\dot{m}_{SP11}h_{SP11} = \dot{m}_{SP4}h_{SP4} + \dot{Q}_{in} \tag{9.46}$$

$$\dot{m}_{SP11}ex_{SP11} = \dot{m}_{SP4}ex_{SP4} + \dot{Q}_{in}\left(1 - \frac{T_o}{T}\right) + \dot{Ex}_d \tag{9.47}$$

（6）泵 C6。泵 C6 的能量和㶲平衡方程式如下：

$$\dot{m}_{SP4}h_{SP4} + \dot{W}_{in} = \dot{m}_{SP5}h_{SP5} \tag{9.48}$$

$$\dot{m}_{SP4}ex_{SP4} + \dot{W}_{in} = \dot{m}_{SP5}ex_{SP5} + \dot{Ex}_d \tag{9.49}$$

（7）闪蒸室。闪蒸室的能量和㶲平衡方程式如下：

$$\dot{m}_{39}h_{39} = \dot{m}_{40}h_{40} \tag{9.50}$$

$$\dot{m}_{39}ex_{39} = \dot{m}_{40}ex_{40} + \dot{Ex}_{dest} \tag{9.51}$$

（8）分离器。分离器的能量和㶲平衡方程式如下：

$$\dot{m}_{40}h_{40} = \dot{m}_{41}h_{41} + \dot{m}_{46}h_{46} \tag{9.52}$$

$$\dot{m}_{40}ex_{40} = \dot{m}_{41}ex_{41} + \dot{m}_{46}ex_{46} + \dot{Ex}_{dest} \tag{9.53}$$

（9）涡轮机。涡轮机的能量和㶲平衡方程式如下：

$$\dot{m}_{41}h_{41} = \dot{m}_{44}h_{44} + \dot{W}_{Turbine} \tag{9.54}$$

$$\dot{m}_{41}ex_{41} = \dot{m}_{44}ex_{44} + \dot{W}_{Turbine} + \dot{Ex}_{dest} \tag{9.55}$$

（10）发电机。用于计算发电机所做功的方程式如下：

$$\dot{W}_{el} = \eta_{genetrator}\dot{W}_{Turbine} \tag{9.56}$$

（11）冷凝器。冷凝器的能量和㶲平衡方程式如下：

$$\dot{m}_{44}h_{44} = \dot{m}_{45}h_{45} + \dot{Q}_{out} \tag{9.57}$$

$$\dot{m}_{44}ex_{44} = \dot{m}_{45}ex_{45} + \dot{Q}_{out}\left(1 - \frac{T_o}{T}\right) + \dot{Ex}_{dest} \tag{9.58}$$

（12）性能评估。本案例的能量效率方程式和㶲效率方程式如下：

$$\eta_{ov} = \frac{\dot{m}_{H_2}LHV_{H_2}}{\dot{Q}_{solar} + \dot{P}_{wt} + \dot{m}_{39}h_{39} - (\dot{m}_{45}h_{45} + \dot{m}_{46}h_{46})} \tag{9.59}$$

$$\psi_{\text{ov}} = \frac{\dot{m}_{\text{H}_2} ex_{\text{H}_2}}{\dot{Q}_{\text{solar}} + \dot{P}_{\text{wt}} + \dot{m}_{39} ex_{39} - (\dot{m}_{45} ex_{45} + \dot{m}_{46} ex_{46})} \tag{9.60}$$

9.4.3　结果和讨论

　　本节介绍并讨论了对太阳能辅助两级朗肯循环和地热能系统等几个重要子系统进行的综合分析,而太阳能集热器、风力发电站、水电解系统和多级压缩装置等其余子系统已在第 3 章和第 4 章进行过分析和介绍。本节仅给出案例研究 9 中其余子系统的重要结果。

　　研究两级朗肯循环的熔盐流量、熔盐温度和水输入流量等一些关键参数对涡轮机输入温度和高、低压涡轮机功率等关键约束条件的影响具有重要意义。图 9.15 为熔盐流量对涡轮机输入温度以及高、低压涡轮机 C2 和 C4 功率的影响。系统使用了太阳能集热器提取太阳热能,然后利用两级朗肯循环发电,发出的电力随后供给水电解工艺制氢。熔盐的流量为 5~10kg/s。显然,随着熔盐流量从 5kg/s 增加到 10kg/s,涡轮机 C2 和 C4 的输入温度从 211.9℃ 升高到 1379.4℃,涡轮机 C2 的功率从 213.8kW 增加到 825.9kW,涡轮机 C4 的功率从 630.6kW 增加到 2384.7kW。图 9.16 为两级朗肯循环中工作流体水的流量对涡轮机输入温度和高、低压涡轮机功率的影响。系统采用了太阳能集热器辅助热能管理系统把水转化为蒸汽,并使用两级朗肯循环发电,发出的电力供给水电解工艺制氢。水的输入流量为 1.5~2.5kg/s。显然,随着水输入流量从 1.5kg/s 增加到 2.5kg/s,涡轮机的输入温度从 1212.3℃ 降低至 347.6℃,涡轮机 C2 的功率从 482.9kW 降低至 318.4kW,涡轮机 C4 的功率从 1387.7kW 降低至 902.1kW。

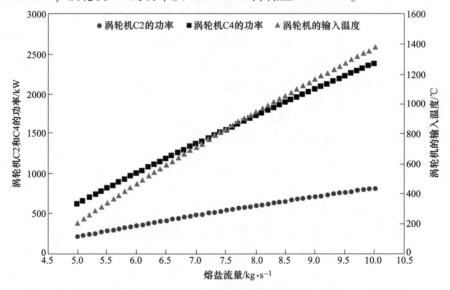

图 9.15　熔盐流量对涡轮机输入温度及高、低压涡轮机 C2 和 C4 功率的影响

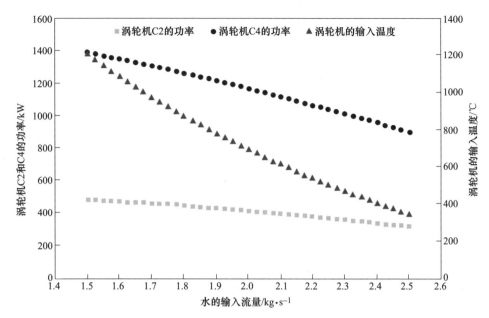

图 9.16 两级朗肯循环中水的流量对涡轮机输入温度和高、低压涡轮机功率的影响

图 9.17 为熔盐温度对涡轮机输入温度及高、低压涡轮机 C2 和 C4 功率的影响。系统通过太阳能集热器来提取太阳热能，然后供给两级朗肯循环发电，发

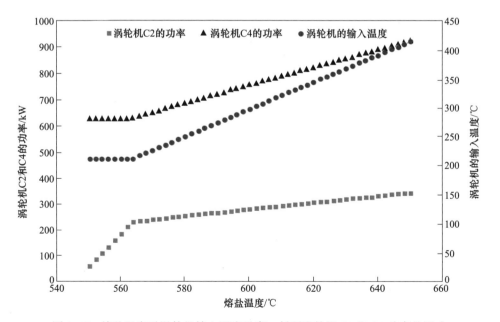

图 9.17 熔盐温度对涡轮机输入温度及高、低压涡轮机 C2 和 C4 功率的影响

出的电力随后供给水电解工艺制氢。熔盐的温度为 550~650℃。从图 9.17 可以看出，随着熔盐温度从 550℃ 增加到 650℃，高、低压涡轮机的输入温度从 211.9℃ 升高到 471.6℃，涡轮机 C2 的功率从 48.4kW 增加到 358.8kW，涡轮机 C4 的功率从 630.6kW 增加到 911.7kW。

图 9.18 为闪蒸压力对蒸汽干度和蒸汽比焓的影响。为了研究不同闪蒸压力下的系统运行情况，闪蒸压力取值为 400~800kPa。闪蒸压力的升高使蒸汽干度从 0.1807 降低至 0.1315，蒸汽比焓从 2738kJ/kg 升高至 2768kJ/kg。地热能辅助制氢案例研究中的㶲效率和能量效率分别为 11.7% 和 11.3%。

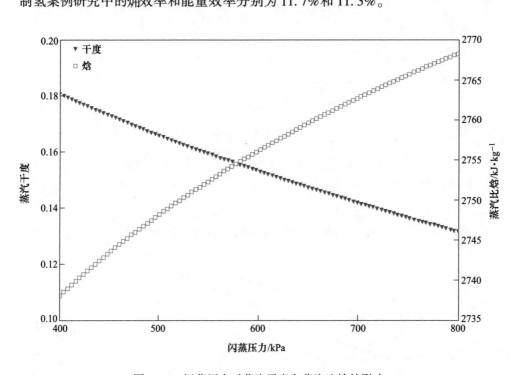

图 9.18　闪蒸压力对蒸汽干度和蒸汽比焓的影响

图 9.19 为闪蒸压力对涡轮机和闪蒸室功率和㶲损率的影响。根据设计方案，系统在 650kPa 的闪蒸压力下运行。为了探索不同闪蒸压力下的系统功能，灵敏度分析中所考虑的闪蒸压力范围为 400~800kPa。闪蒸压力的升高使闪蒸室的㶲损率从 2724kW 降低至 1274kW，涡轮机的功率和㶲损率分别从 2470kW 和 478.6kW 升高至 3062kW 和 593.3kW。

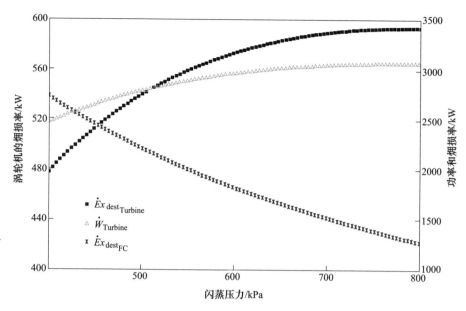

图9.19 闪蒸压力对涡轮机和闪蒸室功率和㶲损率的影响

9.5 案例研究10

本案例研究采用太阳能光伏系统和生物质气化系统制氢。太阳能光伏板利用法向直接辐照发电，发出的电力供给水电解工艺制氢。所设计的案例研究也结合了生物质气化系统，该系统使用稻壳通过气流床气化炉制氢。合成气随后流经水煤气变换反应器（WGSR），进行补充制氢。设计的这一一体化系统主要用于发电和制氢。

9.5.1 系统描述

图9.20为把太阳能光伏系统和生物质气化系统整合在一起的综合制氢系统，图9.21为使用 Aspen Plus 软件模拟的生物质气化辅助制氢流程。太阳能光伏板、水电解和氢压缩系统等重要子系统均使用 EES 建模，这其中不包括生物质气化辅助制氢系统，后者使用了 Aspen Plus 进行模拟。光伏系统使用太阳能光伏板来吸收法向直接辐照，利用阳光产生光子，进而发电。本案例中的生物质气化系统采用 Aspen Plus 软件并使用 RK-SOAVE 物性方法进行模拟。

在本案例中使用气流床气化炉对稻壳进行气化，通过生物质气化装置 C2 和 C3 生产出合成气。采用反渗透海水淡化装置为热回收蒸汽发生器供应淡水，供生物质气化使用。如此生产出的合成气流经涡轮机 C4，高温高压的合成气通过

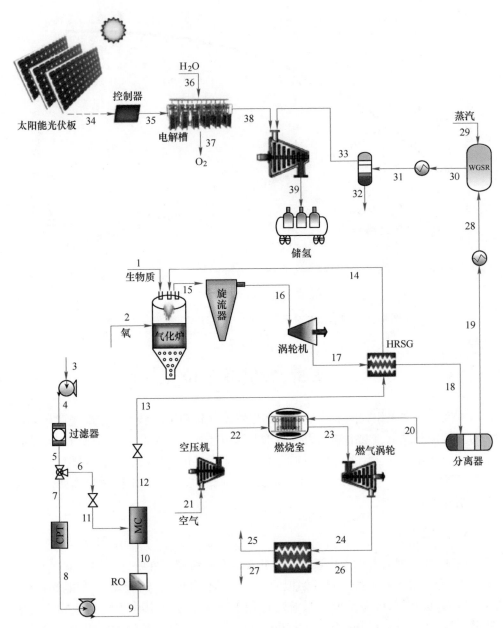

图 9.20 太阳能光伏系统和生物质气化系统整合的综合制氢系统

涡轮机 C4 膨胀做功，进行发电。膨胀的合成气到达热交换器 C1，热交换器 C1 把热合成气中的一些热量传递给输入水，把水转化为生物质气化反应器所需的蒸汽。

表 9.3 列出了稻壳元素和近似分析的约束条件。要生产出高品位的合成气，

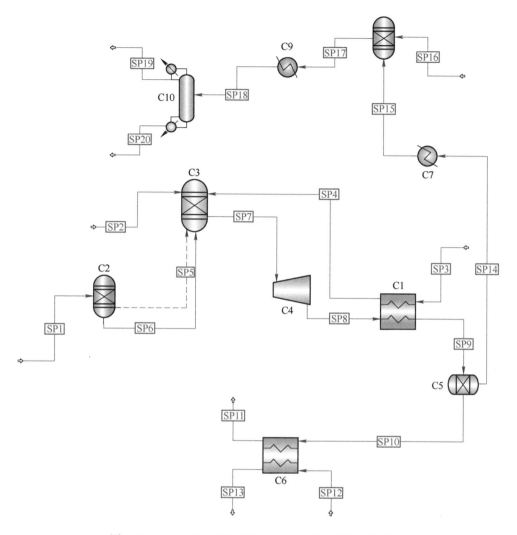

图 9.21 Aspen Plus 软件模拟的生物质气化辅助制氢流程

要求生物质气化炉在适当的工作温度下运行，化学成分要完全满足生物质成分平衡。针对氢、一氧化碳、硫化氢、二氧化碳、蒸汽、氧和甲烷这些馏分来研究合成气的组成是非常重要的。分离器 C5 把氢、一氧化碳和二氧化碳从剩余的合成气成分中分离出来。氢、一氧化碳和二氧化碳的混合物到达 WGSR，WGSR 对一氧化碳进行转化，补充制氢。输入的蒸汽与一氧化碳发生反应，生成氢和二氧化碳。使用分离器 C10 把制取的氢分离出来，然后把这部分氢与通过太阳能光伏板辅助制氢系统制取的氢一起送入压缩机，储存的氢可用于燃料电池及其他多种用途。

表 9.3 稻壳元素和近似分析的约束条件[134]

分析方法	成分	稻壳（干质量基准）/%
近似分析	水分	0
	挥发性物质	61.81
	灰分	21.24
	固定碳	11.24
元素分析	C	38.5
	H	5.20
	N	0.45
	O	34.6
	S	0
	灰分	21.24
	高热值/MJ·kg^{-1}	14.69

9.5.2 分析

在本案例中采用生物质气化系统和太阳能光伏系统来制取清洁的氢。使用太阳能光伏板来吸收法向直接辐照，利用阳光产生光子，进而发电。发出的电力供给水电解工艺制氢。表 9.4 给出了本案例的运行约束条件。根据如下方程式，使用相应光伏电池的电流（I_{PV}）和电压（V_{PV}）来确定太阳能光伏功率：

$$\dot{P}_{PV} = V_{PV} I_{PV} \qquad (9.61)$$

表 9.4 本案例的运行约束条件

设计参数		数值
太阳能光伏板	光伏电池类型	Poly-Si_CSX-310
	效率/%	15
	电池数量	100
	太阳辐射强度/W·m^{-2}	800
反渗透	淡水盐度/%	0.045
	海水盐度/%	3.5
	膜的回收率/%	60
	泵的效率/%	85
生物质气化装置	生物质流量/kg·s^{-1}	3
	生物质流	NC 固体

续表9.4

设计参数		数值
生物质气化装置	气流床气化压力[142]/kPa	2500（25bar）
	气化炉工作温度/℃	85
水煤气变换反应器	WGSR 工作温度[143]/℃	445
	转化率/%	98.2
	WGSR 工作压力[143]/kPa	1400（14bar）
水电解	法拉第数/C·mol^{-1}	96486
	阴极活化能 E_{act_c} /J·mol^{-1}	18000
	阳极活化能 E_{act_a} /J·mol^{-1}	76000
	电解槽工作压力/kPa	100
	膜厚度/μm	80
	电解槽工作温度/℃	80
水加热装置	空气输入温度/℃	25
	空气输出温度/℃	65

9.5.2.1 生物质气化装置

用于评估生物质化学㶲的方程式如下[135]：

$$ex_{ch}^{f} = (LHV + \omega h_{f_g}) \times \beta + 9.417S \tag{9.62}$$

低热值（LHV）取决于生物质的化学成分，计算 β 使用的方程式如下[136]：

$$\beta = 0.1882 \frac{w(\text{H})}{w(\text{C})} + 0.061 \frac{w(\text{O})}{w(\text{C})} + 0.0404 \frac{w(\text{N})}{w(\text{C})} + 1.0437 \tag{9.63}$$

本节描述了所设计系统各组件的能量和㶲平衡方程。表9.5列出了生物质气化装置中各组件的能量平衡和㶲平衡。

表9.5 生物质气化装置中各组件的能量平衡和㶲平衡

系统组件	能量平衡	㶲平衡
换热器 C1	$\dot{m}_{SP3}h_{SP3} + \dot{m}_{SP8}h_{SP8} = \dot{m}_{SP4}h_{SP4} +$ $\dot{m}_{SP9}h_{SP9}$	$\dot{m}_{SP3}ex_{SP3} + \dot{m}_{SP8}ex_{SP8} = \dot{m}_{SP4}ex_{SP4} +$ $\dot{m}_{SP9}ex_{SP9} + \dot{E}x_d$
产率反应器 C2	$\dot{m}_{SP1}LHV_{SP1} + \dot{Q}_{Decomp} = \dot{m}_{SP6}LHV_{SP6}$	$\dot{m}_{SP1}ex_{SP1} + \dot{Q}_{Decomp}\left(1 - \dfrac{T_o}{T}\right) = \dot{m}_{SP6}ex_{SP6} + \dot{E}x_d$
气化反应器 C3	$\dot{m}_{SP2}h_{SP2} + \dot{m}_{SP4}h_{SP4} + \dot{m}_{SP6}LHV_{SP6} -$ $\dot{Q}_{Decomp} = \dot{m}_{SP7}h_{SP7}$	$\dot{m}_{SP2}h_{SP2} + \dot{m}_{SP4}h_{SP4} + \dot{m}_{SP6}ex_{SP6} -$ $\dot{Q}_{Decomp}\left(1 - \dfrac{T_o}{T}\right) = \dot{m}_{BG7}ex_{BG7} + \dot{E}x_d$
涡轮机 C4	$\dot{m}_{SP7}h_{SP7} = \dot{m}_{SP8}h_{SP8} + \dot{W}_{out}$	$\dot{m}_{SP7}ex_{SP7} = \dot{m}_{SP8}ex_{SP8} + \dot{W}_{out} + \dot{E}x_d$

系统组件	能量平衡	㶲平衡
分离器 C5	$\dot{m}_{SP9}h_{SP9} = \dot{m}_{SP10}h_{SP10} + \dot{m}_{SP14}h_{SP14}$	$\dot{m}_{SP9}ex_{SP9} = \dot{m}_{SP10}ex_{SP10} + \dot{m}_{SP14}ex_{SP14} + \dot{Ex}_d$
换热器 C6	$\dot{m}_{SP10}h_{SP10} + \dot{m}_{SP12}h_{SP12} = \dot{m}_{SP11}h_{SP11} + \dot{m}_{SP13}h_{SP13}$	$\dot{m}_{SP10}ex_{SP10} + \dot{m}_{SP12}ex_{SP12} = \dot{m}_{SP11}ex_{SP11} + \dot{m}_{SP13}ex_{SP13} + \dot{Ex}_d$
加热器 C7	$\dot{m}_{SP14}h_{SP14} = \dot{m}_{SP15}h_{SP15} + \dot{Q}_{out}$	$\dot{m}_{SP14}ex_{SP14} = \dot{m}_{SP15}ex_{SP15} + \dot{Q}_{out}\left(1 - \dfrac{T_o}{T}\right) + \dot{Ex}_d$
水煤气变换反应器 C8	$\dot{m}_{SP15}h_{SP15} + \dot{m}_{SP16}h_{SP16} = \dot{m}_{SP17}h_{SP17} + \dot{Q}_{out}$	$\dot{m}_{SP15}ex_{SP15} + \dot{m}_{SP16}ex_{SP16} = \dot{m}_{SP17}ex_{SP17} + \dot{Q}_{out}\left(1 - \dfrac{T_o}{T}\right) + \dot{Ex}_d$
分离器 C10	$\dot{m}_{SP18}h_{SP18} + \dot{m}_{SP19}h_{SP19} = \dot{m}_{SP20}h_{SP20}$	$\dot{m}_{SP18}ex_{SP18} = \dot{m}_{SP19}ex_{SP19} + \dot{m}_{SP20}ex_{SP20} + \dot{Ex}_d$
泵 1	$\dot{m}_3h_3 + \dot{W}_{in} = \dot{m}_4h_4$	$\dot{m}_3ex_3 + \dot{W}_{in} = \dot{m}_4ex_4 + \dot{Ex}_d$
过滤器	$\dot{m}_4h_4 = \dot{m}_5h_5$	$\dot{m}_4ex_4 = \dot{m}_5ex_5 + \dot{Ex}_d$
三通阀	$\dot{m}_5h_5 = \dot{m}_6h_6 + \dot{m}_7h_7$	$\dot{m}_5ex_5 = \dot{m}_6ex_6 + \dot{m}_7ex_7 + \dot{Ex}_d$
节流阀 1	$\dot{m}_6h_6 = \dot{m}_{11}h_{11}$	$\dot{m}_6ex_6 = \dot{m}_{11}ex_{11} + \dot{Ex}_d$
化学处理器	$\dot{m}_7h_7 = \dot{m}_8h_8$	$\dot{m}_7ex_7 = \dot{m}_8ex_8 + \dot{Ex}_d$
泵 2	$\dot{m}_7h_7 + \dot{W}_{in} = \dot{m}_8h_8$	$\dot{m}_7ex_7 + \dot{W}_{in} = \dot{m}_8ex_8 + \dot{Ex}_d$
RO 模块	$\dot{m}_9h_9 = \dot{m}_{10}h_{10}$	$\dot{m}_9ex_9 = \dot{m}_{10}ex_{10} + \dot{Ex}_d$
混合室	$\dot{m}_{10}h_{10} + \dot{m}_{11}h_{11} = \dot{m}_{12}h_{12}$	$\dot{m}_{10}ex_{10} + \dot{m}_{11}ex_{11} = \dot{m}_{12}ex_{12} + \dot{Ex}_d$
节流阀 2	$\dot{m}_{12}h_{12} = \dot{m}_{13}h_{13}$	$\dot{m}_{12}ex_{12} = \dot{m}_{13}ex_{13} + \dot{Ex}_d$

9.5.2.2 性能指标

太阳能光伏电池能量效率和㶲效率之间的关系式如下：

$$\eta_{PV} = \frac{\dot{P}_{PV}}{\dot{q}_{in,sol}A_{PV}} \tag{9.64}$$

$$\eta_{ex_{PV}} = \frac{\dot{P}_{PV}}{\dot{q}_{in,sol}\left(1 - \dfrac{T_0}{T_S}\right)A_{PV}} \tag{9.65}$$

式中，$\dot{q}_{in,sol}$ 为太阳辐射强度；A_{PV} 为面积；T_0 为环境温度；T_S 为太阳温度；$\dot{P}_{PV}$ 为 PV 功率。

所设计案例研究的总体能量效率方程式和总体㶲效率方程式如下：

$$\eta_{ov} = \frac{\dot{m}_{H_2} LHV_{H_2} + \dot{m}_{SP12}(h_{SP13} - h_{SP12}) + \dot{m}_{fw}h_{fw} + \dot{W}_{C3}}{\dot{q}_{in,sol}A_{PV} + \dot{m}_{biomass} LHV_{biomass} + \dot{m}_{sw}ex_{sw}} \qquad (9.66)$$

$$\psi_{ov} = \frac{\dot{m}_{H_2} ex_{H_2} + \dot{m}_{SP12}(ex_{SP13} - ex_{SP12}) + \dot{W}_{C3} + \dot{m}_{fw}h_{fw}}{\dot{q}_{in,sol}\left(1 - \frac{T_0}{T_S}\right)A_{PV} + \dot{m}_{biomass}ex_{biomass} + \dot{m}_{sw}ex_{sw}} \qquad (9.67)$$

9.5.3 结果和讨论

在第 3 章和第 8 章中已经对太阳能光伏板、水电解系统、合成气合成和 WGSR 等几个重要子系统进行了综合分析。本节仅给出案例研究 10 中其余子系统的重要结果。

图 9.22 为回收率对能量效率和㶲效率的影响。可以看出，随着回收率从 0.6 增加到 0.7，能量效率从 0.598 提高到 0.698，㶲效率从 0.283 提高到 0.329。

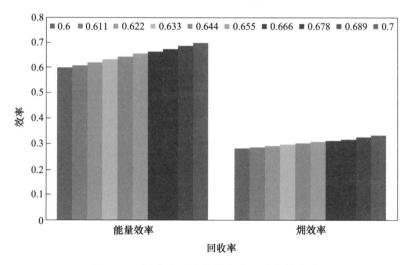

图 9.22　回收率对能量效率和㶲效率的影响

研究生物质气化装置的输入生物质、蒸汽和氧流量对涡轮机的功率、流路 SP15 和 SP17 中氢的流量及蒸汽、二氧化碳、一氧化碳、氢和氧输出流量的影响具有重要意义。图 9.23 为生物质输入流量对涡轮机功率和流路 SP15 和 SP17 中氢流量的影响。蒸汽、氧和生物质是气流床气化炉的重要输入物，氧是一种氧化剂，有助于稻壳的气化和优质合成气的生产。生物质的输入流量为 0.5~2.5kg/s。图 9.23 显示，随着生物质输入流量的增加，涡轮机的功率以及流路 SP15 和 SP17 中氢的流量逐渐升高。显然，WGSR 之后的流路 SP17 中的制氢量高于流路 SP15 中的制氢量。

研究输入蒸汽、生物质和氧流量对蒸汽、二氧化碳、一氧化碳、氢和氧输出

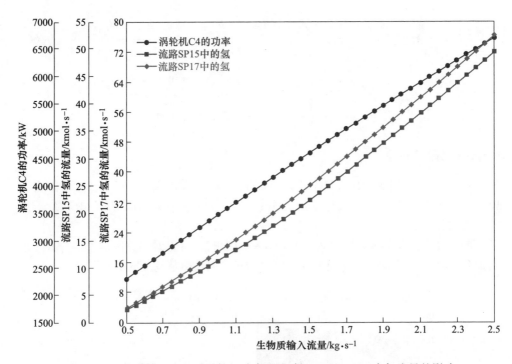

图 9.23 生物质输入流量对涡轮机功率和流路 SP15 和 SP17 中氢流量的影响

流量的影响非常重要。图 9.24 为蒸汽输入流量对蒸汽、二氧化碳、一氧化碳、氢和氧输出流量的影响。生物质、氧和蒸汽是生物质气化装置的重要输入物。蒸汽的输入流量为 0.1~1.5kg/s。图 9.24 显示，氢、二氧化碳和蒸汽的流量随着输入蒸汽流量的增加而增加，而氧和一氧化碳的流量随着输入蒸汽流量的增加而减少。预计蒸汽流量也会像氧流量那样减少，但由于蒸汽输入流量是不断增加的，因此导致最终蒸汽流量增加。

　　这些敏感性分析都表明了对蒸汽、氧和生物质的所有输入参数进行优选的重要性。图 9.25 为生物质输入流量对蒸汽、二氧化碳、一氧化碳、氢和氧输出流量的影响。生物质、蒸汽和氧是生物质气化装置的重要输入物。生物质的输入流量为 0.5~2.5kg/s。图 9.25 显示，蒸汽、二氧化碳在开始时增加，而后随着生物质输入流量的增加开始逐渐减少，氢和一氧化碳的流量随着生物质输入流量的增加而增加，表明生产出了高质量合成气。

　　图 9.26 为氧输入流量对蒸汽、二氧化碳、一氧化碳、氢和氧输出流量的影响。生物质、蒸汽和氧是生物质气化装置的重要输入物。合成气成分是另一个重要参数，这已经在第 8 章进行了研究。氧输入流量为 0.5~1.5kg/s。图 9.26 显示，蒸汽、二氧化碳和氧的流量随着氧输入流量的增加而增加，而氢和一氧化碳的流量随着蒸汽输入流量的增加而减少。

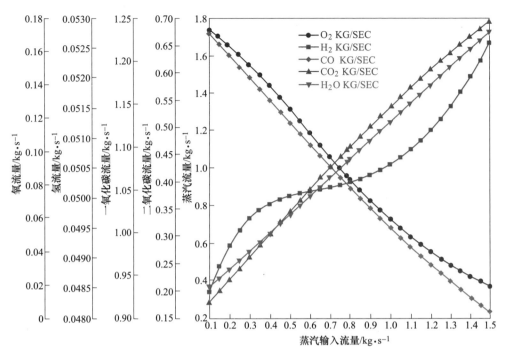

图 9.24 蒸汽输入流量对蒸汽、二氧化碳、一氧化碳、氢和氧输出流量的影响

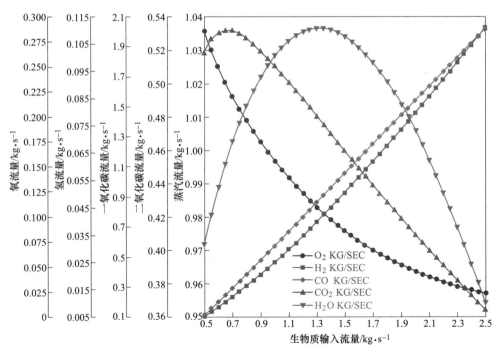

图 9.25 生物质输入流量对蒸汽、二氧化碳、一氧化碳、氢和氧输出流量的影响

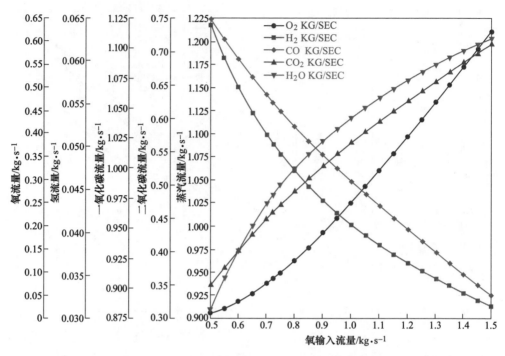

图 9.26 氧输入流量对蒸汽、二氧化碳、一氧化碳、氢和氧输出流量的影响

9.6 结　　论

目前全球能源系统正在经历一场前所未有的变革，从根本上说，这是一场能源生产、输送和消费方式的革命。电力行业正在把分析能力和收集到的能源数据整合到现有的能源基础设施中。可再生能源集成正在迅速改变能源发电版图；天然气正在以更大的份额取代煤炭；随着充电式公路车辆数量的增加，交通电气化正在变得显而易见；能源管理传感器正在应用于各种各样的电器和设备中。随着这一变革的推进，它引起了人们对能源系统运行和规划的传统标准的重新思考，强调如何在以合理成本向客户提供能源服务的同时，实现最高效、最可靠且最灵活的能源系统。

目前，全球正在从传统能源向可再生能源燃料进行转变，以克服社会经济问题、环境问题、温室气体排放和碳排放税等诸多挑战，在此过程中，风能、太阳能、水力能、地热能、生物质能和海洋热能转换等可再生能源有望发挥重要作用。能源系统集成有望将能源载体与氢、通信、交通、水、冷热联供等基础设施结合到一起，从而最大限度地提高可再生能源的效率和有效利用率。各类能源装置和子系统的兼容性整合在跟踪新技术的优化利用及影响全球转型方面大有前景。综合能源系统也可用于回收工业废热，利用热能管理来实现有用的产出，如氢、电、合成氨、冷热联供、提供家用热水、工业干燥等。

本章介绍了整合不同可再生能源的三个案例研究，旨在探索一体化能源系统的性能，并有效利用能源。设计案例研究 8 的目的是探索太阳能和海洋热能转换辅助制氢系统。从太阳定日镜场中提取的太阳热能用于发电及热化学 Cu-Cl 循环法制氢。太阳能和 OTEC 系统发出的电力供给水电解工艺，用于清洁制氢。案例研究 9 的研究对象是太阳能集热器、风能和地热能驱动制氢系统制氢的整合。利用太阳能集热器提取太阳热能，提取的热能供给两级朗肯循环发电。风能和地热能系统也能发电，这三种一体化的能源发出的电力都供给水电解工艺制氢，制取的氢经过多级压缩装置增压后，以高压状态储存。案例研究 10 中采用了太阳能光伏系统和生物质气化系统制氢。系统使用太阳能光伏板来吸收太阳辐射，利用阳光产生光子，进而发电；发出的电力供给水电解工艺制氢。此外，生物质气化产生的合成气流经水煤气变换反应器，用于补充制氢。这部分氢经过分离装置分离后，以高压状态储存。可再生能源辅助的综合能源系统可在全球向 100% 可再生能源过渡的过程中发挥重要作用。

10 结论与未来的研究方向

目前，存在多种可用于制氢的一次能源和技术工艺，其中基于可再生能源的水电解制氢是最佳的选择之一。通常认为，可再生氢是可再生能源，其制备过程利用了多种可再生能源，如风能、太阳能、水力、地热能、潮汐能、海洋热能转换、波浪能和生物质能，制取后以氢气的形式加以储存。通常情况下，通过将可再生能源以零碳排放的氢气形式进行存储，实现了其永久可利用性。目前，天然气仍是大规模制氢的主要来源，但天然气具有诸多缺点，例如消耗化石燃料、环境问题、温室气体（GHG）排放和碳排放税等。而太阳能、风能、生物质能和地热能产生的一部分电力也可用于制氢。当前，化石燃料的使用面临空前的挑战，因此实现全球能源使用从传统能源向可再生能源转变已是大势所趋。本书涵盖了目前所有的可再生能源类型和制氢方法。

10.1 结　　论

本书对可再生制氢技术的开发、分析、运行、性能、评估和应用等各方面内容进行了全面阐述。通过总结基本原理和基本概念，本书能够帮助读者全面理解基于可再生能源的制氢技术的开发与运行。本书介绍并讨论了可再生能源制氢技术的多种开发利用方案，其中包括风能、太阳能、水能、地热能、生物质能和海洋热量转换。同时本书还对主要制氢方法进行了精细化建模，其中包括水电解、热化学循环、氯-碱电化学过程和直接可再生能源辅助工艺。其中采用模拟和实验方法对质子交换膜（PEM）电解槽、固体氧化物（SO）电解槽和碱性（ALK）电解槽等多种类型的电解槽进行了精细化建模，以确定各个电化学参数。

氢气的重要用途包括：用于炼油厂；用于合成氨；用于形成合成燃料；重量较轻，可用于充填气球；用作能量载体；用作储能系统；油和脂肪的氢化；用作火箭燃料；用于焊接；用于多种化学过程，如加氢脱烷基和加氢裂化；用于合成盐酸；用于金属矿石的还原；用于低温工程；用于热电联产系统；用作氢燃料电池车辆的燃料。因此，本书还涵盖了多种类型的燃料电池，包括 PEM 燃料电池、SO 燃料电池、氨燃料电池、ALK 燃料电池和磷酸燃料电池，以及它们的精细化建模，以确定各种电化学参数。这些参数能够帮助交通运输行业更好地利用氢能，例如氢燃料电池和氢燃料电池混合动力汽车。图 10.1 为可再生能源制氢方法及其在交通运输行业的应用。研究表明，风能、太阳能和生物质能等用于发电的能源可直接用于水电解系统来制取清洁的氢气，而这些氢气可以利用存储系统进行储存。可再生能源能够以零碳排放的氢气形式存储，从而实现永久可利用。存储的氢气可用作交通运输行业中氢燃料电池（航空、重型卡车、燃料电池车辆和燃料电池火车）的燃料、工业部门的燃料（合成氨和甲醇等多种化合物）、储能介质及能量载体。

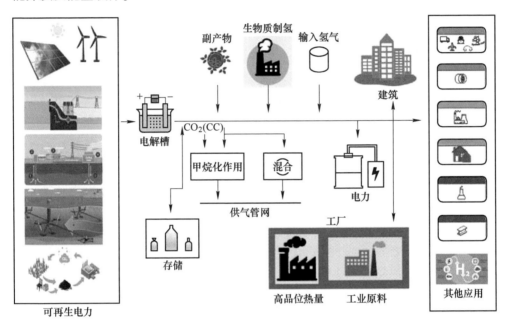

图 10.1　可再生制氢法及其在交通运输领域的应用

当前全球能源经济不具备可持续发展性，其主要原因如下：全球能源需求正在显著增长，能源供应以化石燃料为主，但化石燃料在使用过程中会排放大量温室气体，且面临资源衰竭的问题，同时化石燃料供需不平衡。因此，需要寻找替代的能源供应方案。化石燃料排放的废气大大降低了全球的空气质量，由此产生的含碳副产品则严重影响气候和人类健康。化石燃料经济使得国家和人民受到能源供应商的过度影响，因此许多国家都面临缺乏经济独立性的问题，氢能则能够避免上述缺点。氢的使用能够大大减少环境污染，燃料电池通过氢气和氧气的反应发电，其副产物只有热量和水，因而实现了零温室气体排放。氢能产生的电有多种用途，例如为车辆提供动力，以及用作能源载体、热源及燃料。目前可通过多种可再生能源制氢，并且可以在需要的区域就地生产，或者集中生产，之后再进行配送。

在基于水电解工艺的制氢系统中，利用电可将水分解为氧气和氢气。可再生能源可直接用于为水电解工艺提供电力。可再生能源的使用打造了一个独立于化石燃料的可持续系统，实现了零碳排放。目前用于电解槽制氢的可再生能源主要包括风能、太阳能、水能和潮汐能。通常将水电解过程中产生的氢气存储在存储装置中，之后再用于燃料电池的发电过程，其副产物仅为热量和水。

10.2 未来的研究方向

氢能中心通过发挥氢能的优势助推可持续能源经济的发展。在制氢过程中，水电解工艺所需的电力成本是可持续氢能面临的一大挑战。目前，科学研究人员正在不懈努力，研究如何利用可再生能源实现环境友好、清洁、稳定和可持续的制氢。近年来，风力发电成本显著降低，发电成本为 0.04 美元/kW·h，这与传统发电方法相比极具竞争力，而且预计还有进一步降低的空间。如果有合适的风能发电场地，就能够进行大量制氢。同时潮汐发电技术也有了明显发展，示范项目也取得了成功。小规模水力发电系统也有潜力应用于对发电量和使用有限制的地点。通过不断改进，太阳能光伏电池的发电成本也在不断降低。如果具有合适的环境和气候条件，太阳能发电将是一个可行的解决方案。

可再生能源往往由于具有间歇性而无法大规模用于商业用途。一些可再生能源（如太阳能和风能）的间歇性特点使得配备储能系统成为必须，以确保能源的稳定性和可持续性。当风速较低或太阳辐射强度较低时，氢气可以作为存储介质发挥关键作用，持续提供电力或满足高峰期的能源需求。因此，将可再生能源以零碳排放氢气的形式存储可以实现永久性利用。氢气可以被压缩并存储在小型储罐中（类似丙烷或汽油），作为交通运输工具的移动电源。

为了在 2050 年实现二氧化碳净零排放，能源经济不能仅依赖可再生电力。交通运输、工业、建筑和农业等行业在脱碳方面一直面临着挑战，因此需要新的能源方案，以补充清洁及可再生的电力。而氢气可直接利用太阳能、风能、地热、水力、OTEC 和生物质能等可再生能源进行制备，且不产生温室气体排放。商业化部署的离网海上制氢项目是一种开创性的解决方案，在全球范围内均有着广阔的发展前景。通过使用离网海上风能进行制氢，能够帮助海洋工业完成脱碳，同时在交通运输系统中，还可以通过无碳燃料（包括海上和重型交通运输车辆中使用的氨和氢）减少碳氢化合物对环境造成的影响。国际氢能路线图均强调了"集群/枢纽"发展模式的必要性，通过燃料供应与终端用户的匹配来推动氢能部署。图 10.2 为 2020—2050 年间氢能系统的路线图，以及未来氢能系统在各个行业的潜在部署情况，其中包括交通和工业等各部门。

未来将大力开发商业规模的可再生能源，如水力、地热、潮汐、波浪、生物质和海洋热能转换，以提供可靠、稳定且环境友好的电能，进而利用水电解工艺

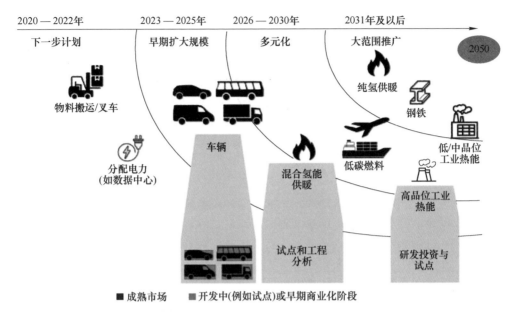

图 10.2 氢能系统及其部署的路线图

制备清洁氢能。太阳能和风能发电应集成储氢系统，以便在太阳辐射强度和风速较高的时段利用多余电力存储氢气。储存的氢气可用于燃料电池，以满足低/零风速、低太阳辐射强度和用电高峰时段的能源供应。随着氢使用的持续增长和技术进步，氢气的制备、配送和产品制造效率将进一步提升，成本也将大幅下降。此外企业、大学和政府之间通过建立合作伙伴关系，也能为构建可持续能源经济和部署商业化可持续能源体系发挥重要作用。

附　　录

附表 1　人均二氧化碳排放量[126]　　（t/人）

年份	澳大利亚	加拿大	中国	德国	日本	荷兰	沙特阿拉伯	南非	阿联酋	英国	美国
1990 年	16.34	16.75	2.06	12.80	9.28	10.85	11.36	8.32	27.79	10.51	20.28
1991 年	16.20	16.21	2.14	12.76	9.34	11.34	15.85	8.47	28.77	10.62	19.89
1992 年	16.29	16.52	2.21	12.08	9.39	11.25	16.40	7.65	27.68	10.32	20.10
1993 年	16.35	16.30	2.33	11.89	9.31	11.19	17.54	7.95	29.70	10.05	20.32
1994 年	16.44	16.64	2.45	11.62	9.72	11.15	16.79	8.21	31.18	9.96	20.47
1995 年	16.90	16.90	2.63	11.57	9.80	11.19	12.53	8.59	28.59	9.78	20.47
1996 年	17.10	17.24	2.73	11.79	9.87	11.72	13.50	8.47	15.72	10.12	20.93
1997 年	17.37	17.57	2.71	11.44	9.80	11.20	11.06	8.82	15.21	9.64	20.96
1998 年	17.93	17.70	2.58	11.34	9.47	11.20	10.42	8.49	28.43	9.69	20.88
1999 年	18.24	18.06	2.55	11.01	9.74	10.80	11.13	8.31	25.95	9.54	20.91
2000 年	18.37	18.63	2.61	11.06	9.90	10.80	14.27	8.26	35.43	9.62	21.28
2001 年	18.56	18.20	2.65	11.25	9.77	11.05	13.92	8.00	30.25	9.74	20.72
2002 年	18.60	18.23	2.91	11.04	9.99	10.95	14.87	7.56	23.88	9.44	20.67
2003 年	18.77	18.58	3.41	11.04	10.04	11.10	14.48	8.46	28.24	9.59	20.66
2004 年	19.21	18.34	3.90	10.87	9.98	11.14	16.99	9.30	27.37	9.57	20.87
2005 年	19.10	17.86	4.37	10.62	10.03	10.85	16.56	8.50	25.01	9.45	20.78
2006 年	19.09	17.48	4.80	10.78	9.83	10.51	17.55	9.03	23.25	9.34	20.32
2007 年	19.12	17.99	5.13	10.48	10.12	10.46	15.31	9.30	22.06	9.11	20.40
2008 年	18.98	17.21	5.49	10.53	9.56	10.59	16.67	9.80	22.36	8.78	19.56
2009 年	18.80	16.00	5.74	9.76	9.02	10.24	17.47	9.84	21.55	7.89	17.95
2010 年	18.39	16.26	6.25	10.31	9.42	10.92	18.88	9.16	19.12	8.09	18.47
2011 年	17.98	16.24	6.87	10.02	9.82	10.10	17.62	8.97	18.76	7.36	17.91
2012 年	17.84	16.15	7.01	10.06	10.14	9.82	19.36	8.81	19.54	7.59	17.13
2013 年	17.20	16.14	7.08	10.25	10.24	9.78	18.06	8.64	18.68	7.39	17.49
2014 年	16.76	15.95	7.06	9.74	9.86	9.32	19.56	8.95	23.02	6.75	17.53
2015 年	16.93	15.73	6.96	9.76	9.56	9.74	19.67	8.34	24.85	6.46	16.94
2016 年	17.13	15.38	6.91	9.79	9.43	9.74	19.57	8.36	25.18	6.06	16.48
2017 年	16.90	15.64	6.98	9.73	9.45	9.63	19.28	8.05	24.66	5.81	16.24

附表2　全球范围内不同区域太阳能发电量[126]　　（TW·h）

年份	非洲	亚太地区	独联体国家	加拿大	中国	欧洲	印度	日本	中东	阿联酋	英国	美国
2000年	0.02	0.43	0.00	0.02	0.02	0.13	0.01	0.34	0.00	0.00	0.00	0.52
2001年	0.02	0.61	0.00	0.02	0.03	0.17	0.01	0.50	0.00	0.00	0.00	0.57
2002年	0.03	0.83	0.00	0.02	0.05	0.28	0.01	0.69	0.00	0.00	0.00	0.60
2003年	0.03	1.12	0.00	0.06	0.47	0.02	0.95	0.00	0.00	0.00	0.61	
2004年	0.04	1.46	0.00	0.01	0.08	0.75	0.02	1.27	0.00	0.00	0.00	0.70
2005年	0.04	1.85	0.00	0.02	0.08	1.49	0.02	1.63	0.00	0.00	0.01	0.75
2006年	0.05	2.29	0.00	0.02	0.10	2.52	0.01	2.00	0.00	0.00	0.01	0.82
2007年	0.06	2.75	0.00	0.03	0.11	3.82	0.06	2.31	0.00	0.00	0.01	1.10
2008年	0.08	3.33	0.00	0.04	0.15	7.50	0.06	2.59	0.00	0.00	0.02	1.63
2009年	0.11	4.38	0.00	0.11	0.28	14.19	0.08	3.05	0.04	0.00	0.02	2.08
2010年	0.22	6.74	0.00	0.25	0.70	23.26	0.11	3.98	0.10	0.02	0.04	3.01
2011年	0.46	12.15	0.00	0.57	2.61	46.71	0.83	5.44	0.23	0.02	0.24	4.74
2012年	0.55	17.58	0.01	0.88	3.59	71.87	2.10	7.37	0.43	0.02	1.35	9.04
2013年	0.82	32.34	0.02	1.50	8.37	86.94	3.43	12.91	0.77	0.10	2.01	16.04
2014年	1.83	62.87	0.18	2.12	23.51	98.83	4.91	23.55	1.50	0.30	4.05	29.22
2015年	3.57	99.19	0.41	2.90	43.56	109.88	6.57	34.54	2.39	0.30	7.53	39.43
2016年	4.91	141.76	0.64	3.03	61.69	113.95	11.56	48.54	3.46	0.33	10.41	55.42
2017年	6.61	227.20	0.77	3.29	117.80	124.54	21.52	61.83	4.41	0.53	11.52	78.06
2018年	9.03	314.21	0.88	3.55	177.50	139.05	30.73	71.69	6.12	0.95	12.92	97.12

附表3　全球范围内不同区域太阳能光伏能耗[126]　　（GW·h）

年份	非洲总计	亚太地区总计	独联体国家总计	欧洲总计	中东地区总计	北美地区总计	南美洲和中美洲总计
1990年	0.00	4.00	0.00	12.50	0.00	371.79	0.00
1991年	0.00	9.45	0.00	15.50	0.00	480.25	0.00
1992年	0.00	27.60	0.00	27.09	0.00	413.90	0.00
1993年	0.00	43.10	0.00	32.38	0.00	481.21	0.00
1994年	0.00	53.40	0.00	37.69	0.00	508.93	0.00
1995年	0.00	70.66	0.00	46.84	0.00	523.31	0.00
1996年	0.00	98.16	0.00	53.81	0.00	553.24	0.00
1997年	0.00	147.02	0.00	63.93	0.00	545.64	0.00
1998年	0.00	202.92	0.00	87.09	0.00	541.76	0.02

年份	非洲总计	亚太地区总计	独联体国家总计	欧洲总计	中东地区总计	北美地区总计	南美洲和中美洲总计
1999 年	0.00	286.27	0.00	91.20	0.00	538.61	0.13
2000 年	18.40	428.43	0.00	134.47	0.00	541.93	2.17
2001 年	24.70	608.47	0.00	170.17	0.00	601.93	3.81
2002 年	30.80	829.25	0.00	276.78	0.00	632.33	6.20
2003 年	33.90	1116.54	0.00	468.73	0.00	641.44	8.57
2004 年	39.10	1464.06	0.00	751.13	0.00	721.40	11.12
2005 年	44.20	1852.81	0.00	1486.41	0.00	776.37	17.91
2006 年	51.90	2291.28	0.00	2524.12	0.10	857.12	8.21
2007 年	63.63	2748.58	0.00	3815.73	0.10	1133.36	10.52
2008 年	84.92	3330.60	0.00	7501.10	3.50	1687.48	14.54
2009 年	107.87	4383.50	0.01	14192.83	44.80	2212.26	23.76
2010 年	223.86	6738.75	0.24	23263.39	97.94	3298.24	60.74
2011 年	460.53	12154.40	1.82	46713.48	227.48	5351.50	126.64
2012 年	553.43	17583.03	6.34	71869.61	429.93	9987.01	335.08
2013 年	824.28	32338.91	18.84	86935.09	766.22	17644.50	530.74
2014 年	1826.26	62874.75	177.38	98832.51	1499.20	31556.96	1143.46
2015 年	3568.28	99193.73	411.04	109880.18	2388.00	42567.26	2730.73
2016 年	4911.32	141755.23	635.75	113950.48	3455.74	58703.79	4965.80
2017 年	6610.57	227196.64	767.30	124542.38	4409.89	82535.27	7455.61
2018 年	9029.09	314208.55	881.30	139052.06	6121.15	102907.23	12431.53

附表 4　全球风能能耗和装机容量

年份	风能发电量/GW·h	风能装机容量/GW
1980 年	10.5	—
1981 年	10.5	—
1982 年	18.5	—
1983 年	32.79495	—
1984 年	44.75556	—
1985 年	64.2202	—
1986 年	138.8313	—
1987 年	195.3768	

年份	风能发电量/GW·h	风能装机容量/GW
1988 年	331. 5798	—
1989 年	2649. 777	—
1990 年	3632. 471	—
1991 年	4086. 707	—
1992 年	4733. 212	—
1993 年	5697. 569	—
1994 年	7122. 93	—
1995 年	8261. 923	4. 778
1996 年	9204. 601	6. 07
1997 年	12017. 82	7. 623075
1998 年	15921. 26	9. 936175
1999 年	21216. 17	13. 42656
2000 年	31420. 94	17. 3037
2001 年	38390. 95	23. 9764
2002 年	52331. 76	30. 9795
2003 年	62916. 93	38. 3917
2004 年	85117. 16	46. 9174
2005 年	104085. 9	58. 4518
2006 年	132859. 1	73. 1655
2007 年	170682. 6	91. 5111
2008 年	220572. 1	115. 3629
2009 年	275949. 3	150. 1813
2010 年	341614. 5	180. 9412
2011 年	436786. 4	220. 1294
2012 年	523809. 4	267. 1129
2013 年	645302. 2	300. 3026
2014 年	712031. 7	349. 699
2015 年	831384. 5	416. 7388
2016 年	956873. 5	467. 5776
2017 年	1127990	515. 1749
2018 年	1269953	564. 347

附表 5　全球范围内不同区域地热能容量[100]　　（MW）

年份	非洲总计	亚太地区总计	独联体国家总计	欧洲总计	北美洲总计	南美洲和中美洲总计
1990 年	45	1537.7	11	617.6	3656.5	130
1995 年	45	2168.8	11	710.9	3913.96	230
2000 年	65.3	3344.7	23	794	3797	360.8
2001 年	65.3	3603.7	21	807	3841	365.8
2002 年	65.3	3559.7	70	902	3872	417
2003 年	65.3	3592.6	70	940	3996	435
2004 年	135.3	3607.6	56	875.2	4054	428
2005 年	135.3	3722.7	79	933.1	4089	449
2006 年	135.3	3719.6	87	1142.1	4131	474.2
2007 年	135.3	3887.6	90	1207.9	4193	527.4
2008 年	135.3	4104.7	80	1304.9	4206	527.4
2009 年	170.3	4284.7	81	1380.9	4386	526.8
2010 年	205.3	4384	81	1430.9	4463	526.8
2011 年	205.3	4423.1	81	1557.2	4386.8	525.4
2012 年	212.8	4508.1	81	1608.2	4548	655.6
2013 年	212.8	4597.4	79	1771.2	4588	640.6
2014 年	373.4	4888.8	78	1904.3	4570	637.1
2015 年	626.2	4938.6	78	2125.3	4717.8	640
2016 年	670.2	5138.6	78	2321.5	4730.6	629.5
2017 年	680.2	5308.6	78	2619.9	4658.1	689
2018 年	670.3	5487.6	78	2883.7	4768.845	713

参 考 文 献

［1］ IEA：International Energy Agency. World energy statistics and balances. IEA World Energy Statistics Balances ［DB/OL］. 2018. https：//doi. org/10. 1787/enestats-data-en.

［2］ Zhang X, Dincer I. Energy Solutions to Combat Global Warming ［M］. Springer Cham, 2017, 33.

［3］ International Energy Agency. Data & Statistics-IEA ［DB/OL］. ［2020-04-24］. https：// www. iea. org/data-and-statistics? country = WORLD&fuel = CO2 emissions&indicator = CO2 emissions by sector.

［4］ Ishaq H, Dincer I. Comparative assessment of renewable energy-based hydrogen production methods ［J］. Renew Sustain Energy Rev, 2020, 135：110192.

［5］ Al-Bassam A M, Conner J A, Manousiouthakis V I. Natural-Gas-derived hydrogen in the presence of carbon fuel taxes and concentrated solar power ［J］. ACS Sustain Chem Eng, 2018, 6：3029-3038.

［6］ Global Demand for Pure Hydrogen, 1975-2018-Charts-Data & Statistics-IEA ［DB/OL］. ［2020-04-25］. https：//www. iea. org/data-and-statistics/charts/global-demand-for-pure-hydrogen-1975-2018.

［7］ Kaiwen L, Bin Y, Tao Z. Economic analysis of hydrogen production from steam reforming process：a literature review ［J］. Energy Sources B Energy Econ Plann, 2018, 13：109-115.

［8］ Agrafiotis C, von Storch H, Roeb M, et al. Solar thermal reforming of methane feedstocks for hydrogen and syngas productionda review ［J］. Renew Sustain Energy Rev, 2014, 29：656-682.

［9］ REN21. Renewables global status report ［R/OL］. 2020. https：//www. ren21. net/gsr-2020/.

［10］ Scientific History Institute. Historical Biography：Robert Boyle ［EB/OL］. 2017. https：// www. sciencehistory. org/historical-profile/robert-boyle.

［11］ West J B. Henry Cavendish (1731-1810)：hydrogen, carbon dioxide, water, and weighing the world ［J］. Am J Physiol Lung Cell Mol Physiol, 2014, 307：1-6.

［12］ Levei R. Short communication：the electrolysis of water ［J］. J Electroanal Chem, 2008, 44：120-125.

［13］ Wisniak J. James Dewar-more than a flask ［J］. Indian J Chem Technol, 2003, 10：424-434.

［14］ IUPAC Recommendations 2002. Measurement of pH. Definition, standards, and procedures ［J］. Int Union Pure Appl Chem Meas, 2002, 74：2169-2200.

［15］ Chemistry LibreTech. Acids and Bases-The Brønsted-Lowry Definition ［R］. 2020. Available from：https：//chem. libretexts. org/Bookshelves/Organic _ Chemistry/Map% 3A _ Organic _ Chemistry_ (McMurry)/02%3A_Polar_Covalent_Bonds_Acids_and_Bases/2. 07%3A_Acids_ and_Bases-The_Brnsted-Lowry_Definition.

［16］ Garrett B. Deuterium：Harold C. Urey ［J］. J Chem Educ, 1962, 39：583.

［17］ Brown H C. From little acorns to tall oaks：from boranes through organoboranes ［J］. Science, 1979, 210：485-492.

[18] Hughes J. The strath report: britain confronts the H-Bomb, 1954-1955 [J]. Hist Technol, 2003, 19: 257-275.

[19] Olah G A. My Search for Carbocations and Their Role in Chemistry (Nobel Lecture) [M] // Across Conventional Lines, 2003: 201-213.

[20] Kubas G. Chemical bonding of hydrogen molecules of transition metal complexes [J]. Los Alamos Natl Lab, 1990, 2223: 522-525.

[21] Nellis W J. Making metallic hydrogen [J]. Sci Am, 2000, 282: 84-90.

[22] Dincer I, Zamfirescu C. Sustainable Hydrogen Production [M]. Amsterdam, Netherlands: Elsevier, 2016.

[23] Uses and Benefits of Hydrogen as a Future Fuel-Cleantech Rising [R]. [2020-05-06]. Available from: https: //cleantechrising. com/water-for-fuel/.

[24] Lototskyy M, Yartys V A. Comparative analysis of the efficiencies of hydrogen storage systems utilising solid state H storage materials [J]. J Alloys Compd, 2015, 645: S365-S373.

[25] Zhang J, Dong Y, Wang Y, et al. A novel route to synthesize hydrogen storage material ammonia borane via copper (II)-ammonia complex liquid phase oxidization [J]. Int J Energy Res, 2018, 42: 4395-4401.

[26] Hosseini M, Dincer I, Naterer G F, et al. Thermodynamic analysis of filling compressed gaseous hydrogen storage tanks [J]. Int J Hydrogen Energy, 2012, 37: 5063-5071.

[27] IEA: International Energy Agency. Capacity of New Projects for Hydrogen Production for Energy and Climate Purposes, Electrolytic Hydrogen, 2000-2018-Charts-Data & Statistics-IEA [DB/OL]. 2020 [2020-05-16]. https: //www. iea. org/dataand-statistics/charts/capacity-of-new-projects-for-hydrogen-production-for-energy-andclimate-purposes-electrolytic-hydrogen-2000-2018.

[28] Colucci J A. Hydrogen production using autothermal reforming of biodiesel and other hydrocarbons for fuel cell applications [J]. Sol Energy, 2006: 483-484.

[29] Yilanci A, Dincer I, Ozturk H K. A review on solar-hydrogen/fuel cell hybrid energy systems for stationary applications [J]. Prog Energy Combust Sci, 2009, 35: 231-244.

[30] Williams M. Fuel Cell Handbook (Seventh Edition) [M]. U. S. Dep. Energy Off. Foss. Energy Natl. Energy Technol. Lab. , 2004; 26.

[31] US wind energy selling at record low price of 2. 5 cents per kWh [EB/OL]. Renew Energy World. [2020 - 05 - 23]. https: //www. renewableenergyworld. com/2015/08/19/us-wind-energy-selling-at-record-low-price-of-2-5-cents-per-kwh/#gref.

[32] T-Raissi A, Block D L. Hydrogen: automotive fuel of the future [J]. IEEE Power Energy Mag, 2004, 2: 40-45.

[33] Acar C, Dincer I. Comparative assessment of hydrogen production methods from renewable and non-renewable sources [J]. Int J Hydrogen Energy, 2014, 39: 1-12.

[34] Cetinkaya E, Dincer I, Naterer G F. Life cycle assessment of various hydrogen production methods [J]. Int J Hydrogen Energy, 2012, 37: 2071-2080.

[35] Ishaq H, Dincer I. The role of hydrogen in global transition to 100% renewable energy. In: Accelerating the Transition to a 100% Renewable Energy Era [M]. Springer Nature Switzerland

AG, 2020: 275-307.

[36] Celik D, Yıldız M. Investigation of hydrogen production methods in accordance with green chemistry principles [J]. Int J Hydrogen Energy, 2017, 42: 23395-23401.

[37] Dincer I, Acar C. A review on clean energy solutions for better sustainability [J]. Int J Energy Res, 2015, 39: 585-606.

[38] Shirasaki Y, Yasuda I. Membrane reactor for hydrogen production from natural gas at the Tokyo gas company: a case study [J]. Handbook of Membrane Reactors, 2013, 487-507.

[39] Luk H T, Lei H M, Ng W Y, et al. Techno-economic analysis of distributed hydrogen production from natural gas [J]. Chin J Chem Eng, 2012, 20: 489-496.

[40] Ventura C, Azevedo J L T. Development of a numerical model for natural gas steam reforming and coupling with a furnace model [J]. Int J Hydrogen Energy, 2010, 35: 9776-9787.

[41] Ishaq H, Dincer I. Analysis and optimization for energy, cost and carbon emission of a solar driven steam-autothermal hybrid methane reforming for hydrogen, ammonia and power production [J]. J Clean Prod, 2019, 234: 242-257.

[42] Al-Zareer M, Dincer I, Rosen M A. Analysis and assessment of a hydrogen production plant consisting of coal gasification, thermochemical water decomposition and hydrogen compression systems [J]. Energy Convers Manag, 2018, 157: 600-618.

[43] Muresan M, Cormos C C, Agachi P S. Techno-economical assessment of coal and biomass gasification-based hydrogen production supply chain system [J]. Chem Eng Res Des, 2013, 91: 1527-1541.

[44] Wang Z, Roberts R R, Naterer G F, et al. Comparison of thermochemical, electrolytic, photoelectrolytic and photochemical solar-to-hydrogen production technologies [J]. Int J Hydrogen Energy, 2012, 37: 16287-16301.

[45] Zhang G, Wan X. Awind-hydrogen energy storage system model for massive wind energy curtailment [J]. Int J Hydrogen Energy, 2014, 39: 1243-1252.

[46] Ghazvini M, Sadeghzadeh M, Ahmadi M H, et al. Geothermal energy use in hydrogen production: a review [J]. Int J Energy Res, 2019, 43: 7823-7851.

[47] Nikolaidis P, Poullikkas A. A comparative overview of hydrogen production processes [J]. Renew Sustain Energy Rev, 2017, 67: 597-611.

[48] Our World in Data. Renewable Energy. [DB/OL] 2019. https://ourworldindata. org/renewable-energy.

[49] Dincer I, Joshi A S. Solar Based Hydrogen Production Systems [M]. New York Heidelberg Dordrecht London: Springer, 2013.

[50] Naterer G, Suppiah S, Lewis M, et al. Recent Canadian advances in nuclear-based hydrogen production and the thermochemical Cu-Cl cycle [J]. Int J Hydrogen Energy, 2009, 34: 2901-2917.

[51] Naterer G F, Dincer I, Zamfirescu C. Hydrogen Production from Nuclear Energy [M]. London New York: Springer Verlag, 2013.

[52] Demonstration Advances to Produce Hydrogen Using Molten Salt Reactor Nuclear Technology

〔EB/OL〕. 〔2020 - 05 - 30〕. https：//www. powermag. com/demonstration-advances-to-produce-hydrogen-using-molten-salt-reactor-nuclear-technology/.

〔53〕 Bolt A, Dincer I, Agelin-chaab M. Experimental study of hydrogen production process with aluminum and water 〔J〕. Int J Hydrogen Energy, 2020, 45：14232-14244.

〔54〕 Sheikhbahaei V, Baniasadi E, Naterer G F. Experimental investigation of solar assisted hydrogen production from water and aluminum 〔J〕. Int J Hydrogen Energy, 2018, 43：9181-9191.

〔55〕 Mizeraczyk J, Jasinski M. Plasma processing methods for hydrogen production 〔J〕. Phys J Appl Phys, 2020, 75：24702.

〔56〕 Chehade G, Lytle S, Ishaq H, et al. Hydrogen production by microwave based plasma dissociation of water 〔J〕. Fuel, 2020, 264：116831.

〔57〕 Rusanov V D, Fridman A A, Sholin G V. The physics of a chemically active plasma with nonequilibrium vibrational excitation of molecules 〔J〕. Usp Fiz Nauk, 1981, 134.

〔58〕 Rashwan S S, Dincer I, Mohany A, et al. The Sono-Hydro-Gen process (ultrasound induced hydrogen production)：challenges and opportunities 〔J〕. Int J Hydrogen Energy, 2019, 44：14500-14526.

〔59〕 Rashwan S S, Dincer I, Mohany A. An investigation of ultrasonic based hydrogen production 〔J〕. Energy, 2020, 205：118006.

〔60〕 Rabbani M. Design, analysis and optimization of novel photo electrochemical hydrogen production systems 〔D〕. Ontario：University of Ontario Institute of Technology, 2013.

〔61〕 Chandran R R, Chin D T. Reactor analysis of a chlor-alkali membrane cell 〔J〕. Proc Electrochem Soc, 1984, 84-11：294-324.

〔62〕 Nakumura T. Hydrogen production from water utilizing 〔J〕. Sol Energy, 1977, 19：467-475.

〔63〕 Roeb M, Neises M, Monnerie N, et al. Materials-related aspects of thermochemical water and carbon dioxide splitting：a review 〔J〕. Materials, 2012, 5：2015-2054.

〔64〕 Ishaq H, Dincer I. A comparative evaluation of three Cu-Cl cycles for hydrogen production 〔J〕. Int J Hydrogen Energy, 2019, 44：7958-7968.

〔65〕 Ni M, Leung M K H, Leung D Y C. Energy and exergy analysis of hydrogen production by a proton exchange membrane (PEM) electrolyzer plant 〔J〕. Energy Convers Manag, 2008, 49：2748-2756.

〔66〕 Ni M, Leung M K H, Leung D Y C. Energy and exergy analysis of hydrogen production by solid oxide steam electrolyzer plant 〔J〕. Int J Hydrogen Energy, 2007, 32：4648-4660.

〔67〕 Manabe A, Kashiwase M, Hashimoto T, et al. Basic study of alkaline water electrolysis 〔J〕. Electrochim Acta, 2013, 100：249-256.

〔68〕 Bagotski V S. Fundamentals of Electrochemistry 〔M〕. Honolen, New Jersey：Wiley Interscience, 2006.

〔69〕 Ozden E, Tari I. Energy-exergy and economic analyses of a hybrid solar-hydrogen renewable energy system in Ankara, Turkey 〔J〕. Appl Therm Eng., 2016, 99：169-178.

〔70〕 Turner J, Sverdrup G, Mann M K, et al. Renewable hydrogen production 〔J〕. Int J Energy Res, 2008, 32：379-407.

［71］ Ogden J. Introduction to a future hydrogen infrastructure. In: Transition to Renewable Energy Systems ［M］. Weinheim: Wiley VCH, 2013: 795-811.

［72］ Duffie J A, Beckman W A. Solar Engineering of Thermal Processes ［M］. Hoboken, New Jersey: John Wiley & Sons, Inc. , 2013.

［73］ Janusz N, Tadeusz B, Wenxian L. Solar photoelectrochemical production of hydrogen. In: Handb. Hydrog. Energy ［M］. Florida: CRC Press, 2014: 455.

［74］ Chen H M, Chen C K, Liu R S, et al. Nano-architecture and material designs for water splitting photoelectrodes ［J］. Chem Soc Rev, 2012, 41: 5654-5671.

［75］ Acar C, Dincer I. Review and evaluation of hydrogen production options for better environment ［J］. J Clean Prod, 2019, 218: 835-849.

［76］ Acar C, Dincer I, Naterer G F. Review of photocatalytic water-splitting methods for sus-tainable hydrogen production ［J］. Int J Energy Res, 2016, 40: 1449-1473.

［77］ Jeon H S, Min B K. Solar-hydrogen production by a monolithic photovoltaic-electrolytic cell ［J］. J Electrochem Sci Technol, 2013, 3: 149-153.

［78］ Siddiqui O, Ishaq H, Chehade G, et al. Experimental investigation of an integrated solar powered clean hydrogen to ammonia synthesis system ［J］. Appl Therm Eng, 2020, 176: 115443.

［79］ Ismail A A, Bahnemann D W. Photochemical splitting of water for hydrogen production by photocatalysis: a review ［J］. Sol Energy Mater Sol Cells, 2014, 128: 85-101.

［80］ Ishaq H, Dincer I, Naterer G F. Development and assessment of a solar, wind and hydrogen hybrid trigeneration system ［J］. Int J Hydrogen Energy, 2018, 43: 23148-23160.

［81］ Olateju B, Kumar A. Hydrogen production from wind energy in Western Canada for upgrading bitumen from oil sands ［J］. Energy, 2011, 36: 6326-6339.

［82］ Honnery D, Moriarty P. Estimating global hydrogen production from wind ［J］. Int J Hydrogen Energy, 2009, 34: 727-736.

［83］ Briguglio N, Andaloro L, Ferraro M, et al. Renewable energy for hydrogen production and sustainable urban mobility ［J］. Int J Hydrogen Energy, 2010, 35: 9996-10003.

［84］ Bose T, Agbossou K, Kolhe M, et al. Stand-Alone Renewable Energy System Based on Hydrogen Production ［J］. Institut de recherche sur l'hydrogène, 2004: 1-9.

［85］ Wind Turbine Design ［EB/OL］. ［2020-07-01］. https: //en. wikipedia. org/wiki/Wind_turbine_design.

［86］ Sahin A D, Dincer I, Rosen M A. Thermodynamic analysis of wind energy ［J］. Int J Energy Res, 2006, 30: 553-566.

［87］ Osczevski R J. Windward cooling: an overlooked factor in the calculation of wind chill ［J］. Bull Am Meteorol Soc, 2000, 81: 2975-2978.

［88］ Froude R. On the part played in propulsion by differences of fluid pressure ［J］. Trans Inst Nav Archit, 1889, 30: 390.

［89］ Ishaq H, Dincer I. Evaluation of a wind energy based system for co-generation of hydrogen and methanol production ［J］. Int J Hydrogen Energy, 2020, 45: 15869-15877.

［90］ Siddiqui O, Dincer I. Design and analysis of a novel solar-wind based integrated energy system utilizing ammonia for energy storage ［J］. Energy Convers Manag, 2019, 195: 866-884.

［91］ Ishaq H, Dincer I, Naterer G F. Performance investigation of an integrated wind energy system for co-generation of power and hydrogen ［J］. Int J Hydrogen Energy, 2018, 43: 9153-9164.

［92］ Lund J W, Bertani R, Boyd T L. Worldwide geothermal energy utilization 2015 ［J］. GRC Trans, 2015, 39: 79-91.

［93］ International Renewable Energy Agency (IRENA). Geothermal Energy ［DB/OL］. 2020 ［2020-07-07］. https: //www. irena. org/geothermal.

［94］ Kalinci Y, Hepbasli A, Tavman I. Determination of optimum pipe diameter along with energetic and exergetic evaluation of geothermal district heating systems: modeling and application ［J］. Energy Build, 2008, 40: 742-755.

［95］ Elminshawy N A S, Siddiqui F R, Addas M F. Development of an active solar humidification-dehumidification (HDH) desalination system integrated with geothermal energy ［J］. Energy Convers Manag, 2016, 126: 608-621.

［96］ International Energy Agency. Direct Use of Geothermal Energy, World, 2012-2024 ［DB/OL］. https: //www. iea. org/data-and-statistics/charts/direct-use-of-geothermalenergy-world-2012-2024.

［97］ Karakilcik H, Erden M, Karakilcik M. Investigation of hydrogen production performance of chlor-alkali cell integrated into a power generation system based on geothermal resources ［J］. Int J Hydrogen Energy, 2019: 14145-14150.

［98］ Our World in Data. Installed Geothermal Energy Capacity, 1990 to 2018 ［DB/OL］. https: // ourworldindata. org/search? q = geothermal.

［99］ Yilmaz C, Kanoglu M. Thermodynamic evaluation of geothermal energy powered hydrogen production by PEM water electrolysis ［J］. Energy, 2014, 69: 592-602.

［100］ Kanoglu M, Yilmaz C, Abusoglu A. Geothermal energy use in hydrogen production ［J］. J Therm Eng, 2016, 2: 699-708.

［101］ Siddiqui O, Dincer I. Exergetic performance investigation of varying flashing from single to quadruple for geothermal power plants ［J］. J Energy Resour Technol Trans ASME, 2019, 141: 1-11.

［102］ Khaliq A. Exergy analysis of gas turbine trigeneration system for combined production of power heat and refrigeration ［J］. Int J Refrig, 2009, 32: 534-545.

［103］ Siddiqui O, Ishaq H, Dincer I. A novel solar and geothermal-based trigeneration system for electricity generation, hydrogen production and cooling ［J］. Energy Convers Manag, 2019, 198: 111812.

［104］ International Energy Agency. Data and Statistics, Explore Energy Data by Category, Indicator, Country or Region ［DB/OL］. 2020 ［2020 - 07 - 16］. https: //www. iea. org/data-and-statistics? country = CANADA&fuel = Energy supply&indicator = Electricity generation by source.

［105］ International Renewable Energy Agency. Hydro Power ［DB/OL］. 2020 ［2020 - 07 - 26］. https: //www. irena. org/hydropower.

[106] Christopher K, Dimitrios R. A review on exergy comparison of hydrogen production methods from renewable energy sources [J]. Energy Environ Sci, 2012, 5: 6640-6651.

[107] Scherer L, Pfister S. Global water footprint assessment of hydropower [J]. Renew Energy, 2016, 99: 711-720.

[108] Ware A. Reliability-constrained hydropower valuation [J]. Energy Pol, 2018, 118: 633-641.

[109] Munoz-Hernandez G, Mansoor S, Jones D. Modelling and Controlling Hydropower Plants [M]. Vol. 369. London Dordrecht Heidelberg New York: Springer, 2013.

[110] Zarfl C, Lumsdon A E, Berlekamp J, et al. A global boom in hydropower dam construction [J]. Aquat Sci, 2014, 77: 161-170.

[111] Liu Y, Packey D J. Combined-cycle hydropower systems-the potential of applying hydrokinetic turbines in the tailwaters of existing conventional hydropower stations [J]. Renew Energy, 2014, 66: 228-231.

[112] Singh V K, Singal S K. Operation of hydro power plants-a review [J]. Renew Sustain Energy Rev, 2017, 69: 610-619.

[113] Tarnay D S. Hydrogen production at hydro-power plants [J]. Int J Hydrogen Energy, 1985, 10: 577-584.

[114] USGS Science for a Changing World. Hydroelectric Power: How it Works [DB/OL]. 2020 [2020−07−28]. https://www.usgs.gov/special-topic/water-scienceschool/science/hydroelectric-power-how-it-works? qt-science_center_objects=0#qtscience_center_objects.

[115] Bergant A, Simpson A R, Tijsseling A S. Water hammer with column separation: a historical review [J]. J Fluid Struct, 2006, 22: 135-171.

[116] Fard R N, Tedeschi E. Integration of distributed energy resources into offshore and subsea grids [J]. CPSS Trans Power Electron Appl, 2018, 3: 36-45.

[117] Mofor L, Goldsmith J, Jones F. Ocean energy: techmology readiness, patents, deployment status and outlook [R]. Int Renew Energy Agency, 2014.

[118] International Renewable Energy Agency. Ocean Energy Data [DB/OL]. 2020 [2020−08−11]. https://www.irena.org/ocean.

[119] Goward Brown A J, Neill S P, Lewis M J. Tidal energy extraction in three-dimensional ocean models [J]. Renew Energy, 2017, 114: 244-257.

[120] Valizadeh R, Abbaspour M, Rahni M T. A low cost Hydrokinetic Wells turbine system for oceanic surface waves energy harvesting [J]. Renew Energy, 2020, 156: 610-623.

[121] Kim D Y, Kim Y T. Preliminary design and performance analysis of a radial inflow turbine for ocean thermal energy conversion [J]. Renew Energy, 2017, 106: 255-263.

[122] Parkinson S C, Dragoon K, Reikard G, et al. Integrating ocean wave energy at large-scales: a study of the US Pacific Northwest [J]. Renew Energy, 2015, 76: 551-559.

[123] Ishaq H, Dincer I. A comparative evaluation of OTEC, solar and wind energy based systems for clean hydrogen production [J]. J Clean Prod., 2019: 118736.

[124] Our World in Data. CO_2 Emissions per Capita, 2017 [DB/OL]. 2017 [2020−04−24]. https://ourworldindata.org/search? q=CO2+emissions.

［125］ International Energy Agency. Data & Statistics CO₂ Emissions by Sector-IEA ［R］. ［2020-04-
13］. https：//www. iea. org/data-and-statistics? country = WORLD&fuel = CO2 emissions&
indicator=CO2 emissions by sector.

［126］ Schipfer F, Kranzl L. IEA Bioenergy Task 40 Sustainable International Bioenergy Trade
Securing Supply and Demand：Country Report Austria 2014 ［R］. 2015, 40：29.

［127］ International Renewable Energy Agency. Bioenergy ［DB/OL］. 2020 ［2020 - 08 - 22］.
https：//www. irena. org/bioenergy.

［128］ Chang A C C, Chang H F, Lin F J, et al. Biomass gasification for hydrogen production ［J］.
Int J Hydrogen Energy, 2011, 36：14252-14260.

［129］ Acharya B, Dutta A, Basu P. An investigation into steam gasification of biomass for hydrogen
enriched gas production in presence of CaO ［J］. Int J Hydrogen Energy, 2010, 35：
1582-1589.

［130］ Kumar A, Jones D D, Hanna M A. Thermochemical biomass gasification：a review of the
current status of the technology ［J］. Energies, 2009, 2：556-581.

［131］ Andersson J, Lundgren J. Techno-economic analysis of ammonia production via integrated
biomass gasification ［J］. Appl Energy, 2014, 130：484-490.

［132］ Chuayboon S, Abanades S, Rodat S. Comprehensive performance assessment of a continuous
solar-driven biomass gasifier ［J］. Fuel Process Technol, 2018, 182：1-14.

［133］ Our World in Data. Biofuel Energy Production 2019 ［DB/OL］. ［2020-08-23］. https：//
ourworldindata. org/search? q=biofuel.

［134］ Yin C. Prediction of higher heating values of biomass from proximate and ultimate analyses
［J］. Fuel, 2011, 90：1128-1132.

［135］ Yan L, Yue G, He B. Exergy analysis of a coal/biomass co-hydrogasification based chemical
looping power generation system ［J］. Energy, 2015, 93：1778-1787.

［136］ Ud Din Z, Zainal Z A. Biomass integrated gasification-SOFC systems：technology overview
［J］. Renew Sustain Energy Rev, 2016, 53：1356-1376.

［137］ Dincer I, Acar C. Review and evaluation of hydrogen production methods for better
sustainability ［J］. Int J Hydrogen Energy, 2014, 40：11094-11111.

［138］ REN21 community. Renewables 2019 global status report. Resources ［R］. Paris：REN21
Secretariat, 2019, 8.

［139］ Bocci E, Zuccari F, Dell'Era A. Renewable and hydrogen energy integrated house ［J］. Int J
Hydrogen Energy, 2011, 36：7963-7968.

［140］ National Renewable Energy Laboratory. Renewable electricity generation and storage technologies
［J］. Renew. Electr. Futur. Study, 2012, 2：2.

［141］ RAEL. Energy Efficiency & Financing Districts for Local Governments ［R］. Renew. Appropr.
Energy Lab. Energy Resour. Gr. Univ. California, Berkeley, 2009.

［142］ Al-Zareer M, Dincer I, Rosen M A. Influence of selected gasification parameters on syngas
composition from biomass gasification ［J］. J Energy Resour Technol, 2018, 140：041803.

［143］ Augustine A S, Ma Y H, Kazantzis N K. High pressure palladium membrane reactor for the
high temperature water-gas shift reaction ［J］. Int J Hydrogen Energy, 2011, 36：5350-5360.

符 号 表

η 能效

ζ 电机弯曲度

δ 偏角

τ 散射透射率

ψ 㶲效率

Ω 电阻

ϕ 纬度

ω 时角

θ_{zenith} 天顶角

ρ 密度

ε 孔隙率

μ 黏度

A 面积

C_p 比热容

C 碳

DA 太阳日角

E 电池实际电压

$E_{act,c}$ 阴极活化过电位

$E_{act,a}$ 阳极活化过电位

E_{conc} 浓度过电位

en 比能量

$\dot{E}x_{DEST}$ 㶲损

ex 比有效能

E_{ecc} 偏心系数

F 法拉第常数

G 吉布斯自由能

g 重力加速度

h 比焓

HHV 高热值

H 氢

I 电流

$\dot{I}_{beam}$ 入射光束辐射

$\dot{I}_{normal}$ 法向直接辐照度

J 电流密度

$J_{0,i}$ 阴极和阳极交换电流密度

LHV 低热值

$\dot{m}$ 质量流量

Ms 含水量

N 氮

$\dot{N}$ 摩尔流量

O 氧

P 功率

$\dot{Q}_{solar}$ 太阳能入射

s 比熵

$\dot{S}_{gen}$ 比熵

t 时间

T 温度

$\dot{W}$ 功率

x_j 质量分数

下标

act 活化极化

a 阳极

c 阴极

conc 浓度过电势

ch 化学

comp 压缩机

dest 损失

el 电解槽

en 能量

ex 㶲

fw 给水

FC 燃料电池，闪蒸室

gen　发电机
ov　系统
ph　物理
PV　光伏
s　蒸汽
SP　状态点
sw　海水
turb　涡轮
W　功
WT　风力涡轮机
zenith　天顶

缩略语

AC　交流电
ALK　碱性
Cu-Cl　氯铜
DAFC　直接氨燃料电池
EES　工程方程求解器

FC　燃料电池，闪蒸室
GHG　温室气体
HEX　换热器
HST　储氢技术
IEA　国际能源署
LHV　低热值
NGLs　液化天然气
OECD　经济合作与发展组织
ORC　有机朗肯循环
OTEC　海洋热能转换
PEM　质子交换膜
PA　磷酸
PV　光伏
SHF　太阳能定日镜场
SMR　蒸汽甲烷重整
SO　固体氧化物
ST　太阳时
WGSR　水煤气置换反应器

索　引